Johanna L. Degen
Unmasking Diversity Management

Forschung Psychosozial

Johanna L. Degen

Unmasking Diversity Management

Die kapitalistische Einverleibung von Subjekt, Moral und Widerstand

Psychosozial-Verlag

Die vorliegende Publikation wurde als Dissertation mit dem Titel
Das ist Diversity Management!? Die Einverleibung von Subjekt, Widerstand und Moral
an der Europa-Universität Flensburg angenommen.

Bibliografische Information der Deutschen Nationalbibliothek
Die Deutsche Nationalbibliothek verzeichnet diese Publikation
in der Deutschen Nationalbibliografie; detaillierte bibliografische Daten
sind im Internet über http://dnb.d-nb.de abrufbar.

Originalausgabe

info@psychosozial-verlag.de
www.psychosozial-verlag.de

Lektorat: Mechthild Böhme
Umschlagabbildung: Active volcano © Galyna_Andrushko/Envato
Autorinnenfoto: © Kath Konopka
Umschlaggestaltung und Innenlayout nach Entwürfen von Hanspeter Ludwig, Wetzlar
ISBN 978-3-8379-3184-6 (Print)
ISBN 978-3-8379-7907-7 (E-Book-PDF)

Inhalt

Danksagung

Ich möchte mich bei meinen MentorInnen und Vorbildern bedanken, die mich mit persönlicher Unterstützung und ihren Schriften begleitet haben, Andrea Kleeberg-Niepage, Ernst Schraube, Rosanne Quinnell und Jo Reichertz. Ich möchte mich darüber hinaus ausdrücklich für die außerordentliche fachlich-methodische Hilfestellung bei Arndt Nohl bedanken.

Ich bedanke mich für die persönliche Unterstützung bei Andreas Jaszczuk, Christine Kübel, Christine Sommer, Maria Marusic, Simone Løvenskjold, Scott Simpson und Stephan Degen, für die Kollegialität und Kekse bei Christian Dewanger sowie für den unermüdlichen Einsatz meiner Lektorin Mechthild Böhme und meiner Assistenz, Lina Schaefer und Lene Geißler.

Mein besonderer Dank gilt darüber hinaus den TeilnehmerInnen, mit denen ich eine intensive und berührende Zeit verbringen durfte und ohne die dieses Forschungsvorhaben nicht möglich gewesen wäre. Danke für das Vertrauen.

1. Was ist Diversity Management?

Diversity Management etablierte sich einst als Stimme von sozial benachteiligten Menschen in den USA. Dort taten sich diese als Gruppen zusammen, um gemeinsam für *equality – Gleichstellung* –, in der Form gleicher Rechte und Chancen und gegen soziale Diskriminierung einzutreten (Vedder, 2005; 2006; 2009). Gegenwärtig ist Diversity Management ein omnipräsenter Begriff (Vedder, 2006; 2009), bei dem es fortwährend um benachteiligte Gruppen geht (Köllen, 2020). Dabei verändert sich der originäre Problemgegenstand der sozialen Benachteiligung zwar nicht, aber die Perspektive: weg von den primären Eigeninteressen der benachteiligten Gruppen hin zur Hantierung der Interessen von benachteiligten Gruppen durch andere. Das einstige Sprachrohr der Benachteiligten ist nunmehr Gegenstand von Führung und zwar auf verschiedenen gesellschaftlichen Ebenen. Der Begriff Diversity Management wird gegenwärtig schwerpunktmäßig mit Wirtschaftsinteressen verbunden, eben als Diversity *Management* (Krell, 2007; Stuber, 2006; Vedder, 2006; 2009), wobei es zum Beispiel um die Organisation und Nutzbarmachung von humanen Ressourcen und die Erschließung von internationalen Märkten geht (Vedder, 2006; 2009). Darüber hinaus ragen Begriff und Konzept in die Politik und in Institutionen hinein. Dort geläufige Gegenstandsbereiche um das Thema Diversity Management werden beispielsweise als Inklusion, Förderung, soziale sowie strukturelle Benachteiligung und Gleichstellung verhandelt (Bührmann, 2014; Köllen, 2019; 2020; Vedder, 2006).

Das initiierende Moment dieser Forschungsarbeit ist die verbreitete bildliche Darstellung in den Medien, auf Firmenwebseiten und Reklameschildern von Diversity Management. Dabei zeigen sich inmitten der ansonsten explizit kapitalistischen Ordnung im globalen Westen – geprägt durch dominante Wirtschaftskriterien wie Erfolg, Konkurrenz und ökonomische Mehrwertschaffung – Darstellungsweisen von WirtschaftsakteurInnen, die vom üblichen Wirtschaftshabitus abweichen. Den habituellen Sehgewohnheiten entgegen zeigen sich dahingehend Bilder, die kindliche und freizeitliche Gesten und Posen mitsamt auffällig bunten Requisiten (re-)inszenieren:

Abbildung 1: Diversity Management im öffentlichen Diskurs I

Abbildung 2: Diversity Management im öffentlichen Diskurs II

Geschäftsleute stehen eng beieinander im Kreis, schauen gemeinsam lachend, mit von der Schwerkraft angezogenen Gesichtern nach unten in eine dort mittig platzierte Kamera. In einer Innenstadtstraße werfen Personen im Business-Outfit Ballons in die Luft und lachen. Derlei Fotos mögen Assoziationen mit Festivals oder Kindergeburtstagen wecken. Ein Mann mit einer bunt angemalten Hand reicht einer Frau die Hand, beide

Abbildung 3: Das ist Diversity Management?

im Business Outfit – in der Fülle und Art der Darstellungen, stellt sich die Frage: *Das ist Diversity Management?*

Um dem so visualisierten Phänomen Diversity Management auf den Grund zu gehen, wird in dieser Arbeit ein integratives Verständnis basierend auf der täglichen Handlungspraxis und ihrer Bedeutung für Subjekte aus der Perspektive von ExpertInnen in der deutschen Wirtschaft rekonstruiert. Das ist Diversity Management!

Dies erfolgt entlang eines explorativen Forschungsdesigns und 24 ExpertInnen-Interviews mit Wirtschafts- oder akkurater *GesellschaftsakteurInnen* aus verschiedenen Statusgruppen und damit sich ergänzenden Perspektiven. Zu den ProbandInnen gehören einflussreiche AkteurInnen aus der deutschen Wirtschaft: Vorstände börsennotierter Unternehmen, GeschäftsführerInnen internationaler Konzerne mit Standort in Deutschland, Diversity-ManagerInnen großer und mittlerer Institutionen, ManagerInnen, Angestellte ohne Managementfunktion, Arbeitssuchende und Studierende in Masterstudiengängen. Die Analyse dieser multiperspektivischen Daten beantworten die Frage: *Was ist Diversity Management?* und erlaubt zudem einen Überblick über typenspezifische Erfahrungsräume und daraus resultierende Orientierungen, sowie die entstehenden sozialen Dynamiken in der organisationalen Praxis und deren Konsequenzen für Subjekte und Gesellschaft. Einigkeit herrscht – statusübergreifend – dahingehend, dass, Diversity Management in der Praxis scheitert, negative Konsequenzen für Subjekte auf allen Statusleveln hat und den originären Anspruch, soziale Ungleichheit abzubauen, programmatisch verfehlt.

2. Problematisierung von Diversity Management

Diversity Management ist unter allen den im Folgenden beschriebenen Perspektiven – öffentlicher Diskurs, Praxis-Perspektive, Wissenschaftsperspektive – mit dem originären Gegenstand und Ziel verknüpft, sozialer Ungleichheit entgegenzuwirken. In dieser Rolle wirkt Diversity Management zunächst grundsätzlich legitimiert – *gut* und *richtig* (Köllen, 2019; 2020). Es dient so als moralischer Kompass und steht stellvertretend für soziale Gerechtigkeit (Köllen, 2020). Konzerne, Institutionen und die Politik etablieren seit ungefähr den 1990er Jahren das aus den USA stammende Diversity Management in verschiedenster Form in der Gesellschaft, zum Beispiel als Leitlinien, strategische Ausrichtung, institutionalisierte Funktionen und dazugehörige AkteurInnen, Studiengänge, politische Agenden und Vereine. Diversity Management entwickelt sich so zu einem gesellschaftlich institutionalisierten Konzept mit Konsequenzen für Subjekte in der Form gesellschaftlicher Strukturierung und subjektiver Lebensbedingungen. Über Diversity Management institutionalisieren sich dann gesellschaftliche Bedingungen, zum Beispiel durch (implizite wie explizite) Selektionsprozesse bei der Verteilung von Zugangschancen im Bereich von Bildung und Arbeitsplätzen, durch Quotenregelungen und Gesetze. Daneben konstituieren sich Normative durch die Diversity Management eine zusätzliche, subtile Wirkung hat, und sich intersubjektiv in der Gesellschaft konstituiert und so beispielsweise Sagbarkeitsspielräume sowie (kommunikatives) Handeln beeinflusst (Watzlawick, 2018, 1. Auflage aus 1976). In der kollektiven Reproduktion wirken diese einerseits strukturellen Bedingungen und andererseits diskursiven, sozialen Bedingungen auf die biografischen Laufbahnen und Entscheidungen sowie das Verhalten aller Subjekte. Dieser Einfluss und das resultierende Verhalten auf Subjektebene restrukturiert dann *unzufällig* die Gesellschaft. Es resultieren bedingte soziale Kontexte und (restriktive) Möglichkeiten, die sich über das Betreten von sozialen Räumen bis hin zu Bildung, Karriereentscheidungen, Einkommen und Kapital, PartnerInnenwahl, Familien- und Beziehungskonstellationen, Familienplanung sowie soziale Absicherung, kurzum facettenumfassend auf Biografien, auswirken.

Bei der theoretischen Betrachtung des Themas zeigt sich folgendes Bedeutungskonglomerat:

a) Diversity Management ist im öffentlichen Diskurs bis hin zur Plattitüde abgenutzt (Fine, Sojo & Lawford-Smith, 2019)[1] obwohl sich gleichzeitig eine noch unzureichende Auseinandersetzung mit dem Thema zeigt. Dies schlägt sich in unterschiedlichen, widersprüchlichen und mitunter sinnlos scheinenden Definitionen, Verständnissen und Praxen nieder (Vedder, 2006; 2009). In der Wissenschaft zeigen sich dahingehend zum einen multidimensional unterschiedliche Definitionen und zum anderen perspektivenabhängige widersprüchliche Forschungsergebnisse (Mannix & Neale, 2005) –, wodurch ein integratives Verständnis mithin unmöglich scheint.
b) Diversity Management ist einst die Stimme der sozial Benachteiligten gewesen und wird heute genutzt, um *über* Diversity zu sprechen und zu verfügen (Köllen, 2019; Boyd, 2016). Es scheint dabei zwar einst wirkungsmächtig, aber in der aktuellen Praxis wenig effektiv in Bezug auf den originären Gegenstand zu sein, denn Ungleichheiten reproduzieren sich fortwährend (Noon, 2007).
c) Beim Thema Diversity Management zeigt sich eine Diskrepanz zwischen originären Idealen und Zielen – soziale Benachteiligung abbauen – und Handlungspraxis im dominierenden Business Case, die das Utilisieren von humanen Ressourcen für einen ökonomischen Mehrwert (Hoobler et al., 2018). Diversity Management scheint dabei aus zwei Ebenen zu bestehen, einem Ideal und der davon (weit) entfernten Umsetzung.

Um diese Bedeutungen deutlicher herauszuarbeiten, werden im Folgenden zunächst Wortbedeutung und Definitionen dargelegt (Kapitel 2.1), dann eine geschichtliche Einordnung vorgenommen und das Thema in den Status quo von sozialer (Un-)Gleichheit in Deutschland eingebettet (Kapitel 2.2), um abschließend wissenschaftliche Perspektiven als Business und

1 Aufgrund der gewünschten Sichtbarkeit der AutorInnen wird »et al.« Zu besseren Lesbarkeit erst ab einer Anzahl von vier AutorInnen verwendet.

Justice Case und der kritischen Perspektive darzustellen und voneinander abzugrenzen (Kapitel 2.3).

2.1 Begriff und Gegenstand im (öffentlichen) Diskurs, der Wissenschaft und in der (Management) Praxis

Die Wortbedeutung von Diversity Management in der Übersetzung und darüber hinaus auch die selbigen Definitionen gehen inhaltlich weit auseinander, so weit bis hin zur Widersprüchlichkeit (Krell, 2007). So wird, beispielhaft, Diversity mit dem Wort Vielfalt[2], aber auch mit Unterschiedlichkeit und Gemeinsamkeit übersetzt (Vedder, 2006; 2009). Loden & Rosener (1991), die aus Management-Perspektive eines der ersten Modelle zu den Diversity-Management-Dimensionen von Vielfalt entwickelt haben, definieren *»Vielfalt als Unterschiede«* (Loden & Rosener, 1991, S. 18), wohingegen Thomas (1996) Diversity als *Vielfalt und Gemeinsamkeiten* beschreibt. Noch breiter stellt Vedder die Übersetzung aus dem Englischen dar: Diversity wird unter anderem als *Vielfalt, Unterschiedlichkeit, Heterogenität, Individualität* und *Andersartigkeit* übersetzt. Dies ist ein nicht zu vernachlässigender perspektivischer Unterschied, der inhaltlich folgenreich ist (Krell, 2007), denn er geht mit normativ unterschiedlichen Bedeutungen einher; Hierbei könnten Begriffe wie Vielfalt und Individualität eher positiv besetzt werden, während Heterogenität, Andersartigkeit und Unterschiede eine eher polarisierende Bedeutung einnehmen.

Der Begriff Management stammt aus dem Lateinischen *manus* und *agere* also Hand und führen, verwalten oder organisieren, aber auch (hierarchisch) führen und ist im Wortsinn ebenfalls mehrdeutig (Forschelen, 2017). Meist wird Management als eine zielgerichtete Handlung nach ökonomischen Prinzipien definiert, wobei es um menschliche Führungs- oder Weisungshandlungen von einer oder mehreren Personen, gerichtet zu einer oder mehrerer anderer Personen geht. Dieser Gegenstand reicht in Organisationen hinein, ist aber auf diese nicht begrenzt (Staehle, 1999), so kann auch individuell und intrasubjektiv privat Zeit gemanagt werden, aber auch Einkäufe oder Kinderbetreuung.

Die Zusammensetzung beider wenig eindeutiger Begriffe ergibt dann

2 In dieser Schrift werden die englischen Begriffe Diversity und Diversity Management sowie in der Übersetzung Diversität verwendet.

Diversity Management. Es besteht folglich Klärungsbedarf: »Wenn vorliegende Begriffe unklar sind, dann sind Definitionen sinnvoll, um eine größere Präzision zu erreichen« (Opp, 2019, S. 35). Die angeführte und direkt ablesbare Problematik allein in der Wortbedeutung, setzt sich allerdings in den Definitionen fort, zum Beispiel entlang der praxisorientierten Literatur in der Form von Lexika, aber auch innerhalb der wissenschaftlichen Literatur (Vedder, 2006).

Im Folgenden werden beispielhafte Definitionen für Diversity Management aus Lehrbüchern, populärwissenschaftlicher und wissenschaftlicher Literatur abgebildet, die einen Mangel an Trennschärfe, Eindeutigkeit und die perspektivische Vielfältigkeit zu demonstrieren:

Hier zeigen sich beispielhafte Definitionen mit wirtschaftlichem Nutzen im Vordergrund, zum Beispiel:

> »Management der Vielfalt: 1. Begriff: bezeichnet die Anerkennung und Nutzbarmachung von Vielfalt in Unternehmen. 2. Ziel: Das Ziel des Managements der Vielfalt ist, erfolgsrelevante Aspekte der Vielfalt in Unternehmen zu identifizieren und den Nutzen von unterschiedlichen individuellen Kompetenzen, Eigenschaften, Haltungen und kulturellen Hintergründen zu erschließen« (Lies für Gabler Wirtschaftslexikon, 2020, o. S.).

> »The basic concept of managing diversity accepts that the workforce consists of visible and non-visible differences which will include factors such as sex, age, background, race, disability, personality, and work style. It is founded on the premise that harnessing these differences will create a productive environment in which everyone feels valued, where their talents are being fully utilized and in which organizational goals are met« (Kandola & Fullerton, 1994, S. 7).

Indessen wird aus institutioneller Perspektive die Werteorientierung der sozialen Gerechtigkeit in den Vordergrund gestellt:

> »Diversity management refers to organizational actions that aim to promote greater inclusion of employees from different backgrounds into an organization's structure through specific policies and programs. Organizations are adopting diversity management strategies as a response to the growing diversity of the workforce around the world« (Corporate Finance Institute, 2019, o. S.).

Eine weitere, dritte Perspektive scheint eher ideologisch:

> »Vielfalt entsteht, wenn Unterschiede einem gemeinsamen Ziel dienen« (Charta der Vielfalt, 2020, o. S.).

> »Time to celebrate neurodiversity in the workplace« (Sutherland, 2016, S. 11).

> »Psychology celebrates diversity, recognizes the value and legitimacy of diverse beliefs, and strives to be inclusive« (Redding, 2001, S. 205).

Aus der Sozialpsychologie zeigt sich eine Perspektive, die die Komplexität als charakteristisch voranstellt und damit Greifbarkeit und Operationalisierung im Grunde verneint:

> »Cultural diversity: its social psychology [...] social psychological processes involved in multicultural societies, especially migration and ethnic relations« (Chryssochoou, 2004, o. S.).

> »The concept of social diversity is in itself very diverse. For example, if we apply it to a team, we may refer to a conflict or dispute between some members, as well as to their difference in race, religion, performance, income, gender, status, or whatever other descriptive characteristic. We may also use it to refer to the existential uniqueness of each member's Self in comparison with any Other, not only in the team, but everywhere else in this world« (Rijsman, 1997, S. 139).

Die wohl am weitesten verbreitete, zumindest in der Wirtschaft und Managementliteratur dominierende Definition bieten Gardenswartz und Rowe (2002b) in ihrem Buch über Kapitalisierung von Diversity mit ihrem 4-Lagen-Modell auf der Basis des Modells von Loden und Rosener, das eine gewisse Komplexität von Diversity-Dimensionen anstrebt.

Bei Gardenswartz und Rowe (2002a; b) zeigt sich zum einen die eindeutige Nutzerorientierung und zum anderen die Komplexität von Vielfalt: Was unterscheidet nun ein Individuum von anderen und wer ist anders in Bezug auf was? Die Beantwortung dieser Frage wird hier über die Bildung von Kategorien bzw. Klassifizierungen versucht. Dieser Versuch der Operationalisierung von Diversität lässt zum einen offen, wie im Umgang damit

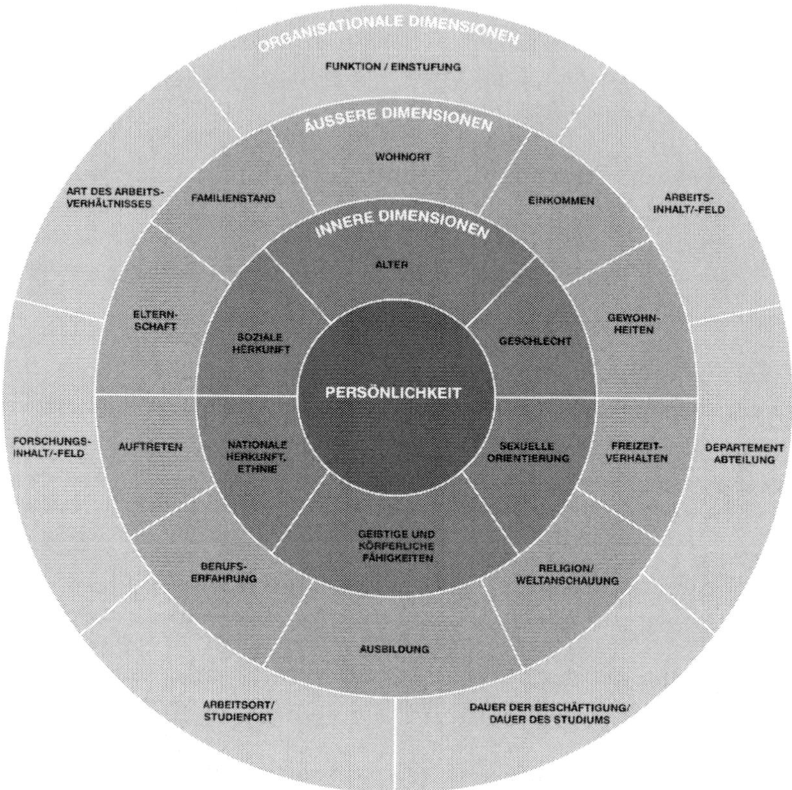

Abbildung 4: »4 Layers of Diversity« nach Gardenswartz und Rowe (2002b)

Dimensionen und Kategorien gewichtet werden und Diversity flexibel operationalisierbar zu machen. Zum anderen werden spezifische Informationen über Subjekte in den Bereich des Zugreifbaren, des legitim öffentlich verfügbaren, gerückt, an denen in der Konsequenz Maßnahmen gekoppelt werden – es also in der Verlängerung möglich wird, über Menschen zu verfügen.

Aus sozialwissenschaftlicher Perspektive (u.a. Vedder, 2005; 2006; 2009) zeigen Perspektiven neben einer ausführlichen geschichtlichen Herleitung auch die Komplexität, Diffusion und damit Problematik des Gegenstandes auf. Deutlich wird dabei, dass es neben den vereinfachenden, parolenartigen und inhaltlich mithin schwer nachvollziehbaren Aussagen wie »Vielfalt entsteht, wenn Unterschiede einem gemeinsamen Ziel dienen« (Charta der Vielfalt, 2020, o. S.) auch komplexe Perspektiven gibt. Alle Ansätze stehen dabei aber auch vor Herausforderungen, einerseits die schiere Unmöglichkeit individuelle Identität und unique Unterschiedlichkeit – wobei sich Unterscheidungsmerkmale bei genauem Hinschauen immer aufzulösen scheinen – zu erfassen, sowie andererseits (unbeabsichtigte) Re-Kategorisierung, Klassifizierung und Reproduktion von etablierten Hierarchien durch verwendete Normbezüge fortzuführen (Prasad et al., 1997) oder am Versuch eines integrativen Modells schlicht zu scheitern.

Die perspektivisch grundsätzlich unterschiedlichen Herangehensweisen, unter anderem gekennzeichnet durch Vereinfachung versus Problematisierung, erschweren dabei Anwendung wie kommunikativen Austausch und führen mithin zu Dilemmata. Es unterscheiden sich beispielsweise abstrakte und eher ideologische Perspektiven in Bezug auf grundsätzlich-ethische Perspektiven beispielsweise auf Utilitarismus, Liberalisierung, Kapitalismus, humanistischen Ideologien, Ethik, Globalisierung und Kolonialisierung und im konkreten Fokussierung auf Unterscheidungskriterien und (messbarmachen) von ökonomischen Vorteilen oder schlichte Funktionalität bei der Organisation (Vedder, 2006). Dementsprechend gibt es auch eine Vielzahl von Forschungen mit zahlreichen mitunter widersprüchlichen Ergebnissen. Einerseits wird aus wirtschaftsorientierter Marktlogik heraus versucht, Vorhersagbarkeit zu schaffen und Empfehlungen auszusprechen, etwa wie Diversität gewinnbringend gemanagt und erforscht werden kann (Chrobot-Mason & Aramovich, 2013; Girndt, 1997; Pitts, 2006; Nguyen, 2014). So wird Diversity Management zum Tool, um Herausforderungen der Globalisierung zu begegnen (Özbilgin et al., 2013). Andererseits wird gemessen, vor allem aus arbeitspsychologischer Perspektive, welche Effekte[3] Diversity Management zum Beispiel auf Wohlbefinden, Leistungsfähigkeit und Loyalität hat (Ashikali & Groenveld, 2015; Gilbert & Invancevich, 2006; Magoshi & Chang, 2009). Die kritische Perspektive hinterfragt indes Machtreproduktion (Köllen, 2019; 2020), Simplifizierung des Konzeptes (Trittin & Schoenborn, 2017) und grundsätzlich negative Effekte auf Subjekte, ähnlich den Effekten von *Affirmative Action*, also Förderprogrammen und Förderung, die dann zum Beispiel stigmatisierend und leistungshemmend wirken (Agerström & Rooth, 2011; Bergen,

3 In diesen Kapiteln wird der Begriff »Effekt« bewusst gewählt, als messbarer Effekt im Wortsinn innerhalb eines positivistischen Paradigmas.

Soper & Foster, 2002; Casad & Bryant, 2016; Furunes & Mykletun, 2007; Noon, 2007; Widner & Chikoine, 2011). Aus metatheoretisch-kritischer Perspektive wird argumentiert, dass Diversity Management genau das tut, was es intendiert, nämlich als systeminterne AkteurIn Machtverhältnisse/Hierarchien zu reproduzieren. Es sei damit gar nicht darauf angelegt, Ungleichheiten abzubauen (Ahmed, 2007; Boyd, 1996).

Versuche der Integration der Perspektiven führen zu Fragen wie: Kann soziale Gerechtigkeit ein positives *Abfallprodukt* von Mehrwertschaffung sein?

Im Versuch solcher Integrationen zeigt sich das Dilemma humanistischer Werte innerhalb einer kapitalistischen Ordnung. Dabei ermöglicht der große, dem Gegenstand aufgrund der Uneindeutigkeit inhärente, interpretative Spielraum eine Lösung im Umgang mit eben derlei Dilemmata. Jedoch zu einem Preis, denn so werden transparente und eindeutige Forschung, einordbare Bedeutung von Ergebnissen und Bezüge auf sowie Evaluation von der Praxis erschwert oder gar unmöglich macht (Vedder, 2006). In der Konsequenz zeigen sich dann mitunter obskure Phänomene, zum Beispiel, dass zwar 100 Prozent der befragten global aktiven Organisationen Diversity Management für wichtig halten, zugleich aber grundsätzlich ein explizites Verständnis für Diversity Management fehlt (Dunavant & Heiss, 2005; Nishii & Özbilgin, 2007), sozusagen: ›Wir wissen zwar nicht, was es ist, aber wir finden es sehr wichtig.‹

Die Wissenschaft begegnet der unklaren Sachlage, indem jeweils publikationseinleitend bestimmt wird, was Diversity Management im spezifischen Kontext bedeuten soll (u. a. Barkema, Baum & Mannix, 2002; Chang & Tharenou, 2004; Nishii & Özbilgin, 2007), eine Praxis die nicht konsequenzfrei ist. Point & Sigh (2003) konkludieren dahingehend kritisch, dass das Konzept zwar von Politik, sozialen AkteurInnen, AkademikerInnen und weiten Teilen der Öffentlichkeit viel genutzt wird und bekannt ist, gleichzeitig aber in unterschiedlicher Bedeutung und mit unterschiedlichen Zielen freien Interpretationsspielraum und damit jedwedes Handeln zuließe. Mannix und Neale (2005) gehen in ihrer Kritik so weit, dem Vorgehen der (nutzenorientierten) Beliebigkeit vorzuwerfen, wobei die unterschiedlichen Definitionen und auch die Beliebigkeit der Diversity-Dimensionen und deren Gewichtung anscheinend dem Zweck dienen, schlicht mess- und brauchbare sowie erwünschte Ergebnisse zu generieren. Dahingehend belegen Alewell und Raststetter (2020), dass insbesondere in Deutschland die Diversity-Dimension *religiöse Überzeugung* überwiegend aus der Praxis ausgeschlossen wird. Dies ist ein Phänomen, das sich primär in der Handlungspraxis an der Orientierung an ökonomischen Mehrwert, weniger inhaltlich, erklären lässt. Die Diversity-Dimensionen werden nicht gleich gewichtet, weil sie nicht gleich gewertet werden. Homosexualität zum Beispiel wird im Vergleich zu anderen Diversity-Merkmalen in manchen Kontexten bevorzugt, zum Beispiel vor als fremd erlebter religiöser Überzeugung oder Obdachlosigkeit (Zick, Küpper & Hövermann, 2011), und kann infolgedessen, zusammen mit anderen ›beliebten‹ Diversity Dimensionen, sogar zum Karriere-Vorteil werden (Degen, 2019a). So wird dann Förderung schnell zur Darstellungsförderung entlang von Themen die *en vogue*[4] sind. Auf diese Art können Organisationen und AkteurInnen risikoarm Vorteile von Diversity Politik zum Beispiel im Kontext des ArbeitgeberInnen-Branding nutzen, wobei dann allerdings der originär angestrebte Effekt – Ungleichheit abbauen – verfehlt werden kann (vertiefend zu Fassadenpolitik u. a. Engel, 2019; Lubitow & Davis, 2011; de Luca, Schoier & Vessio, 2017; Pezzullo, 2003).

In diesem Problemaufriss zeigt sich also, dass sowohl die Praxis als auch die Wissenschaft mit Diversity Management als Begriff, Gegenstand, sowie der resultierenden Anwendung und (unintendierten) Effekten, ringen (Roberson, 2019). Sowohl Gegenstand und Wirkungen von Diversity Management verbleiben diffus und mithin widersprüchlich, wodurch sich konsequenter Weise Ergebnisse, Praxis und Wirkungen kaum integrativ vereinbaren lassen (Özbilgin & Tatli, 2008). Diversity bleibt ein diffuses Konzept mit großem interpretativen Spielraum, etlichen AkteurInnen auf Mikro- und Makroebene und gesellschaftlich kollektiv Betroffenen (Köllen, 2019) bei gleichzeitig fortwährenden, aufrechterhaltenen diskriminierenden Effekten (aus der Forschung bekannt als *stereotype threat* und *affirmative action*) in der Praxis (u. a. Agerström & Rooth, 2011; Casad & Bryant, 2016; Furunes & Mykletun, 2007; Widner & Chikoine, 2011).

2.2 Geschichtliche Einordnung von Diversity Management von der Entstehung bis zum Status Quo

Diversity Management entwickelte sich in den USA in den 1950er Jahren im Zuge der Bürgerrechtsbewegungen von Minderheitengruppierungen

4 Damit ist nicht gemeint, dass es keine Diskriminierung gegenüber Homosexualität gibt.

und Gruppierungen von sozial Benachteiligten, die gemeinsam gegen Diskriminierung in der Gesellschaft kämpften. Daraus gingen einflussreiche Zusammenschlüsse hervor, die zum Beispiel die Interessen von Frauen, Homosexuellen und *schwarzen*[5] AmerikanerInnen vertraten und für Gleichberechtigung eintraten (Vedder, 2006). In Bezug auf diese Arbeit ist zu unterstreichen, dass sich in der Entstehungsgeschichte von Diversity Management die sozial Benachteiligten selbst als AkteurInnen zusammenschlossen und für ihre *eigenen Interessen* verfolgten und auch durchsetzen konnten. In der Folge wurden zum Beispiel 1964 die Bürgerrechte in den USA eingeführt (Civil Rights), die die Basis für ergänzend Gesetze für Chancengleichheit und gleiche Bezahlung, ungeachtet von Kriterien wie Behinderung, Geschlecht und Ethnie darstellen (Vedder, 2006).

Ungefähr 1980 entsteht aus, oder parallel zu diesen Bewegungen ein ethisch-moralischer Diskurs im globalen Westen, der implizit und explizit beginnt, diskursiven Druck auf Arbeitgeber und deren Behandlung von Subjekten ausübt. In dem Zuge entstehen die ersten Konzepte für Diversity Management, teilweise als kommunikative Plattform für eine bereits bestehende Handlungspraxis (Umgang mit vorhandener Diversity), der Rahmung und Sprachrohr fehlte, teilweise als Werkzeug, um proaktiv in Veränderungsprozessen aufgestellt zu sein, um dann als Wettbewerbsvorteil zu dienen (vertiefend dazu Vedder, 2006). Dies sind Aspekte, die mitunter subtil, oftmals aber auch explizit einer ökonomischen Logik folgen; Diversity Management soll dabei aus Unternehmensperspektive produktiv und nutzbar werden (Bührmann, 2014; Cox, 2001; Belinszki, Hansen & Müller, 2003). Mitte der 1990er Jahre taucht der Begriff dann vermehrt in der deutschen Wirtschaft auf, zunächst vor allem unter Genderperspektive (Jung, Schäfer & Seibel, 1994; Kiechl, 1993; Krell, 1996). Das Konzept etabliert sich in den Folgejahren zudem in Non-Profit-Organisationen und Institutionen, und zwar als Gegenstand der Organisationen autodirektiv und in deren nach außen gerichteten Agenda (Bührmann, 2014). Ende der 1990er Jahre wird Diversity Management in der Wissenschaft weit verbreitet aufgegriffen, viel diskutiert und als neues Konzept *»boomartig«* (Krell & Wächter, 2006, S. 59) weiterentwickelt, wobei es darum geht, wie erstens Diversität anerkannt und sie zweitens hantiert und genutzt

5 Bezeichnung nach: https://www.amnesty.de/2017/3/1/glossar-fuer-diskriminierungssensible-sprache?gclid=Cj0KCQiA_8OPBhDtARIsAKQu0gb1I2yflQgDJgDJfX-u8GkFmiDl1vcaMEL8Kpw6e65bfTqqB0OLP7gaArv8EALw_wcB

werden kann (Bührmann, 2014) – zum Beispiel vor dem Hintergrund der Frage, wie mit der progressiv steigenden Diversität in der Arbeitswelt gewinnbringend umgegangen werden kann (vertiefend dazu u. a.: Gilbert & Stead, 1999; Gilbert, Stead & Ivancevich, 1999; Ivancevich & Gilbert, 2000). Etwa zur Jahrtausendwende wird das Konzept dann in Deutschland unter anderem von Ford, DaimlerChrysler, Lufthansa und Deutscher Bank (Akteure, die auch die Charta der Vielfalt gründen) institutionalisiert, zum Beispiel durch den Einsatz von Diversity-Management-AkteurInnen in der Organisationsstruktur (Vedder, 2006).

Aktuell ist Diversity Management allgegenwärtiger und wachsender Gegenstand in der Praxis (Süß & Kleiner, 2007; 2008), Diversität eine Realität mit prognostizierter Progression (Gotsis & Kortezi, 2015) und das Thema in der Forschung umfassend fokussiert (Roberson, 2019; Vedder, 2006; 2009). Konzerne, Institutionen und Politik etablieren Diversity Management in unterschiedlichen Formen in der täglichen Praxis der Gesellschaft, zum Beispiel als Leitlinien, Verantwortungsbereich ganzer Abteilungen, strategische Ausrichtung, Studiengänge, politische Agenden und Vereine. Diversity Management entwickelt sich so zu einem gesellschaftlich institutionalisierten Konzept, zur Kontrolle von Wirtschaft und Gesellschaft mit direkter Wirkung auf die AkteurInnen in Form von impliziten Regeln zu Selektionsprozessen und expliziten Regeln wie Richtlinien, Vorgaben, Zielsetzungen und Gesetzen. Es greift damit in die informelle Verteilung von Zugangschancen zu Bildung und Arbeitsplätzen, aber auch mit Quotenregelungen und Gesetzen institutionalisierend in die Gesellschaft ein. Es handelt sich dabei sowohl um habituelle-implizite als auch explizite Ziele und bindende gesetzliche Bedingungen, die sich in der Konsequenz auf individuell wirkende Entscheidungen und Verhalten auswirken sowie damit in der vielfachen Wiederholung die Gesellschaft und Lebensbedingungen von Subjekten strukturieren. Ein prominentes Beispiel sind Karriereentscheidungen von Familien mit Nachwuchs, wobei Frauen, geleitet durch multiple strukturelle und beziehungsdynamische Faktoren, die Erziehungsarbeit präferieren, zum Beispiel weil sie strukturell weniger verdienen und Männer weniger Teilzeitmodelle wählen und umsetzen (können). Solche zunächst individuell scheinenden Entscheidungen haben dynamisch-strukturelle Konsequenzen und etablieren bekannte geschlechtsspezifische Hierarchien (vertiefend dazu u. a. Kossek, Su & Wu, 2017), da bekanntermaßen die Übernahme von Erziehungsarbeit, Hausarbeit und Pflege- und Betreuungsaufgaben (zum Beispiel älterer Familienangehörige) mit faktischen Nachteilen wie schlechterer Altersvorsorge und impliziten Nachteilen wie geringerer Anerkennung einhergehen.

Rechtlich gibt es im Grundgesetz (GG) und im Allgemeinen Gleichbehandlungsgesetz (AGG) Bezüge zu Antidiskriminierung und Gleichstellung. In Artikel 3 Absatz 2 GG heißt es: *Männer und Frauen sind gleichberechtigt*. Der Staat fördert die tatsächliche Durchsetzung der Gleichberechtigung von Frauen und Männern und wirkt auf die Beseitigung bestehender Nachteile hin. Zudem werden im AGG, welches auch Antidiskriminierungsgesetz genannt wird, Alter, Behinderung, ethnische Herkunft, Geschlecht, Religion/Weltanschauung und sexuelle Identität als Merkmale genannt, die keine soziale Benachteiligung bedeuten sollten.

Diversität ist dabei in Deutschland dabei kein neues Phänomen (Jürgen, Hoffmann & Schildmann, 2017). Es gibt seit jeher eine Diversität von Arbeitskräften in Bezug nicht nur auf Geschlecht, sondern auch auf Migration, die in Wellen vollzogen worden ist, zum Beispiel die Arbeitnehmerwellen aus Süd- und später Osteuropa (Jürgen, Hoffmann & Schildmann, 2017). Heute gibt es einen vermehrten Zuzug aus nahöstlichen Gebieten (Statista, 2020).

In Politik und Wirtschaft gelten neben den gesetzlich bindenden Antidiskriminierungsrichtlinien vor allem politisch und wirtschaftlich institutionalisierte und freiwillige Zielvereinbarungen wie Geschlechterquoten für Führungspositionen sowie Beförderungs- und Lohnprozesse. Mit diesem Vorgehen folgt Deutschland dem Gesamtbild in Europa. Seit 2004 gelten vier EU-Gleichbehandlungsrichtlinien, die auf Geschlecht und Behinderung ausgerichtet sind. In Deutschland wird zum Beispiel eine Frauenquote für Vorstände angestrebt, die daraufhin innerhalb von zwei Jahren, von 2015 bis 2017, von 6,3 auf 7,7 Prozent anstieg (Bundesministerium der Justiz und für Verbraucherschutz, 2020). Bundesfrauenministerin Giffey legte 2020 eine Gleichstellungsstrategie vor, in der es unter anderem um wirtschaftliche Sicherung im Lebenslauf, Stärkung von sozialen Berufen als Karriereberufe, gleichstellungspolitische Standards in der digitalen Lebens- und Arbeitswelt, Vereinbarkeit von Familie, Pflege und Beruf und Gleichverteilung von Erwerbsarbeit, Teilhabe von Frauen in Führungspositionen und im Parlament sowie in Kultur und Wissenschaft geht.

Solche Bewegungen werden unter anderem auch von Vereinen und politisch-wirtschaftlichen AkteurInnen und Interessenverbänden unterstützt und initiiert. Ein einflussreicher Akteur ist der wirtschaftspolitische Verein *Charta der Vielfalt*. Diese wirtschaftspolitische Initiative tritt dafür ein, Diversität zu fördern, bietet Hilfe bei der Implementierung sowie Förderung und öffentliche Aufmerksamkeit durch Best-Practice-Beispiele und fungiert als öffentliches Sprachrohr, um wirtschaftliche Vorteile zu generieren (Charta der Vielfalt, 2021). Den Verein wurde 2006 gegründet. Er zählt über 1500 Mitgliedsunternehmen. Schirmherrin ist die derzeitige (Jahr 2021) Bundeskanzlerin Angela Merkel.

Es zeigt sich jedoch trotz der oben angerissenen Maßnahmen, dass Gleichstellung in der Praxis bisher noch nicht erreicht ist und soziale Ungleichheit fortwährend ein dringliches Problem darstellt. Beispielhaft zu nennen sind Zahlen in Bezug auf Frauen (Bath, 2019), Behinderung (Schildmann & Schramme, 2019) und Migrationshintergrund (Boos-Nünning, 2020). Jürgen, Hoffmann und Schildmann (2018) machen eine Bestandsaufnahme – *Let's transform Work* – und geben in diesem Rahmen auch einen Überblick über die geschichtliche Entwicklung und den Status quo in Bezug auf soziale Ungleichheit in Deutschland.

An dieser Stelle werden drei Diversity-Dimensionen (Geschlecht, Migrationshintergrund und Behinderung) beispielhaft aufgezeigt und ein kurzer Überblick gegeben, wo Deutschland in Bezug auf soziale Ungleichstellung eingeordnet werden kann. Diversität kann dahingehend unter anderem vor dem Hintergrund des Anstellungsverhältnisses gemessen werden. Im Jahr 2018 waren 76 Prozent aller Frauen in Deutschland zwischen 20 und 64 Jahren erwerbstätig (Statistisches Bundesamt, 2020). Damit löst sich das klassische *»Ernährermodell«* (Benz, Boeckh & Mogge-Grotjahn, 2011, S. 299) mit einer meist männlichen arbeitenden Person pro Haushalt auf den ersten Blick auf und das Modell des Zweiverdienerhaushalts etabliert sich als neue Norm (Bertelsmann Stiftung, 2019; Leitner, Oster & Schratzenstaller, 2004). Jedoch zeigt sich die fortdauernde Ungleichheit ebenso in Bezug auf Entlohnung, zum einen durch branchenspezifisch unterschiedliche Entlohnung – also höhere Löhne in von Männern dominierten Berufsfeldern –, zum anderen durch eine generelle Entgeltlücke, die eine Differenz von 20 Prozent zwischen Frauen und Männern aufweist (Bundesministerium für Familie, Senioren, Frauen und Jugend, 2020a; b). Zudem zeigen sich bereits bekannte und neue Ungleichverteilungen. Laut Bundesministerium für Arbeit und Soziales arbeiten 47 Prozent der sozialversicherungspflichtigen Frauen in Deutschland in Teilzeit, aber lediglich neun Prozent der Männer (Bundesministerium für Arbeit und Soziales, 2017; Bundesministerium für Familie, Senioren, Frauen und Jugend, 2020a; b). In Bezug auf den Migrationshintergrund beträgt die Lohnlücke bei Männern in der Vergleichsnormgruppe 5,8 und bei Frauen 17,6 Prozent. Menschen mit Migrationshintergrund sind in Deutschland etwa doppelt so häufig von Arbeitslosigkeit betroffen wie Menschen, die keinen Migrationshintergrund aufweisen (Antidiskriminierungsstelle des Bundes, 2020a; Bundesministerium für Arbeit und Soziales, 2020). Bei Menschen mit Behinderung liegt die Erwerbslosenquote mit 50 Prozent (Bundesagentur für Arbeit, 2017) deutlich höher als bei Menschen ohne Behinderung, von denen rund vier Prozent erwerbslos sind (Statistisches Bundesamt, 2020). Diversity Management hat das originäre Ziel folglich noch nicht, zumindest nicht messbar, erreicht. Mitunter zeigen sich sogar tendenzielle Verschlechterungen, in anderen aber auch messbar positive Entwicklungen, wobei die Ausprägung und damit Bedeutung dieser Erfolge zu diskutieren und zu bewerten bleibt; Zum Beispiel ist der Anteil an weiblichen Vorstandsmitgliedern innerhalb von zwei Jahren von 6,3 auf 7,7 Prozent gestiegen (Bundesministerium der Justiz und für Verbraucherschutz, 2020).

Insgesamt haben die hier beispielhaft genannten Ungleichheiten nicht nur eine Bedeutung für die Bemessung des Erfolgs der Maßnahmen, vor allem sind sie bedeutsam auf Subjektebene, mit signifikanten Langzeitauswirkungen auf Altersvorsorge, Einkommen und soziale Position, Abhängigkeit und Anerkennung sowie Identität (u. a. Fink, 2019; Seyd, 2020; Stone, 2007; Stone & Hernandez, 2013; Toffolettii & Starr, 2016; Weisshaar, 2018).

Zusammenfassung

Diversity Management hat einen bedeutsamen geschichtlichen Wandel durchlaufen. Einst ist es eine Bewegung der sozial benachteiligten Gruppen selbst gewesen, die gemeinsam für soziale Gleichheit und gleiche Rechte eingetreten und deren Bemühungen mit Durchschlagskraft in Veränderungen der Praxis gemündet sind. Später ist dieses Sprachrohr der sozial Benachteiligten in ein Management-Werkzeug umgewandelt worden, sodass nun über die Interessen der sozial Benachteiligten gesprochen wird. Dabei hat sich das originäre Ziel nicht verändert, expliziter Gegenstand bleibt der Abbau sozialer Benachteiligung. Entsprechend etablieren sich wirtschaftspolitische Interessenzusammenschlüsse, die Diversity Management als Konzept sehen, das über die Jahre omnipräsent geworden ist und alle Lebensbereiche betrifft. Es hat Relevanz bei der Ordnung der Gesellschaft durch Wirtschaft und Politik, für die Funktionsweise von Institutionen und damit letztendlich die Verteilung von Chancen. Dabei zeigt sich, dass in Deutschland trotz Maßnahmen wie der Diversity Charta, Best-Practice-Auszeichnungen, Quoten und Zielvereinbarungen weiterhin soziale Benachteiligung messbar ist und mitunter sogar zunimmt, und zwar in vielen Bereichen, die Diversity Management direkt betreffen, wie Geschlecht, Alter, Migrationshintergrund und Behinderung. Zugangschancen, Lohn, Altersvorsorge und Absicherung sind infolgedessen ungleich verteilt. Das einstige Sprachrohr dieser Interessengruppen liegt nun in der Hand der Führungselite und Organisationen.

2.3 Diversity Management im Spannungsfeld zwischen ökonomischen Mehrwert und sozialer Gerechtigkeit

Die Forschung zum Thema Diversity Management ist interdisziplinär, umfangreich und die Ergebnisse der Forschung sind vielschichtig (Gotsis & Kortezi, 2015), uneindeutig (Podsiadlowski et al., 2013) bis widersprüchlich (van Knippenberg, de Dreu & Homan, 2005). Es gibt dahingehend vielzählige Forschungsperspektiven, unter anderem aus der

- Managementperspektive, etwa auf Effektivität und Führung;
- arbeits- und organisationspsychologischen Perspektive, zum Beispiel in Bezug auf Teamzusammensetzung und (günstiger) Dispositionen;
- psychologischen Perspektive, zum Beispiel in Bezug auf Well-being und Commitment;
- sozialpsychologischen Perspektive, zum Beispiel in Bezug auf Gruppen, Identität und Stereotype;
- philosophischen Perspektive, zum Beispiel in Bezug auf Machtkonstellationen und Ethik;
- Perspektive der Erziehungswissenschaften, mit Fokus auf Bildung und Erziehung sowie Institutionalisierung.

Neben diesen expliziten Perspektiven wird das Thema Diversity Management auch in vielen Themenbereichen und Disziplinen implizit tangiert, zum Beispiel in Forschung zu Förderung, Diskriminierung, Migration, Sozialisation und gesellschaftlicher Organisation.

Im Folgenden wird der Stand der Forschung entlang von drei strukturierenden Perspektiven und jeweiligen Beispielen für die zahlreichen Veröffentlichungen vorgestellt: dem Business Case, dem Justice Case und der kritischen Perspektive. Diese Perspektiven verlaufen parallel zu den Disziplinen und folgen jeweils einer gemeinsamen argumentativen Logik: beim Business Case der Marktlogik von Mehrwert, beim Justice Case ethischen Argumenten und bei der kritischen Perspektive metatheoretischen Argumenten aus system- und machtkritischer Perspektive.

2.3.1 Business Case: Vielfalt für den ökonomischen Mehrwert

Der Business Case versteht Diversität als Ressource für ökonomischen Mehrwert oder sucht nach Wegen, sie so zu deuten, dass sie Mehrwert bringt. Dabei herrscht eine stringente und vorherrschende ökonomische Logik. Die prinzipienleitende Frage laute: *Was macht sich bezahlt?* Dabei gibt es zum Beispiel folgende Perspektiven:

1) Diversität ist ohnehin vorhanden und kann noch besser genutzt werden, etwa um neue Märkte zu erschließen oder bestimmte Stakeholder zu bedienen.
2) Diversität kann zum Vorteil genutzt werden, zum Beispiel für die PR oder im Sinne von Punkt 1.
3) Diversität birgt Herausforderungen, die minimiert oder ins Positive verkehrt werden können, wenn der richtige Umgang implementiert wird.

Diversität ist unter dieser Perspektive also kein Wert an sich und wird auch nicht als solcher implementiert oder gefördert, sondern ist Mittel zum Zweck und legitimiert sich über den ökonomischen Mehrwert. Zu dieser utilitaristischen Perspektive gehören zum Beispiel der Nutzen von Humanressourcen, die Steigerung von Teameffektivität, Innovation und Kreativität (Krell & Wächter, 2006), die Erschließung neuer Märkte, globale und sprachliche sowie kulturelle Kompetenzen und Wachstum (Barkema, Baum & Mannix, 2002; Betancourt et al., 2003; Chang & Tharenou, 2004; Florida & Gates, 2003; Noon, 2007; Page, 2017; van Veelen & Ufkes, 2019). Diversität wird somit aufgrund des Mehrwertes als legitim und nützlich bewertet. Vor diesem Hintergrund wird in die Forschung und Praxis inkludiert, was messbar und operationalisierbar, ist oder gemacht werden kann. Dazu gehört der Fokus auf die meistgenannten, offensichtlichen und zugänglichen Diversity-Dimensionen wie Rasse/Ethnie, Nationalität, Alter, Geschlecht, Religion und Weltanschauung, geografischer/demografischer Background, sexuelle Orientierung und Behinderung (Trittin & Schoenborn, 2017).

Derlei Perspektiven fokussieren dem entsprechend die Wirkung von Diversity Management auf Subjekte (Gonzalez, 2010), auf deren Gesundheit, Wohlbefinden, Loyalität und Identifikation mit der Organisation (Downey et al., 2015). Ebenso zählen dazu Forschungen zur Leistungsfähigkeit (Ali, Kulik & Metz, 2011), effektiver Teamzusammensetzung in Bezug auf Diversity und Gruppenperformance (Ely, Padavich & Thomas, 2012; Roberg & Dick, 2010; Timmerman, 2000), Markterschließung als Wettbewerbsvorteil (Aretz & Hansen, 2003), Führung von Diversity (Chin, 2013) und Maßnahmen zur erfolgreichen Diversity-Management-Implementierung (Cox & Blake, 1991; Young, Madsen & Young, 2010).

Der Business Case fokussiert also explizit auf den ökonomischen Mehrwert, wobei Diversity als Faktor zur Mehrwertschaffung genutzt wird. Die Forschung nimmt dabei eine aktive Rolle ein und entwickelt beziehungsweise evaluiert Diversity-Management-Implementierung sowie damit ökonomisch nutzbare Auslesekriterien wie Teamzusammensetzung, Markterschließung und Führung. Die wichtigsten Fragen sind weithin bekannt: *Welche Diversität schafft positive Effekte wie Innovation und Problemlösung? Wie können diverse Teams geführt werden, um Konflikte zu vermeiden und effektiv zu sein? Wie können Märkte durch diverse Teams erschlossen werden?* Wissenschaft wird auf diese Weise zum Reproduzenten des Business Cases. Der Business Case sucht also nach ökonomischem Mehrwert und wirtschaftlichen Vorteilen durch Diversity (Management) aus einer utilitaristischen Haltung.

2.3.2 Justice Case: Vielfalt für und wegen sozialer Gerechtigkeit

Die Justice Case-Perspektive kritisiert die Business Case-Perspektive und die damit verbundenen Effekte von Diversity Management. Beim Justice Case wird argumentiert, dass Diversity Management – also Abbau sozialer Ungleichstellung und Wertschätzung von Diversität – eine ideelle Werthaltung darstellt beziehungsweise darstellen soll und Diversität damit ein Zweck an sich, nicht Mittel zum Zweck ist. Damit geht eine Kritik am Business Case und entsprechenden Wertorientierungen sowie Praxen einher. Die übergeordnete Frage des Justice Case lautet: *Was ist ethisch-moralisch richtig, gerecht und gut?*

Die Justice Case Perspektive kritisiert negative Wirkungen und die marktlogikorientierten Praktiken von Diversity Management (Kaiser et al., 2013; Stewart et al., 2010). Beispielsweise wird die fortwährende Diskriminierung am Arbeitsplatz (Minnotte, 2012; Pager & Western, 2012), ausbleibende (Lern-)Effekte in Bezug auf den Abbau von Vorurteilen (Case & Stewart, 2010) und Veränderungskultur (Gonzalez, 2010) kritisiert. Aus dieser ethisch-moralischen Perspektive werden die Effekte des Business Case auf Subjekte kritisiert und aufgezeigt, dass die Gerechtigkeitsorientierung nicht der übergeordneten ökonomischen Logik untergeordnet sein darf, sondern derlei prädominierend ökonomische Praxen mit negativen Effekten für Subjekte einhergehen (Noon, 2007; von Bergen & Soper, 2002). Darüber hinaus zeigt sie entstehende praktische Dilemmata in Bezug auf gerechte Entscheidungen auf: Wer ist mehr oder weniger benachteiligt und nach welchen Kriterien – und Verantwortungsbereichen? Und wer entscheidet über wen (Wrench, 2005)? Diversity Management wird hierbei als Wächter und Förderer humanitärer Werte und als Werkzeug zur Verminderung von Diskriminierung, zur Annäherung an Gleichstellung, gerechte Zugangschancen und insgesamt soziale Gerechtigkeit gesehen (O'Leary & Weathington, 2006).

Trotz der kritischen Haltung zeigt sich, dass der Justice Case-Diskurs mitunter den Business-Case-Diskurs reproduziert, indem er sich an ihm orientiert und darüber hinaus neben der expliziten Argumentationslogik derselben inkorporierten Marktlogik folgt; Zum Beispiel, indem die Nutzbarmachung von humanen Ressourcen und Mehrwert berücksichtigt wird (u.a. Boyd, 1996; Fine, Sojo & Lawford-Smith, 2019; Gruhlich, 2017; Noon, 2007; Tomlinson & Schwabenland, 2010; Köllen, 2020; Kurucz, Colbert & Wheeler, 2008). Oftmals verharrt die inhärente Logik bei: *Wie kann Diversity Management besser gemacht werden?*[6] Und im zweiten Schritt: *Welche wirtschaftlichen Vorteile kann Diversität haben?* Mit dieser Art vorgeschobener Win-win-Logik, bei der eine Förderung als Neben-

6 Oftmals explizit, spätestens aber, wenn die Semantik des Textes den sozialen Raum in die Wirtschaft wechselt (Maeße, 2015).

produkt von Mehrwert abfallen soll, wird beispielsweise argumentiert, dass Frauen in Aufsichtsräten vertreten sein *sollten* (moralisch) und dann nachgelagert wird, dass dies auch ökonomische, marktorientierte Vorteile bringt (Seierstad, 2015). Gelänge diese Argumentation, könnten unterschiedliche Interessen verschiedener Gruppen (Stakeholder) gleichzeitig bedient werden, zum Beispiel ökonomischer Mehrwert und Anerkennung von Diversität (Krell & Sieben, 2011). Es zeigt sich allerdings, dass es sich im Endeffekt um die implizite aber prädominante Ökonomisierung von Humanressourcen handelt (Ledele, 2008). Der vermeintliche Justice Case verdinglicht sich damit zum Beispiel zu einem instrumentalisierten Tool der Imageaufwertung, ähnlich wie wirtschaftliches Green- und Pinkwashing (Degen, 2019b; de Luca, Schoier & Vessio, 2016; Tomlinson & Schwabenland, 2010; Vassilopoulou, 2017), bei der Umwelt- und Diversity-Politik oder auch anderen ethischen Prinzipien wie Demokratie und Partizipation (Degen & Zekavat, 2022), wobei Werte als Art ›Woke Capitalism‹ (Rhodes, 2022) zur Imageaufwertung genutzt werden, ohne das Verhalten dem Image entsprechend zu implementieren (Engel, 2019; Lubitow & Davis, 2011; de Luca, Schoier & Vessio, 2017; Pezzullo, 2003). Dies geht mit aufzeigbaren negativen Effekten für Subjekte einher, ähnlich wie bei den Ergebnissen zur Affirmative Action und Business Case-Effekten – also Fördermaßnahmen – (Fischer & Massey, 2007; Heilmann, Block & Lucas, 1992), die mit reverser Wirkung oftmals stigmatisierend und leistungshemmend wirken und Ungleichheit mitunter verstärken (von Bergen, Soper & Forster, 2002; Bleijenbergh, Peters & Poutsma, 2010; Heilmann, Block & Lucas, 1992; Noon, 2007).

Dem Justice Case liegen folglich ethische Argumente zugrunde. Anders als beim Business Case wird Diversity gefordert, weil es *richtig* und *gerecht* ist. Dabei ergeben sich zwei Herausforderungen: Zum einen sind die Argumente des Business Cases dem Justice Case entlehnt, sodass oftmals nicht erkennbar ist, welche Intention sich hinter den Argumenten versteckt. Zum anderen enden Justice Case-Argumente oft im inhärenten ökonomischen Argument des Mehrwerts. Sie beziehen sich dabei (unintendiert) auf eine Marktlogik und die Ökonomisierung von Subjekten. Das ist natürlich ein Dilemma. Es zeigen sich daher Überlappungen von Justice und Business Case sowie widersprüchliche Dynamiken wie die (unintendierte) Reproduktion von Unterschieden durch die Wiederholung von Kategorien (Wetterer, 2008; 2017). Die Forschung stellt dann die Frage: *Wie kann Diversity Management verbessert werden?* Der Justice Case argumentiert also für eine Anerkennung von Diversity aus ethischer Perspektive, häufig verbirgt sich dahinter die Hoffnung, soziale Gerechtigkeit könnte als Nebenprodukt entstehen – oder umgekehrt ökonomischer Mehrwert als Nebenprodukt von sozialer Gerechtigkeit.

2.3.3 Die systemkritische Perspektive

Die metatheoretisch kritische Perspektive auf Diversity Management hinterfragt die grundsätzliche Bedeutung der Dinge und Bedingungen unter Einbezug von Interessen und Macht aus Subjektperspektive. Diese Perspektive wird entlang von zwei perspektivischen Fokussen (die der kritische Psychologie immanent und nicht trennscharf sind) dargestellt: a) die Hinterfragung der sozialen Verhältnisse als solche, die (historische) Machtverhältnisse und Privilegien miteinbezieht und den Standpunkt des verallgemeinerten Subjekts einnimmt und b) die reflexive Rolle der Wissenschaft. Diese reflexive Perspektive versucht dabei die Systemkritik in die eigene Handlungspraxis zu integrieren und eine (unhinterfragte) Reproduktion der Verhältnisse so zu überwinden.

Unter der wissenschaftsreflexiven Perspektive wird zum Beispiel die Orientierung an Quantifizierung, Reliabilität und Validität, also das Messbarmachen des Gegenstandes (u. a. von Otaye-Ebede, 2018), sowie die Orientierung an und Reproduktion von Klassifizierung und dahinterliegenden Macht- und Ökonomieinteressen kritisiert (u. a. Boyd, 1996; Köllen, 2020; Noon, 2007). Der Kritik liegt zugrunde, dass an Subjekte mit Klassifizierung und Simplifizierung herangetreten wird. Dies sei ein Vorgehen, bei dem diskriminierende Kategorisierung fortlaufend (re-)produziert werde (Wetterer, 2003). Auch die Kritik manifestiere mithin den kritisierten Gegenstand oder das kritisierte Vorgehen, weil sie die Kategorien als Bezugspunkt nutzt, wiederholt und so (unintendiert) verfestigt. Dies wird zum Beispiel deutlich, wenn Diagnostik oder auch Forschung mit Vorannahmen an Gegenstände herantritt und dabei die Klassifizierung reproduziert, gleichwohl einen Wissensgewinn verhindert (Danziger, 1997a). Ein solches Vorgehen führt zu Ergebnissen, die beispielsweise entfremdend vereinfacht sind (Trittin & Schoenborn, 2017).

Unter anderem kritisieren Zanoni et al. (2009), dass die Sozialpsychologie drei grundsätzliche Probleme an die Diversity-Management-Forschung heranträgt: die essentialistische ontologische Fokussierung, die identitätsneutralisierende Herangehensweise an Subjekte und die Vernachlässigung der sozialkonstruktivistischen Perspektive. Dabei wird unter anderem das Herantragen impliziter Werte und amerikanischer Zentrierung (Jonsen, Maznevski & Schneider, 2011) sowie die Komplexität und Kontexteingebundenheit in eine kapitalistische Logik vernachlässigt (Zanoni et al., 2010; Zanoni, 2020; 2021). Unter amerikanischer (oder auch euro-amerikanischer) Zentrierung wird die Orientierung an westlichen Werten, Fragestellungen, Einstellungen und dementsprechenden Daten verstanden, die in diesen Regionen erhoben und dann verallgemeinert werden.

Wetterer (2003) kritisiert die fortwährende (sprachliche) Klassifizierung von Subjekten zum Beispiel als förderungswürdig und damit normabweichend, die dann diskriminierende Kategorien reproduziere. Lorbiecki und Jack (2000) gehen so weit zu sagen, dass Diversity Management die Monster selbst erschaffe, die es sodann bekämpfe. Ahmed (2007) zeigt, dass im täglichen Sprachgebrauch (in Australien) der Begriff Diversity den sozial ermüdenden Begriff *equity – Gerechtigkeit* – schlicht ersetzt hat, wobei er gleichzeitig inhaltlich neu besetzt worden ist, sodass er mit organisationalen Idealen und organisationalem Stolz vereinbar ist und sich im Gegenzug vom Gegenstand der Gerechtigkeit abgelöst hat (Ahmed, 2007). Trittin & Schoenborn (2017) zeigen sowohl die Komplexität als auch die Fluidität (Metcalfe & Woodhams, 2008) des Konzepts, indem sie den Fokus von Messbarmachung und Komplexitätsreduktion bewusst ins Gegenteil verkehren und nach größtmöglicher Komplexität, Vielstimmigkeit und Kontextspezifika suchen. Die hohe Kontextspezifika führen hingegen zu mannigfaltigen und inkonsistenten Forschungsergebnissen, weil die Situativität vernachlässigt werde (Cachat-Rosset, Carillo & Klarsfeld, 2017).

Aus metatheoretischer Gerechtigkeitsperspektive betrachtet zeigen sich drei übergeordnete ethisch-moralische Haltungen zum Gegenstand sozialer Gerechtigkeit und damit Diversity Management (Dijk, van Engen & Paauwe, 2012). Gerechtigkeit durch die a) unterschiedliche Behandlung von Gruppen, b) die gleiche Behandlung von unterschiedlichen Gruppen und c) Gerechtigkeit durch liberale Logik (Bleijenbergh, Peters & Poutsma, 2010).

In der Denktradition der kritischen Theorie etablieren sich aus dieser Perspektive aktuelle Diskursstränge, die den Gegenstand in einen metatheoretischen Kontext setzen (u. a. Bal et al., 2019; Gertenbach et al., 2009; Weber, Höge & Hornung, 2020; Walsh, Teo & Baydala, 2014), zum

Beispiel mit Habermas (Lorbiecki, 2001; Trittin & Schoenborn, 2017), Foucault (Bührmann, 2014; Lorbiecki, 2001; Prügl, 2011), Schopenhauer (Köllen, 2016) und Nietzsche (Köllen, 2020). Diversity Management wird dabei als interessengesteuertes (Macht-)Instrument mit Top-down-Logik erklärt, welches sich strategisch über Formalien und Gesetze hinwegsetzt (Gruhlich, 2017; Lorbiecki & Jack, 2000). Diversity Management wird so verstanden als Instrument für Machterhalt, Legitimierung von Selektionsprozessen und als Treiber von als essenziell etablierten Kategorien, die im Endeffekt Konzernen zugutekommt (Ledele, 2008; Lorbiecki & Jack, 2000; Köllen, 2020). Köllen (2019; 2020) argumentiert zum Beispiel, dass Diversity Management (wie auch für ökonomische Interessen entlehntes CSR[7]) nur dann einen *wahren* moralischen Wert haben könnte, wenn die Orientierung am ökonomischen Mehrwert durch dahinter verborgenes, ausschließlich *(»exclusively«)* menschliches Mitgefühl getrieben wäre (Köllen, 2016, S. 226). Dies sei allerdings eine Bedingung, die sich in der Praxis nicht widerspiegelt. Zum Beispiel deute die Reduktion auf wenige und spezifische Diversity-Dimensionen und nicht auf ganzheitliches Mitgefühl hin. Köllen (2016) führt die hier relevante Aussage über die etablierte Praxis an: »Diversity management is then equalized with equality and equal opportunity considerations, whereby equality is then assumed to be a criterion of morally ›good‹ action« (S. 226). Er macht damit deutlich, dass die ideologische Grundlage auf die AkteurInnen und die respektiven Handlungen verschoben werden. Das heißt plakativ: Ich stehe für die Herstellung eines legitimen Anspruchs, hier soziale Gleichstellung, und darum sind meine Handlungen und ich als gut und richtig legitimiert. Durch den scheinbar legitimen Anspruch, moralisch richtig und damit nicht hinterfragen zu sein, wird der hierarchische Charakter von Diversity Management und der bestehenden Machtverhältnisse möglich, verstärkt und reproduziert (Köllen, 2020; Ledele, 2008). Derlei Mechanismen zeigen sich empirisch beispielsweise am Internetauftritt der *Charta der Vielfalt* (Degen, 2019b) und einer Case Study über ein deutsches Unternehmen als prämiertes Mitglied für Best Practice (Vassilopoulou, 2017). Dort lässt sich aufzeigen, dass es sich um einen Business Case hinter der Fassade eines Justice Cases handelt. Bei diesem Verein, mithin dem größten

7 Corporate Social Responsibility: unternehmerische Gesellschaftsverantwortung, heute eingestuft als Marketing (Farache & Perks, 2010) und als Business Case analysiert, dazu Crane et al., 2008.

politisch-wirtschaftlichen Akteur in diesem Bereich in Deutschland mit 5000 Mitgliedsunternehmen und Angela Merkel als Schirmherrin, stehen dabei explizit Signalfunktion, Außenwirkung, Lobbyismus und Nutzbarmachung im Vordergrund:

> »Alle Mitarbeiterinnen und Mitarbeiter sollen Wertschätzung erfahren – unabhängig von Geschlecht und geschlechtlicher Identität, Nationalität, ethnischer Herkunft, Religion oder Weltanschauung, Behinderung, Alter, sexueller Orientierung und Identität. Die Anerkennung und Förderung dieser vielfältigen Potenziale schafft wirtschaftliche Vorteile für unsere Organisation« (Charta der Vielfalt, 2021).

Ökonomische Vorteile werden unter dem Deckmantel eines moralisch *richtigen* Diversity Managements verkauft. Vassilopoulou (2017) zeigt dabei auf, dass sich dies negativ auf Subjekte und Glaubwürdigkeit des Unternehmens sowie Loyalität und Zufriedenheit auswirkt. Bührmann (2014) konstatiert aus diskursanalytischer Perspektive zudem, dass es sich beim Diversity Management um einen gemeinsamen akteurInnenübergereifenden kongruenten Kerngegenstand handelt (den sie als »konstruktiv und anerkennende Bearbeitung sozialer Vielfalt« (S. 54) zusammenfasst), Ziele, Begriffe und Kategorien sowie konkrete Praktiken und Implikationen jedoch laufend neu aushandele, weshalb eben diese Aushandlungsprozesse und Umsetzungen sowie die Natürlichkeit der Umsetzung und etwaige unintendierte Nebenwirkungen Gegenstand künftiger empirischer Forschung sein sollten (Bührmann, 2014). Ausgangspunkt soll dabei sein, was wirklich in Organisationen praktiziert wird, also die Strategien des Umgangs der AkteurInnen, denen sie die Handlungsfähigkeit zu effektivem Widerstand und Unterlaufen von (unerwünschten) Zuschreibungen zuschreibt (Bührmann, 2014).

Dieser Erkenntnisstand mündet mitunter in eine Forderung der Disruption des Konzeptes, wobei das Konzept grundsätzlich dekonstruiert und anschließend unter neuer Perspektive und Umsetzung rekonstruiert werden soll (Dobusch, Kreissl & Wacker, 2020). Bell et al (2021) fordern radikal transformierte Ansätze und ein neues und adäquates Vokabular zu einwickeln, da bisherige Optimierungsversuche dem originären Gegenstand sichtbar nicht gerecht werden (Bell et al., 2021). Die Überwindung der forschungsimmanenten Reproduktion von Missständen wird unter anderem aus poststrukturalistischer (u. a. Bendl, Fleischmann & Walenta,

2008) und diskursanalytischer Sicht angestrebt (u. a. Siebers, 2009; Zanoni & Janssen, 2004), die Vorannahmen von sozial konstruierten Gruppen als Klassifizierung für Individuen (Gotsis & Kortezi, 2015) prinzipiell infrage stellen. Aus dieser Sicht gilt der Imperativ, normative Reproduktion von Kategorien und Vorannahmen durch qualitative, explorative und rekonstruktive Designs sowie kritische Reflexion der eigenen Praxis (Jones & Dovido, 2018) und gesamtgesellschaftliche Annahmen zu überwinden (Zanoni et al., 2009).

Die kritische Perspektive hinterfragt also die historisch sozial gewachsenen, grundlegenden Legitimationen und Handlungspraxen sowie daraus resultierende AkteurInnenrollen im Kontext von gesellschaftlichen Miss- und Zuständen in Bezug zum Diversity Management. Dabei nimmt die Forschung ihren Ausgangspunkt ein in der gelebten Praxis aus der Subjektperspektive und bezieht reflexiv die eigene Rolle ein. Das bedeutet, dass hier grundsätzlich gefragt wird, welche Interessen hinter dem Konzept stehen, nicht wie es in der Umsetzung funktionieren oder besser funktionieren kann, sondern ob es legitim ist und im originären Sinn Anwendung findet.

2.3.4 Konklusion: Diversity Management als diffuser Gegenstand

Diversity Management als Forschungsgegenstand ist folglich unpräzise und diffus. Weder gibt es eine gemeinsame Definition noch eine integrative Theorie, stattdessen kontroverse Ergebnisse und Perspektiven aus Business Case, Justice Case und kritischer Perspektive. Einerseits wird aus wirtschaftsorientierter Marktlogik heraus versucht, Vorhersagbarkeit zu schaffen und Empfehlungen auszusprechen, etwa wie Diversität gewinnbringend gemanagt werden kann und welche praktischen Implikationen abzuleiten sind (Nguyen, 2014; Chrobot-Mason & Aramovich, 2013; Girndt, 1997; Pitts, 2006). Dabei wird Diversity Management vor allem zu einem Managementtool, um Herausforderungen in der Globalisierung zu begegnen und ökonomische Vorteile zu generieren (Özbilgin et al., 2013). Andererseits wird, vor allem aus arbeitspsychologischer Perspektive, (repetitiv) gemessen, welche Effekte Diversity Management zum Beispiel auf Wohlbefinden, Leistungsfähigkeit und Loyalität hat, wobei diese Aspekte aus Organisationsperspektive zur Schaffung von Mehrwert konstituiert werden (Ashikali & Groenveld, 2015; Gilbert & Invancevich, 2006; Magoshi & Chang, 2009). Die kritische Perspektive hinterfragt indes Machtreproduktion und beanspruchte Definitionsmacht (Köllen, 2019; 2020), realitätsferne Simplifizierung des Konzeptes (Trittin & Schoenborn, 2017) und negative Wirkweisen auf Subjekte (Misstrauen, Diskriminierung durch Diversity Management, Provokation durch Fassade) (von Bergen, Soper & Foster, 2002; Noon, 2007). Aus metatheoretischer, diskurstheoretischer Perspektive wird dabei argumentiert, dass Diversity Management im ökonomischen Sinne fungiert, um beispielsweise Konzerne zu schützen und Machtverhältnisse zu reproduzieren. Sie verfolgt also subtil andere Ziele als das originäre Ziel (Ahmed, 2007; Boyd, 1996). Vedder (2006) fasst zusammen, dass Prognosen und Wirkungen von Diversity Management bei einem diffusen Gegenstand, ausstehender Definition (Köllen, 2019; Vedder, 2006) und widersprüchlicher Forschung fragwürdig bleiben und die Wissenschaft durch Forschung zur Beantwortung offener Fragen beitragen soll.

2.4 Die Subjektperspektive auf Diversity Management

Aus diesem Problemaufriss ergibt sich die dieser Arbeit zugrunde liegende Forschungsfrage: *Was ist Diversity Management?*

Die Beantwortung folgt entlang folgender perspektivischer Fragestellungen:

- ➢ Was bedeutet und wie ist Diversity Management aus Subjektperspektive?
- ➢ Wie erleben Subjekte die tägliche Praxis von Diversity Management?
- ➢ Wie positionieren sich Subjekte im Kontext von Diversity Management (und damit zusammenhängend in Bezug auf die persönliche Werthaltung)?
- ➢ Welche Konsequenzen ergeben sich aus eben dieser Praxis (Fragen 1 und 2) auf Subjekte, intersubjektive Relationen und relationale Dynamik?

Um einen sozialen Sachverhalt integrativ zu erklären, bedarf es dazu methodisch einer möglichst vollständigen Untersuchung und dichten Beschreibung des Falles (Gläser & Laudel, 2010). Dahingehend wird die Dokumentarische Methode zur Auswertung von Interviews im rekonstruktiven Paradigma aus subjektwissenschaftlicher Perspektive genutzt.

Gerade bei arbeitspsychologischen Themen tut sich bei der Bestimmung von Subjektivität der Arbeitenden eine Lücke auf, die aus der Perspektive der kritischen Psychologie und deren Subjektfokus ergänzt werden kann, aber (bisher) selten Anwendung findet (Vogelsang, 2009). Die Subjektperspektive ermöglicht dahingehend ein integratives Verständnis, das unmittelbare Ambivalenzen und Komplexitäten über die subjektive Zuweisung von Bedeutung und Sinnzusammenhängen im sozialen Kontext, zwischen Subjekt und sozial-historischem Raum verstehbar macht und so vermeintliche Innen-Außen Dichotomien überwinden kann (Holzkamp, 1973). Es wird dabei ein Rückschritt konstruiert und das Phänomen Diversity Management neu im Versuch, Vorannahmen zu überwinden, aus einer die Subjekt-Objekt-Dichotomie überwindende Weise betrachtet, wobei die Bedeutung der Dinge als im intersubjektiv-historischen Aushandlungsprozess und daher nicht als Welt-Subjekt dichotom verstanden wird. Die kritische Perspektive dient dabei gerade dazu, sich eindeutig aufseiten des verallgemeinerten Subjekts und mit Distanz zu normativen Fassaden und Objektivierung dessen, was *moralisch sein soll* und *sein darf*, und stattdessen vom Standpunkt des Subjekterlebens – *wie und was es für Subjekte bedeutet* – der Wirklichkeit der Subjekte anzunähern, um im Anschluss daran zu erarbeiten, *wie es auch anders sein könnte*. Dementsprechend wird aus der Perspektive der kritischen Psychologie und als explorativer Zugang entlang der täglichen (Handlungs-)Praxis Diversity Management aus Subjektperspektive rekonstruiert.

3. Kritische Sozialpsychologie und der Gegenstand Diversity Management

In diesem Kapitel wird dargestellt, wie sich der Zusammenhang von Forschungsfrage, Gegenstand, Forschungsperspektive und Vorgehen theoretisch und methodologisch begründet und welche methodischen Implikationen sich daraus ableiten, zum Beispiel für die Analysemethode, aber auch die Generalisierung der Ergebnisse. Im Kontext von Diversity (Management) bedarf es dazu zunächst der sozialpsychologischen Perspektive auf Individuen, Identität und Gruppen und den Bezug zu Organisationen. Dies begründet sich im Forschungsgegenstand, dem Gruppenzugehörigkeit, Normen, Individualität und eben Unterschiedlichkeit im Kontext von Organisationen, aber darüber hinaus in der Wirtschaft und der Gesellschaft immanent sind, auch um später die Ergebnisse theoretisch einordnen zu können. Im Anschluss werden dann die kritische Psychologie, ihre Geschichte sowie ihre historische und aktuelle Perspektive dargestellt. Dahingehend werden zwei für die Diskussion dieser Arbeit relevante theoretische Perspektiven zu Subjekt und Gesellschaft vorgestellt, und zwar Bourdieu und Foucault, und in den aktuellen (neoliberalen) Zeitgeist sowie das entsprechende Subjektverständnis eingeordnet. Anschließend werden die theoretische Perspektive und die Methodik, sowohl die Erhebungs- als auch Analysemethode, mit der Theorie verknüpft, das rekonstruktive Paradigma in Bezug zur kritischen Psychologie und der Subjektwissenschaft gesetzt sowie die Dokumentarische Methode und ihr schrittweises Vorgehen entlang ihrer Prinzipien und in der Anwendung in der Psychologie vorgestellt.

3.1 Das soziale Selbst: Subjekte, Identität und Gruppen im Kontext vom Selbst, Normen und ›den Anderen‹

Im Kapitel 3.1 wird zur Analyse und Interpretation hinleitend herausgearbeitet, in welchem Verhältnis Subjekte als handlungsfähige und reflexive

AkteurInnen miteinander, als Gruppen, und in Bezug auf das Selbst sozialpsychologisch perspektiviert werden können, um später die Daten und Ergebnisse aus Subjektperspektive nachvollziehen zu können.

3.1.1 Gruppen und Subjekte

Soziale Gruppen finden sich in allen Bereichen des menschlichen Lebens (Robinson & Tajfel, 1997). Jedes Subjekt ist innerhalb und außerhalb spezifischer Gruppen und im Vergleich mit anderen sozialisiert ist, also vor dem sozialen Werden nicht natürlich in der Erscheinungsform ist, es begründet sich folglich sozial und nicht biologisch-dispositiv (Roth, 2016). Das Subjekt konstituiert sich dabei in der Positionierung zu anderen, die individuelle und die soziale Identität. Die soziale Identität hat wiederum umfassende Auswirkungen auf die Subjekte und deren kognitive Prozesse, zum Beispiel in Bezug auf Moral (Rutland, Killen & Abrams, 2010), affektive Prozesse wie Aggression, Fürsorge, Wohlbefinden oder auch Essverhalten (Inzlicht & Kang, 2010) sowie Prozesse wie soziale Vergleiche und Positionierung des Selbst (Morse & Gergen, 1970), also externer Validierung mit Wirkung auf Selbstwert und Selbstbewusstsein (Hogg, 2001; Morse & Gergen, 1970).

Subjekte nehmen dabei Zu- beziehungsweise Nichtzugehörigkeit in unterschiedlichem Ausmaß wahr *(group-consciousness)* (Miller et al., 1981). Das bedeutet, einige Gruppenzugehörigkeiten sind Subjekten reflexiv zugänglich, also bewusst, wie beispielsweise die gewählte Zugehörigkeit zu einem Verein, zur HR oder zum Diversity Management Department oder zur Charta der Vielfalt. Eine andere ist zwar bewusst zugänglich, aber in vielen, alltäglichen Situationen oftmals weniger präsent, etwa Nationalität und ethnische Herkunft, zumindest im Normgruppenkontext. Wieder andere Gruppenzugehörigkeit ist hingegen eher implizit und unbewusst, zum Beispiel die Zugehörigkeit zu einer euro-amerikanischen Zentrierung auf einem globalen Markt (Hogg, 2001). Die Ausprägung der Präsenz von Gruppenzu- beziehungsweise -nichtzugehörigkeit beeinflusst in der Folge die Identifikation mit einer Gruppe. Dies lässt sich gut an einem Beispiel verdeutlichen: Treffen sich zwei Personen im alltäglichen Umfeld, zum Beispiel bei der Arbeit, wäre es unwahrscheinlich, dass sie sich als dem euroamerikanisch zentrierten Erfahrungsraum zugehörig identifizieren, darüber einander vorstellen und dies als vereinende Gemeinsamkeit wahrnehmen.

Eher wahrscheinlich dient eine Zugehörigkeit zum Laufverband, zur Arbeitsbranche und der Abteilung, zu Hobbys oder zum Familienstatus. Nichtsdestoweniger sind ebenso implizite Gruppenzugehörigkeiten und Nichtzugehörigkeiten einstellungs- und handlungsleitend, zum Beispiel ähnliches Aussehen, Kleidungsstil oder kulturelle Hinweise. Aber auch die Qualität der wahrgenommenen Gruppen unterscheidet sich subjektiv: Es gibt also stärker und weniger stark kohärente Gruppen sowie Gruppen, die trotz unmittelbar unterschiedlicher Überzeugungen als Gruppe gelten, so können zum Beispiel WissenschaftlerInnen unterschiedlicher Paradigmen sehr unterschiedliche Überzeugungen vertreten, nichtsdestotrotz gehören sie als WissenschaftlerInnen einer gemeinsamen Gruppe an, was spätestens dann deutlich wird, wenn sie in einem anderen Kontext aufeinandertreffen (Hogg, 2001).

3.1.2 Gruppenfluidität versus Rigidität

Gruppenzugehörigkeit ist mitnichten rigide, sondern gilt sowohl in Bezug auf Gruppen untereinander als auch auf Subjekte als fluide. Subjekte wechseln während ihres Lebens relativ flexibel, jedoch nicht beliebig zwischen den Gruppen aufgrund biografischer, persönlicher oder struktureller Veränderung (Arnold et al., 2005). Dies passiert organisch oder abrupt, bewusst oder intuitiv, selbst initiiert oder vom sozialen Umfeld intendiert (Arnold et al., 2005), zum Beispiel durch neue Lebensumstände wie beim Wechsel auf die Universität oder von der Universität in einen Konzern, bei geografischen Wohnortwechseln, durch Elternschaft, Partnerschaften, Sport, persönliche Interessenverschiebung oder durch Konflikte.

Zugänge zu Gruppen sind jedoch weder zufällig noch stets gleich verteilt. Nicht jeder kann in jede Gruppe eintreten. Ein Wechsel zwischen Gruppen ist neben Veränderungen der Lebensbedingungen zudem motivgeleitet, aber dabei weiterhin habitusgesteuert beziehungsweise habituslimitiert. Welche Gruppen als attraktiv oder überhaupt wahrgenommen werden, ist zudem subjektiv und prädispositiv beeinflusst, beispielsweise durch Geld, soziale Räume, Habitus, geografische Lage, Familienhintergrund und Bildung. Dabei gravitieren Subjekte zu Gruppen, die erreichbar und als attraktiv wahrgenommen erscheinen. Gruppenmitglieder werden dann nach der Gravitation innerhalb der Gruppen weiter sozialisiert und so immer stärker zugehörig, identifiziert und identifizierbar (Abrams &

Hogg, 1990). So sieht man mithin welchen Gruppen ein Subjekt angehört, zum Beispiel durch stereotype Kleidung, die mit einem spezifischen Beruf verbunden wird. Designer tragen dann oftmals schwarze Rollkragenpullover, Universitätsangestellte Budapester, was bei Konferenzen mithin ulkig auffallen kann. Denn Subjekte positionieren sich durch Gruppenzugehörigkeit im sozialen Raum und beeinflussen damit nicht nur ihr Netzwerk, sondern auch ihren Status und ihre Chancen, ihre Identität sowie ihr Image (Tajfel, 2001); Sie sind also für Subjekte funktional. Dazu vertiefende Ausführungen finden sich im Kapitel 3.2.

3.1.3 Gruppendynamiken

Die Gruppen selbst stehen zueinander nicht neutral im sozialen Raum, sondern arrangieren sich zueinander in (oft impliziter Weise) hierarchischer und kompetitiver Relation um Macht und Ressourcen (Abrams & Hogg, 1990) (Hogg, 2001; Schopler et al., 2001; Tajfel, 2001); »The question of who acquires dominance in a certain time depends not only on the relevance and quality of knowledge and insight, but also on the societal and historical situation« (Batur et al., 2019, S. 3). Zwischen den Gruppen finden darauf aufbauend Prozesse von Ab- und Aufwertung statt, wobei zum Beispiel Weltsicht, Habitus, Vorannahmen und Stereotype gebildet werden, die eine Klassifizierung von Subjekten der eigenen und der anderen Gruppen begründen (Tajfel, 2001). Diese Prozesse erfüllen nicht nur machtbezogene, sondern ebenfalls soziale Funktionen (Tajfel, 2001). Wenn Differenzen zwischen Eigen- und Fremdgruppe abgelehnt und abgewertet werden, sind diese Dynamiken diskriminierend. Wird die Fremdgruppe als normativ (passend) und positiv akzeptiert und anerkannt, ist das Verhältnis tolerant (Mummendey & Wenzel, 1999). Sie sind dementsprechend intentional ausgerichtet, allerdings in der Regel nicht im toleranten Verhältnis, sondern intentional ausgerichtet, um die eigene Gruppe (und damit das Subjekt ›sich‹) aufzuwerten und damit einhergehend konkurrierende Gruppen abzuwerten. Dies dient dazu, den eigenen Status zu bestätigen oder zu erhöhen und Vorteile bei der Verteilung im sozialen Raum zu sichern (z. B. in Bezug auf Räume, Macht und ökonomische Vorteile) (Mummendey & Wenzel, 1999). Gruppen und ihr motivgesteuertes, kompetitives Verhalten sind dabei nicht zufällig verteilt, sondern werden als kulturell, sozial geteilt und sozial-historisch sowie geografisch konstruiert verstanden (Abrams & Hogg, 1990). Sie sind demnach nicht nach dem Zufallsprinzip, nach Leistung oder situativer Aushandlung, sondern nach sozial-historischer habitueller Lage angeordnet. So ist es dann beispielsweise oftmals so, dass ähnliche oder dieselben Gruppen nach Disruption ähnlich vorteilhafte, beziehungsweise wenig vorteilhafte Positionen einnehmen.

3.1.4 Normen und Subjektverhalten

Innerhalb von Gruppen werden sozial und kommunikativ ausgehandelte Normen ausgehandelt und aufrechterhalten. Diese haben intersubjektive Gültigkeit und (re-)produzieren relativ gruppennormativ-konforme innere Einstellungen und oft sichtbares Verhalten (Bettenhausen & Murnighan, 1985; Hogg & Reid, 2006; Thibaut, 1959). Es handelt sich dabei um regelhaft wiederholtes individuelles Verhalten und Einstellungen, wobei mögliche Abweichungen von einzelnen oder mehreren Gruppenmitgliedern sozial sanktioniert und so eingeordnet und geformt, oder auch lenkend kontrolliert, werden (Opp, 2019). »A norm exists in a given social setting to the extent that individuals usually act in a certain way and are often punished when seen not to be acting in this way« (Axelrod, 1986, S. 1097). Beispiele sind eine von aller geteilten Sicht auf die Dinge – zum Beispiel, dass Konzernkarrieren prestigereich, Hugo-Boss-Anzüge die Minimumqualität im Büro und Burn-outs subjektverschuldet seien. Dieses Phänomen von Gruppendynamiken wirkt in breiten Spektren und Ausprägungsgraden, im wahrnehmbaren Bereich der Ästhetik und des Geschmacks (wie kollektivem Kleidungsstil und Körpersprache) bis hin zu Falschaussagen vor Gericht und kriminellen Taten wie sogenannten Ehrenmorden.

Nach Tajfel (1972) ist anzunehmen, dass für die Subjekte die Gruppenzugehörigkeit konkreten Mehrwert und emotionalen Wert hat und sie daher zu Gruppen gravitieren, die mit positiven Effekten für die soziale Identität und den sozialen Vergleich – *social comparison* – einhergehen (Abrams & Hogg, 1990). Diese Gravitationsdynamik sowie die folgende Gruppensozialisation und die verstärkende Wirkung von Gruppen auf und Bedeutung für Subjekte führen zu einer geteilten und fortwährend bestätigten Weltsicht, einem *»shared world view«* (Arnold et al., 2005, S. 37), nämlich der Wahrnehmung der Dinge als eine scheinbar objektive und damit generalisiert gültige Wahrheit und Orientierung (Condor,

1990; Abrams & Hogg, 1990; Turner & Oakes, 1989; Tajfel, 1972; Turner, 2010). Die geteilte Sicht wird in der Gruppe durch eigenes Verhalten auf Mikroleveln, zum Beispiel durch Sprachhandlungen, und Makroleveln, etwa kollektive Aktionen wie Demonstrationen, laufend reproduziert. Dabei reproduzieren und manifestieren sich in der Wiederholung und dem Kollektiv die Orientierungen und Subjekte verhalten sich wiederum fortlaufend zu den Dingen, wie sie sie (sowieso schon) in ihren sozialen Räumen und sozial konstruierten Wirklichkeiten konstituieren (Combs, 2011). Das erhöht die Wahrscheinlichkeit des (Wieder-)Erlebens von Situationen und Reaktionen. Derlei intersubjektiv produzierte Orientierung (bzw. Wahrheit) werden so wiederholt bestätigt und im Prinzip unendlich wiederholbar reproduziert, sodass sich Vorannahmen fortwährend bestätigen, und zwar mit höherer Bedeutung und Wirkung als es im einzelnen Subjekt möglich wäre, dem nämlich die intersubjektive Verstärkung und Validierung fehlen würde (Tajfel, 1972; Turner, 2010; Turner & Oakes, 1989).

3.1.5 Individuelle Identität und Einstellungen: das Subjekt in der Gruppe

Zusammenfassend zeigt sich also, dass intersubjektiv gültige Einstellungen sowie Verhaltensweisen in Abhängigkeit von Gruppen und sozialer Positionierung ausbilden. Für Gruppenprozesse können hier im positiven wie negativen Sinne beispielhaft Stereotypisierungen, Vorurteile, Gruppenzusammenhalt, Beurteilungsverzerrungen, Einstellungen, Einflussnahme und geteilte Werte und Normen genannt werden (Condor, 1990; 1996). In Bezug auf Subjekte gilt, dass sie jeweils Mitglieder diverser, vielzähliger und sich überlagernder Gruppen sind. An oben eingeführten Beispielen wird dahingehend deutlich, dass ein Subjekt gleichzeitig Mitglied eines Laufvereins *und* einer Branche *und* einer Nationalität *und* einer globalen Gruppe von zum Beispiel Europäern *und* geschiedener Elternteil ist, als nur kleine Auswahl vieler Zugehörigkeiten, diese sind integrativ zusammengesetzt und gelten gleichzeitig. Diese unterschiedlichen Gruppen und respektiven Normen sind dabei keine rigiden Systeme, sondern solche, die sich organisch im mehrdimensionalen Spannungsfeld von sozialem Kontext zu anderen Gruppen und zu den Subjekten innerhalb und außerhalb der Gruppe verändern (Hogg, 2001; Tajfel, 2001; Robinson & Tajfel, 1997;

Mummendey & Wenzel, 1999). Dabei gilt, dass dies weder zufällig noch beliebig, sondern motivgesteuert und intentional abläuft (Mummendey & Wenzel, 1999). Laut Social-Mobility-Theorie gelten dabei Gruppengrenzen als durchaus permeabel. Sie lassen Wechsel der sozialen Positionierung, Entwicklung und Veränderung durchaus zu (Hogg & Abrams, 1988). Dabei zeigen Subjekte generell (strategische) Aufstiegstendenzen, was sich in der Forschung unter anderem dahingehend zeigt, dass sich höhere Statusgruppen stärker mit der eigenen Gruppe (in-group) identifizieren und sich niedrigere Statusgruppen mit der höher gestellten fremden Gruppe (out-group) und deren Normen identifizieren (Ellemers et al., 1988; Jost, Pelham & Cavallo, 2002).

Derlei Mechanismen sind neben der bisher vorangestellten gruppendynamischen-intersubjektiven Ebene auch auf Subjektebene und intrasubjektiv bedeutsam. Subjekte in Gruppen werden als aktiv handelnde, reflexive AkteurInnen mit Handlungsalternativen sowie sozialer und individueller Identität verstanden (Hogg, 2001). Diese individuelle oder auch persönliche Identität bildet sich immer in Bezug auf andere aus, also innerhalb von den sozialen Kontexten (Hogg, 2001). Nach dem Social-Self-Konzept setzt sich die soziale Identität aus drei Leveln zusammen: erstens der humanen Identität (als Mensch), zweitens der sozialen Identität und Gruppenzugehörigkeit sowie Gruppenabgrenzung und drittens dem subordinierten Level der Abgrenzung als persönlicher (auch individueller) Identität innerhalb der eigenen Gruppe (Hogg & McGarty, 1990).

Bei der sozialen Identität und Gruppenzugehörigkeit identifizieren sich Subjekte mit einem oder wenigen Prototypen der respektiven Gruppe, sie suchen also Gemeinsamkeiten im Vergleich zur Fremdgruppe (out-group) (Rijsman, 1997). Gleichzeitig grenzen sie sich innerhalb der eigenen Gruppe in Bezug auf die anderen Mitglieder und Prototypen der eigenen Gruppe (in-group) ab, wobei die individuelle Identität in den Vordergrund rückt (Rijsman, 1997).

Beide Seiten der Identität beschreiben keine dichotomen oder widersprüchlichen Dimensionen des Subjekts, sie sind integrativ, fluide und verändern im spezifischen Kontext jeweils die Ausprägung der Präsenz und situativen Relevanz. Beispielsweise ist es während eines Auslandsaufenthaltes in Asien subjektiv sinnvoll, sich mit der Nationalität oder sogar als EuropäerIn zu identifizieren, während dies wahrscheinlich im Heimatland wenig Sinn ergibt. Derlei Identifikation und Abgrenzung vollzieht sich anhand der Prototypenbildung. Ein Prototyp symbolisiert eine eindeutige, polarisierte Position der gruppenspezifischen Normen und Einstellungen (Rijsman, 1997), bei der sich dann subjektive Prozesse der Identifikation und Abgrenzung vollziehen und in subjektiv unterschiedlicher Kongruenz innerhalb der identifizierenden Ausprägung resultieren. Beim Grad der Identifikation mit den jeweiligen Prototypen zeigt sich ein Einfluss von individuellen Prädispositionen und Vorerfahrungen. Zum Beispiel begünstigt Autoritarismus die Tendenz zu polarisierter Meinung (Charles-Toussaint & Crowson, 2010).

Resultierende Ausprägungen sowohl von Einstellungen und Attitüde (Gilbert, Fiske & Lindzey, 1998) sind abhängig vom situativen Grad der Identifikation und unterscheiden sich also zwischen Subjekten und vor allem auch innerhalb von Gruppen. Einstellungen *(»attitudes«)* sind dabei kein unproblematisches Konzept. Danziger (1997a) problematisiert, dass Einstellungen nicht trennscharf konzeptualisiert werden, oft synonym mit Meinung, Ideal, Stereotyp, Verzerrung, Voranahme, Wunsch, Interesse oder Disposition verwendet werden und sowohl eine Innerlichkeit in Kognition wie Äußerlichkeit als sozialen Aspekt und Verhalten beinhalten. Dabei wechselt die Bedeutung zwischen dem Seinszustand des Subjekts, der Reflexivität, und dem Bezug *(»toward something«)* (Danziger, 1997a, S. 141). Das soziale Umfeld, die Erwartung der aus der Einstellung resultierenden Bewertung und das entsprechende Verhalten spielen hierbei eine beeinflussende Rolle (Ajzen & Fishbein, 1977; 2005).[8]

Die Einstellungen sind ein eigenständiger Problemgegenstand, der an dieser Stelle nicht weiter vertieft wird. Für das weitere Vorgehen wird mit den Begriffen *handlungsleitende Normen*, *persönliche Werthaltung* und *Ideal* fortgefahren. Damit gemeint ist eine Art innerer Kompass, an dem sich Subjekte orientieren, messen und an dem entlang sie handlungsleitende und legitimierende Regeln als Glaube oder Glaubenssätze ableiten und diese auch auf andere projizieren. Es ist eine innere Gerechtigkeitslogik, die sich wahrscheinlich aus den eigenen Erfahrungen, Dispositionen und (sozial angebotenen) Interpretationen der Erfahrungen und Welt ergeben und ein relativ stabil überdauerndes, individuelles, aber nicht ein-

8 Oftmals wird dieses Konzept so operationalisiert, dass sich Verhalten vorhersagen lässt. Davon soll hier Abstand genommen werden. Es geht hier ausdrücklich um einen inneren Kompass, keine attitude-behavior-Vorhersage, wie sie in Anlehnung an Fishbein und Ajzen oftmals zu finden ist. Vertiefend dazu Danziger (1997): The smell of success: attitudes are measured.

zigartiges Verhältnis von Subjekt zu Subjekt sowie subjektiver Position zur Welt ergibt.

Einstellungen von und Identifikation mit Gruppen bilden sich dabei im sozialen Aushandlungsprozess zwischen gruppenspezifischen Normen und subjektiven Einstellungen, subjektiven Prädispositionen, subjektiver Identifikation und daraus resultierenden subjektiven Handlungen (McCauly, Jussim & Lee, 1995; Rijsman, 1997). Bei diesen dynamischen Prozessen können Subjekte zum Beispiel den Gruppennormen nacheifern, den Prototyp noch übertreffen wollen und damit die Gruppenhaltung verstärken und polarisieren, oder aber Normen ablehnen, die Normen zusammen mit anderen modifizieren und so weiter. Gruppen können subjektives Verhalten wiederum durch Sanktionen beeinflussen. Grundsätzlich gilt bei Einstellungen bis hin zur Körperlichkeit und zum Habitus von Subjekten (Wainwright, William & Turner, 2006), dass sie von aktueller und vorheriger Gruppenzugehörigkeit beeinflusst (Levine & Higgins, 2001), verzerrt und verstärkt werden (Shah, Kruglanski & Thompson, 1998). Subjektive Einstellungen, also eine individuell semiüberdauernde, wertende Haltung, die Emotionen, Meinung und Verhalten zu Objekten und Situationen meint (Pickens, 2005), basieren dabei vor allem auf Erfahrungen, sozialem Lernen und den daraus resultierenden Einschätzungen, Überzeugungen, Bewertungen und Verhaltensdispositionen (Allport, 1935; Doob, 1947). Einstellungen sind also psychische Tendenzen, um ein spezifisches Objekt mit Ab- oder Zuneigung zu bewerten (Eagly & Chaiken, 1998), welche im Gruppenkontext erlernt, verstärkt und polarisiert werden (Oakes & Turner, 1990). Diese Einstellungen bestehen aus den drei Komponenten (Breckler, 1984; Rosenberg & Hovland, 1966) Kognition (Meinung), Affekt (Emotionen und Gefühle) und Verhalten (Handlungen und Absichten). Sie haben sowohl intrasubjektiv als auch im sozialen Kontext intersubjektive Bedeutung. Die Annahme, dass Stereotypisierungen als komplexitätsreduzierte, vereinfachte Voranahmen schlicht kognitiv notwendige Simplifizierungen zur Chaosüberwindung des Lebens sind, gilt inzwischen als überholt (Stephan & Rosenfield, 1982). Kognitive Stereotypisierung wird nicht mehr vor allem auf begrenzte Leistungsfähigkeit der Kognition zurückgeführt (Oakes & Turner, 1990). Stattdessen wird sie als sozial-psychologisch angepasst und sozial sowie subjektiv funktional verstanden (Oakes & Turner, 1990; Condor, 1990; Hogg, 2001; Katz, 1960; Shavitt, 1989). Eine Funktion ist beispielsweise, zukünftig strategisch Positives wiederzuerleben und zu verstärken sowie Negatives zu vermeiden, also einen persönlichen Mehrwert zu schaffen (Abelson, 1995; Gilbert, Fiske & Lindzey, 1998).

Subjekte sind also von ihrer Gruppenzugehörigkeit nicht getrennt zu denken (u. a. Hogg, 2001; Condor, 1990). Sie vergemeinschaften sich allerdings auch nicht in ihnen. Die individuelle *(personal self)* sowie die soziale Identität *(collective self)* erfüllen schlicht verschiedene Funktionen und sind situationsabhängig mehr oder wenig präsent und stellen einen fortlaufenden Aushandlungsprozess dar. Die persönliche Identität spielt zum Beispiel für Integrität eine größere Rolle, das Bedürfnis nach Verbundenheit und Sicherheit verlagert sich dabei in die soziale Identität (Brewer, 2003).

3.1.6 Gruppen in Organisationen

Organisationen sind ein spezifischer Kontext für Gruppenverhalten (Rijsman, 1997). Dabei unterscheiden sich Gruppen in Organisationen nicht prinzipiell von generellen Gruppencharakteristika und Funktionen (Rijsman, 1997; Katz & Kahn, 1978). Viele Ergebnisse der Gruppenforschung werden anhand von Organisationen verallgemeinert. Umgekehrt werden allgemeine Ergebnisse auf Gruppen in Organisationen angewendet. Allerdings haben Gruppen im Kontext von Organisationen einige Spezifika. Denn Organisationen sind unter anderem explizit hierarchisch und kompetitiv strukturiert (Kreikebaum, Gilbert & Reinhardt, 2002), unterscheiden Statusgruppen, erschaffen Belohnungssysteme sowie oktroyieren gemeinsame Ziele und eine unmittelbar gemeinsame Agenda (Maurer, 2007; 2008).

Charakteristisch für Gruppen in Organisationen ist, dass sie zumeist nicht nur eindeutig hierarchisch organisiert sind, sondern explizit autoritär geordnet werden (Katz & Kahn, 1978). Es gibt öffentliche Stellen- und Personenbeschreibungen mit expliziten Befugnissen, der Zugang zu Informationen ist reguliert nach Statusgruppen (Katz & Kahn, 1978). Es gibt öffentlich sichtbare Leistungsvergleiche und zudem Auf- und Abstiegsbewegungen und als Gruppen unterschiedliche, zueinander positionierte Branchen, brancheninterne und -externe Partner sowie Konkurrenz von anderen Organisationen, des Weiteren vielschichtige, hierarchisch positionierte und konkurrierende Interessengruppen in institutionalisierter, formaler und informeller Form: in interner Form zum Beispiel Abteilungen, Statusgruppen, Mentorenprogramme, Personalräte und in externer Form Gilden, Tarifverbände und so weiter.

Dazu kommen explizite und implizite Netzwerke sowie Machtverhältnisse. Neben der impliziten ökonomischen Logik, die die Gesellschaft durchzieht, gilt eine explizite ökonomische Logik in gewinnorientierten Organisationen in Form von Löhnen, Boni oder Beförderungen, ferner explizit kompetitive Hierarchien und Status (Rose, 2000). Dies gilt auch noch, wenn die autoritären, kontrollierenden und kompetitiven Mechanismen ins Implizite verlagert, was eine derzeitige Tendenz darstellt. Laut Rose (2000) sind organisationale Dynamiken dahingehend heute weniger von expliziter Unterdrückung und Anstrengung charakterisiert, sondern vor allem durch

> »Das vorherrschende Bild des Arbeitnehmers beziehungsweise der Arbeitnehmerin als das eines Individuums auf der Suche nach Sinn und Erfüllung, und die Arbeit selbst wird als Ort konstruiert, in dem Individuen ihre Identität als wesentlichen Teil ihres Lebensstils repräsentieren, entwerfen und bestätigen« (Rose, 2000, S. 18).

Organisationen gelten als soziale Einheiten, die zum einen systemoffen sind, also mit dem historischen, sozialen und ökonomischen sowie natürlichen (Umwelt/Natur/Ressourcen) Umfeld verbunden und somit sozialhistorisch eingebunden sind. Zum anderen gelten sie als sozial konstruiert, zwar ohne eine physische, aber durch eine stark (normative) psychologische Struktur (Katz & Kahn, 1978). Organisationen bilden eine innere und äußere Identität, quasi eine personifizierte Haltung und entsprechendes Verhalten aus, die *»brand personality«* (Davies et al., 2018).

Gruppenspezifische und subjektive Aushandlungsprozesse finden stets unter einem Überbau der organisationalen und korporativen Identität statt. Dies ist wichtig, weil dadurch organisationsintern den Dingen eine Bedeutung beigemessen wird, die Auswirkungen auf die Subjekte hat (*shared worldview*, s. o.). Rijsman (1997) konstatiert, dass die einmal ausgehandelte und erlernte Bedeutung vom Subjekt in andere Situationen eigenständig weitergetragen wird. Es wird ein Denkschema angelegt, das keine ständige Redefinition der Dinge zulässt, wodurch innerhalb von Organisationen eine geteilte und spezifische Welt von Bedeutung geschaffen wird, die *»truth«* (Rijsman, 1997, S. 140). Zum Beispiel gilt in einem großen deutschen Bankkonzern eine E-Mail mit fehlender formaler Höflichkeit als stigmatisierend und als Affront, der eine Beziehung mitunter auf Jahre negativ prägen oder gar jede Zusammenarbeit verhindern kann, während in Start-ups oftmals eine chatähnliche Schreibweise habituell etabliert ist, in der Formalien als unpassend gelten und Anreden gänzlich weggelassen werden sollen. Diese spezifischen Bedeutungen und die Sozialisation sind zwar hochspezifisch, verbleiben allerdings im größeren sozialen Kontext meist übergeordnet anschlussfähig (z. B. zur nationalen und kulturellen Norm), konstruieren spezifische Räume von Erleben und Interpretieren und (re-)produzieren bestimmtes Verhalten in Abhängigkeit von der Organisation sowie über sie hinaus (Katz & Kahn, 1978).

Dies sind einige typische Charakteristika, die darauf hindeuten, dass generelle Gruppendynamiken in Organisationen verändert beziehungsweise verstärkt werden. Die Forschung zu Gruppenverhalten insbesondere in oder anhand von Organisationen ist umfangreich (Davies et al., 2011; Langfred, 2000; Watson-Jones & Legare, 2016). Dabei geht es beispielsweise um Entscheidungsfindung in Gruppen (Tindale & Winget, 2019), Kooperationsbereitschaft in Organisationen in Bezug auf In- und Out-Group-Verhalten, etwa *in-group favoritism*, und die signifikant positiven Effekte auf Diskriminierung in der eigenen Gruppe *(intergroup discrimination)* (Balliet, Wu & de Dreu, 2014), ferner um (Konflikt-)Relationen zwischen den Gruppen (Platow & Hunter, 2012) sowie die Relation von Gruppen und Individuen, zum Beispiel in Bezug darauf, Gruppenidentität und individuelle Autonomie in Einklang zu bringen (Burtonwood, 1998), außerdem um die Vereinbarkeit von individuellen und organisationalen Hürden in Bezug auf eine kollaborative Zusammenarbeit (Tataw, 2012). George (1990) zeigt, dass Gruppenzugehörigkeit und die In-Group-Haltung prosoziales Verhalten und Abwesenheitszeiten der Mitglieder beeinflussen. Cohen (1992) führt aus, dass die Gruppenzugehörigkeit mit darüber entscheidet, wie sich Engagement und Verpflichtungsgefühl gegenüber der Organisation *(commitment)* je nach Statusgruppe verändern. Dalton und Chrobot-Mason (2007) belegen, dass beim Versuch des Managements, Diversity-basierende Konflikte explizit zu reduzieren, Identität vor allem an sichtbaren und vermeintlich eindeutig klassifizierenden Diversity-Dimensionen festgemacht wird, zum Beispiel an Ethnie und Geschlecht. Das hat zur Folge, dass die individuelle Identität vernachlässigt wird und die empfundene Klassifizierung als Normgruppe als Simplifizierung und Homogenisierung wirkt. Schermuly und Schölmerich (2017) analysieren, woran Gruppen beim Lösen komplexer Aufgaben scheitern, um für sie künftig größere Effektivität zu erreichen.

Auch die eigene Identität von Organisationen, als spezifische Gruppenidentität, und dessen Wirkung spielt heute eine explizite Rolle in Bezug auf externe und interne Stakeholder, auf Produktabnahme, Leistungsfähigkeit, Loyalität und Identifikation der Arbeitnehmer, was beispielhaft durch CSR *(corporate social responsibility)* gesichert werden kann (Bromley, 2001; Marin & Ruiz, 2007; Turban & Greening, 1997). Aus Subjektperspektive wird die soziale und persönliche Identität damit um eine organisationale und kooperative *(corporate)* ergänzt (Cornelissen, Haslam & Balmer, 2007). Für diese organisationsrelatierte Identität gelten dieselben Prinzipien wie für die soziale Identität: Sie ist eindeutig *(distinct)*, fluide, basiert auf einer gemeinsamen Weltsicht, wirkt normativ handlungsleitend, intentional motiviert und unterscheidet sich von der individuellen Identität (Cornelissen, Haslam & Balmer, 2007). Allerdings unterscheidet sich die organisationale Identität bei einigen Qualitäten. Nach Rijsman (1985) wird zum Beispiel, ähnlich wie bei generellen Identitätsprozessen der sozialen Identität, zunächst nach Ähnlichkeiten mit der eigenen Gruppe gesucht. Dies schlägt jedoch dann im Organisationskontext auch innerhalb der Gruppe prinzipiell in Konkurrenz um: »first trying to get close to each other and then start competing« (Rijsman, 1997, S. 151).

Gruppen im Kontext von Organisationen fungieren also nach allgemeingültigen Prinzipien und wirken ebenfalls identitätsstiftend, gleichzeitig sind die spezifisch, durch eindeutige Zielrichtung und Wirtschaftskriterien wie explizite Kompetitivität und Hierarchie.

Zusammenfassung und Bedeutung

Soziale Zu- und Nichtzugehörigkeit von Subjekten zu und durch Gruppen ist nicht zufällig. Sie hat zudem identitäts-, einstellungs-, und verhaltensstiftende Funktionen. Die Nicht-Zufälligkeit ist dabei intentional, also interessen- und zum Beispiel machtgesteuert. Anhand von Gruppenzugehörigkeit, durch Abgrenzung und Zuordnung nach außen, aber auch innerhalb der Eigengruppe, identifizieren sich Subjekte einerseits als zugehörig und andererseits als individuell. In Organisationen ist die Intentionalität dabei organisations-, branchen- und karrierespezifisch geprägt. Dabei kommt im globalen Westen eine explizite Konkurrenzorientierung hinzu, die die Gruppendynamiken mitunter verschärfen kann. In Bezug zum Diversity Management spielen diese Mechanismen eine besonders ausschlaggebende Rolle, da es den Gegenstand von

Gruppen und sozialer Benachteiligung verfolgt und gleichzeitig fortwährend reflexiv ist. Jede AkteurIn und jede Organisation agiert aus einer Zugehörigkeit und Nichtzugehörigkeit heraus und definiert Normgruppen und Abweichungen in einem konstant hierarchischen und in der Wirtschaft explizit hierarchischen Zusammenhang. Diversity Management beansprucht dabei die Definitions- und Verteilungsmacht[9] und greift daher in Gruppenbildung und Identitäten richtungsweisend ein (egal in welche Richtung genau, aber in jedem Fall gerichtet) und beeinflusst (und reproduziert) damit Wahrnehmung, Bedingungen und Identitäten.

3.2 Diversity Management aus Perspektive kritischer Psychologie: das Subjekt und seine Lebensbedingungen

In diesem Kapitel wird eine thematische Einordnung in die kritische Perspektive vorgenommen. Da es sich um eine empirische Arbeit handelt, werden die theoretischen Leitlinien als kontextuierende *Einbettung* für den empirischen Teil dargestellt. Es geht dabei vor allem darum, die Forschungsperspektive herauszuarbeiten, die Methode und das Potenzial der kritischen Perspektive für aktuelle sozialpsychologische (und arbeitspsychologische) Gegenstandsbereiche herauszuarbeiten und methodischen Implikationen zur Erhebungs- und Auswertungsmethodik abzuleiten und zu erläutern.

3.2.1 Thematische Verknüpfung von Diversity Management, sozialer Gerechtigkeit und kritischer Psychologie

Im Folgenden wird anhand von drei Argumenten (a, b, c) ausgeführt, inwiefern die kritische psychologische Perspektive für die Beantwortung der Forschungsfrage thematisch sinnvoll sein kann.

a) Der unmittelbare Gegenstand des Diversity Managements ist soziale Ungleichheit und Diskriminierung – ein gesellschaftlich und macht-

9 Zum Beispiel: Was sind (die entscheidenden) Diversity-Merkmale? Wie werden sie gewichtet? Was darf gesagt werden, was nicht? Wie werden Chancen verteilt?

politisch relevanter Gegenstand, der einst die kritische Perspektive (mit-)begründet hat. Ausgangspunkt zur Formierung von kritischer Theorie und kritischer Psychologie waren neben der Kritik einer positivistischen Psychologie vor allem gesellschaftliche Miss- und Zustände in Bezug auf Macht, Privilegien und soziale Benachteiligung. Von den unterschiedlichen Gewichtungen innerhalb der kritischen Perspektive abgesehen, ging es dabei stets um das Hinterfragen der als legitim und natürlich erscheinender sozialer, hierarchischer Ordnungen in der Gesellschaft, die Zugangschancen und Lebensbedingungen von Subjekten bedingen. Die kritische Perspektive nimmt dabei eine klare politische Position des radikalen Humanismus ein, die aus der Perspektive der Subjekte auf die Bedingungen und Bedeutung der Dinge schaut.

Ursprünglich war es, wie bereits ausgeführt, ausschließlich die Stimme der sozial benachteiligten Gruppen, die Diversity Bewegungen begründeten. Dieser Ursprung durchlebte aber dann eine Relokalisierung, beziehungsweise Umdeutung, hin zu einem Managementtool, bei dem Privilegierte über benachteiligte soziale Gruppen sprechen und vermeintlich für sie handeln und schlussendlich über sie verfügen. Dies erfordert Antworten auf die Frage, welche, auch historische, Bedeutung dieser Wandel hat. Die kritische Psychologie folgt der Annahme, dass soziale Gefüge und die Bedeutung der Dinge (macht-)intentional sind, daher durchaus anders sein können und dabei eben nicht natürlich, interessensneutral, eindeutig und legitim sind. Einst war Diversity Management also als Gruppierung der Benachteiligten wirksam in genau dem Sinne, den die kritische Psychologie als Lösung der »katastrophalen Entwicklung der kapitalistischen Weltgesellschaft« (Dahmer, 2016, S. 1). Diversity Bewegungen wurden so, durch Ausschöpfung und Erkämpfen alternativer Handlungsspielräume effektiv, indem der Widerstand zum Beispiel Gesetze zur Gleichstellung institutionalisiert wurden. Aus kritischer Perspektive ist es dementsprechend relevant zu beleuchten, was aus solchen widerständig funktionalen Bewegungen wird, wenn sie integriert, also einst systemwiderständige Strömungen in das System integriert werden. *Was passiert mit dem Kontext bei effektivem Widerstand?*

b) Das Thema Diversity Management ist im Diskurs moralisch-normativ eingefärbt, wobei sich wirtschaftlich-politische, also öffentliche, und private Sphären vermischt werden, damit Lebensbedingungen, Wohlbefinden und die psychische Gesundheit von Subjekten beeinflusst werden und daher *alle angeht*. Die kritische Psychologie nimmt die Perspektive der verallgemeinerten Subjekte und der täglichen Praxis ein, um Normative und als *richtig* erscheinende Phänomene aus humanistischer Subjektperspektive in der sozial, historisch und macht-intentional zugewiesenen Bedeutung und Legitimation zu hinterfragen sowie das Wohlbefinden des Subjekts zu fokussieren. Nur auf diese Weise können auch normativ und scheinbar schwer überwindbare Vorannahmen aus stringenter Subjekt- und Praxisperspektive überwunden und neu rekonstruiert werden, um über das kommunikative Wissen hinaus an die implizite Bedeutung zu gelangen, die die ständige Akzeptanz und Reproduktion, also die »Ohnmacht gegenüber längst obsolet gewordener Institutionen« (Dahmer, 2016, S. 2), und damit die für Subjekte nicht (mehr) sinnigen Verhältnisse zu unterbrechen vermögen.

c) Nach dem Stand der Forschung besteht ein Mangel an einer rekonstruktiven Perspektive und integrativem Verständnis, sowie Reflexivität der Rolle der Wissenschaft. Durch Fragmentierung und Sequenzialisierung der Forschung entstehen widersprüchliche und zusammenhanglose Einzelstudien, die kein integratives Verständnis zum komplexen Gegenstand liefern. Theoriebildung wird daher unmöglich, was sich auch im Mangel von Definition für den vereinbarten Gegenstand zeigt (vertiefend dazu Vedder, 2009). Dabei nimmt gleichzeitig die Forschung fortlaufend Einfluss auf Validierung *(Was funktioniert messbar und wird als effektiv gesehen?)*, Legitimierung *(Welche Klassifizierungen werden vorgenommen und gemessen?)*, Konstruktion *(Was wird gemacht?)* und Implementierung *(Wie wird es (weiter-)gemacht?)* des Konzeptes. Dies gilt insbesondere im Diskurs der Arbeits- und Organisationspsychologie, bei Rose (1990) als eine *»ill defined subdisciplines«* (S. 56) beschriebene und der konventionellen, positivistischen Forschungsperspektiven, die in ihrer Entstehungsgeschichte die Aufgabe übernehmen, dem kapitalistischen Kontext bei der Nutzbarmachung der Humanressource zuzuarbeiten (vertiefend dazu Rose, 2000, Haug, 2977 und in dieser Schrift Kapitel 3.2.1.5). Daher zwingt sich eine integrative, ganzheitliche, subjektzentrierte und reflexive Perspektive geradezu auf.

Die kritische Psychologie inkludiert in ihrer Kritik die reflexive Wirkung der Wissenschaft und stellt sich der daraus folgenden wirkungsbezogenen ethischen Verantwortung für den eigenen Beitrag. Diese Perspektive ist beim Thema Diversity in doppelter Weise ausschlaggebend, zum einen, weil die Forschung wie dargelegt zur Praxis beiträgt, zum anderen, weil das Thema immer reflexiv ist, somit auf Forschung und Forschende zurückfällt und sie direkt betrifft. Dies ist etwas, das sich zum Beispiel ganz plakativ abzeichnet, wenn sich die APA positioniert und Diversität in Bezug auf die Forschenden (Garcia & Levitt, 2011; APA, 2017) und für Forschungsprozesse (Jones & Dovido, 2018; Ofori-dankwa & Tierman, 2002) fordert und die disziplineigene Diversität misst und bewertet (Callahan et al., 2018). Perspektiven in der Denktradition der kritischen Psychologie und dort verorteten Subjektwissenschaft nach Holzkamp (1973; 1983) sind im Bereich von Arbeits- und Organisationspsychologie marginalisiert und kaum präsent (Vogelsang, 2009). Damit wird der Ausgangspunkt von- und die Perspektive auf Subjektebene zu großen Teilen vernachlässigt. Trotz der Lücke der Subjektperspektive im Bereich von Arbeit und Organisationen und dem Wissen darum wird die kritische Forschungsperspektive kaum angewandt (Vogelsang, 2009). Als Ausnahmen können hier zum Beispiel Marvakis (2019) mit der Forschung zur Liberalisierung von Subjekten und Vogelsang (2009) mit der Bedeutung von Arbeit und Prozesse des Selbst wie Selbstmanipulation und Selbsttäuschung genannt werden. Dabei wird problematisiert, dass es durch Subjektivierung der Arbeit herausfordernd ist, überhaupt noch Eigen- von Außeninteressen zu unterscheiden, und wir deshalb die Verhältnisse selbst fortwährend reproduzieren, die darauf hinweisen, dass ein subjektwissenschaftlicher Ansatz gerade dazu dienen kann, die Subjektivierung und ihre Bedeutung zu entschlüsseln (Vogelsang, 2009). Mumby (2019) geht dabei noch einen Schritt weiter und stellt aus neoliberalismuskritischer Perspektive allerdings im internationalen kritischen Diskurs den Sinn der Arbeit für Subjekte generell infrage: *What is work good for? (Absolutely nothing).* Eine aktuelle Auseinandersetzung mit Diversity Management aus dieser Perspektive ist nicht bekannt.

Zusammenfassung und Bedeutung

Diversity Management ist ein Phänomen, das sich intentional mit Gruppen und sozialer Ordnung befasst, historisch gewachsen ist und die Lebensbedingungen aller Subjekte betrifft. Es kann sich dahingehend anbieten, thematische Aspekte in die Perspektive der kritischen Psychologie einzubinden:

a) soziale (normative) Zustände in Bezug auf soziale Ungleichheit und Historizität,
b) die Subjektperspektive und individuellen Lebensbedingungen des verallgemeinerten Subjekts sowie
c) den Mangel an kritischer und rekonstruktiver Perspektive in der Forschung und an einem integrativen Verständnis sowie Reflexivität der Wirkung der Forschung.

3.2.2 Historische Einbettung der kritischen Theorie und Psychologie

Um zu erläutern, worauf die kritische Perspektive aufbaut und um aufzuzeigen, dass das Thema Diversity Management sich in den die Perspektive grundlegenden Gedanken gegenstandsbezogen direkt einordnet, wird in diesem Unterkapitel ein Einblick in die Geschichte der kritischen Theorie und kritischen Psychologie und deren grundlegenden Annahmen gegeben.

Die kritische Psychologie ist mitnichten ein homogener Ansatz und stellt auch keine kongruente, eindeutige Perspektive dar, weder in Bezug auf das Verständnis von Gesellschaft oder Subjekten noch auf den Gegenstand oder die Ziele (Motzkau & Schraube, 2015; Parker, 2015).

Soll trotzdem versucht werden, die Perspektive integrativ darzulegen, könnte von einer *sozialeren Psychologie* (Gough, McFadden & McDonald, 2013) gesprochen werden, die den sozialen Kontext und die tägliche Praxis der Subjekte, aber auch die traditionelle, positivistische Psychologie sowie dadurch reproduzierte Legitimität und Sinnhaftigkeit der gesellschaftlichen Zustände untersucht und vom Standpunkt des verallgemeinerten Subjekts, dessen Interessen und Wohlbefinden, hinterfragt (Parker, 2015).

Nach diesen einführenden Hinweisen werden in diesem Unterkapitel einige grundlegende historische Strömungen und Eckdaten sowie Namen von Begründern in Bezug gesetzt.[10] Danach werden selektive Perspektiven vertieft und aktuelle Strömungen dargestellt.

10 Dieses Kapitel beansprucht nicht einen umfassenden Überblick zur kritischen Theorie und Psychologie zu geben, sondern ist eine Übersicht selektiver hier relevanter Entwicklungen.

Die kritische Theorie, als Vorläufer der kritischen Psychologie, wird zwischen 1932 und 1941 begründet mit einer Reihe gesellschaftskritischer Aufsätze (Böhler, 1970). Ihr inhärent ist der Dualismus von soziologischer und psychologischer Perspektive auf die Verhältnisse der Welt und der Subjekte (Dahmer, 2016). Daher werden hier entlang dieser (nicht trennscharfen) Aufteilung die grundlegenden Annahmen von Kapitalismuskritik und Psychoanalyse vorgestellt sowie in der Verlängerung die Frankfurter Schule. Bereits vorweggenommen werden kann, dass es kaum sinnvoll ist, Subjekt- und Gesellschaftsperspektive zu trennen, da beide in ständiger Wechselwirkung stehen. Nichtsdestoweniger verbleiben bis heute diese rigiden Unterscheidungen, ähnlich der von Organisations- und Sozialpsychologie. Nach Sonnemanns (1970) Worten scheitert die Psychoanalyse (Subjektperspektive der Psychologie) an der Gesellschaftlichkeit (Soziologie) und die Gesellschaftlichkeit an der Innerlichkeit der Subjekte und wird daher zur gegenseitigen Negation, wobei gerade die Ergänzung einen Wissensgewinn erzielen könnte (zit. nach Dahmer, 2016). Beide, Marx' und Freuds Ansätze, basieren jedoch auf der Ausgangslage einer vermeintlich *katastrophalen* Entwicklung in der Weltgeschichte, bei der die Mehrheit in ökonomische Abhängigkeit einer herrschenden Klasse und des Kapitals geraten oder getrieben worden ist auf der Suche nach einer alternativen Entwicklung (Dahmer, 2016), wobei die Zwänge des Systems und die Vergesellschaftung des Subjekts überwunden werden sollte (Dahmer, 2016). Hier werden dazu

a) die System- und Gesellschaftsperspektive,
b) die Subjektperspektive sowie
c) die Frankfurter Schule und die Begründung der kritischen Psychologie einführend erläutert.

a) System- und Gesellschaftsperspektive

Aus soziologischer, also gesellschaftlicher Sicht im Kontext der wirtschaftsbeziehungsweise kapitalismuskritischen Perspektive kann bei den Überlegungen von Kant, Hegel und Herder in der Romantik (1774–1848) im Übergang zur Moderne (1880–1968) Marx als Begründer einer systemkritischen Perspektive genannt werden. Marx' Beitrag besteht darin, »gesellschaftliche Organisations- und Bewusstseinsformen auf ökonomische Prozesse zu beziehen« (Kocka, 1973, S. 56). Die damaligen Betrachtungsweisen der Verhältnisse und der sozialen Klassen werden dabei erstmals

als nicht natürlich und legitim, sondern als Entfremdung kritisiert. Dabei bildet damals die Entkopplung von Produktion, Produkt, produzierendem Subjekt und Kapital sowie Ausbeutung bei Marx und bei Weber später die Objektifizierung des Subjekts als ausgebeutete Arbeitskraft[11] die Grundlage der Kritik. Kritisiert wird etwa ein vermeintlicher Fortschritt als Verschiebung, die Gesellschaft sei lediglich von der Sklaverei zur *»Lohnsklaverei«* übergegangen (Adorno, 1961, S. 234). Kapital werde auf Kosten einer großen produzierenden Arbeiterschaft an anderer Stelle kulminiert und vermehre sich dort. Die Arbeitsweise und damit auch die Gesellschaft werde von Effektivierung, Konkurrenzkampf, Akkordlohn und dem Streben nach Reichtum weniger und reduzierter Teilhabe an Kapital, Wohlstand und Kultur der Mehrheit bestimmt (Weber, 2013). Durch diese Prinzipien manifestiere sich die Prekarisierung einer großen Bevölkerungsgruppe, die in der Beschleunigung und Steigerung der Marktlogik enteignet würden, weil Effektivierung durch die Entkopplung von Arbeitskraft und Produkt und damit dessen Wert durch Verkürzung des Lohns bei ausbleibender Leistung erfolge (Weber, 2013). Weber führt in seiner protestantischen Arbeitsethik für diese unethisch erscheinende Entwicklung die Erklärung eines alles verzeihenden Gottes an, wobei er Reichtum als Zeichen göttlichen Wohlwollens (um-)deutet und Ethik (damals in Form von Religion) durch Marktlogik und Erfolg schrittweise ablöst. Marx und Weber argumentieren, dass zur Etablierung dieser gesellschaftlichen Schieflage – der Enteignung des Bürgertums – eine hartnäckige Erziehung zur Arbeitskraft vonnöten ist, wodurch ein kapitalistischer Geist als einzige Wahl und möglichst natürlich etabliert werden soll (Weber, 2013).

Die Lösung, von der Marx mit »mit schwermütiger Hoffnung« (Adorno, 1961, S. 234) spricht, wird in der revolutionsfähigen internationalen Klasse freier Lohnarbeiter gesehen, die imstande sein könnte, Klassenkampf und Repression abzuschaffen und auf diese Weise weg vom Objekt wieder hin zur angeeigneten Autorenschaft über das Leben und die Verhältnisse sowie zu Subjektivität kommen kann (Dahmer, 2016). Marx sieht dabei eine aufklärerische Hoffnung in der Therapie (Kocka, 1973). Im Zuge der Moderne entwickelten sich aus dem Marxismus differenzierte Strömungen, die bis heute gültig sind. Beispielhaft genannt werden können

11 Marx und Weber werden hier als system- und kapitalismuskritisch in einem Atemzug genannt. Zur Ausdifferenzierung der mithin stark differenten Perspektiven kann vertiefend auf Kocka (1973) verwiesen werden.

Feminismus (Butler), marxistischer Feminismus und sozialistischer Realismus (Haug).

b) Subjektperspektive

Quasi auf der *anderen Seite*, und in Verlängerung zum Therapiegedanken, also der der Subjektperspektive und Psychologie, entwickelte sich die Psychoanalyse um Sigmund Freud (um 1900) und seine Kulturkritik. Ähnlich wie Marx hinterfragt Freud die Natürlichkeit des Seins sowie Subjekterleben und -verhalten. Freud verortet dies in Abgrenzung zu Marx jedoch schwerpunktmäßig im familiären Gewordensein, dem familiären Kontext und der subjektspezifischen Geschichte (Freud, S. 1894; Dahmer, 2016). Natürlich kann überlegt werden, inwiefern das gesellschaftliche Gewordensein in die Familie als System in ein System hineingetragen wird. Denn auch Freud geht davon aus, dass sich das Leiden der Menschen aus den Enteignungsprozessen der Bürgerlichkeit bildet, denen somit die Lebensgrundlage entzogen wird. Freuds Kulturkritik zielt vor allem auf psychische und gesellschaftliche Institutionen ab. Subjekte gelten als unfrei und vergesellschaftet, eben unaufgeklärt. Sie kapitulieren in ihrer privaten Reaktionsbildung vor dem System und verlieren unbewusst ihre Selbstbestimmung (Freud, 1894).

Die Psychoanalyse verfolgt den Ansatz, dass im Subjekt zwar unmittelbar die Lebensbedingungen, auch die grausamsten Rituale (Dahmer, 2016), natürlich erscheinen, aber sich eine innere Antriebskraft im Unbewussten befindet (zum Beispiel in der Form von Neurosen als Zeichen und Manifestation von Dissonanz), die beispielsweise Innovationen hervorbringen kann und (widerständige) Reaktionen auf die Umstände bildet (Dahmer, 2016). Die Psychoanalyse versucht durch die Aufklärung des Geistes, »eine bestimmte Form von Individuation zu retten, die sich, der soziologischen Diagnose zufolge, in Auflösung befindet, oder die es, wie Horkheimer, Adorno und Marcuse radikaler formulierten, bereits nicht mehr gibt« (Dahmer, 2016, S. 243). Dieses um die Autorenschaft gebrachte Subjekt soll durch die Entzauberung pseudonatürlicher Bedingungen als Wahrheit Individualität und eben die Autorenschaft zurückgewinnen (Dahmer, 2016).

> »Ihr [das der Psychoanalyse] Ziel ist jedoch nicht die Entdeckung oder Bestätigung solcher ›Gesetzmäßigkeiten‹ – und schon gar nicht die techni-

sche Manipulation der Symptome und ihrer Träger –, sondern die Aufhebung des (Wiederholungs-)Zwangs, dem die vergesellschafteten Individuen aufgrund ihrer Biografie, ihres sozialen Orts und ihrer politischen Situation unterliegen« (Dahmer, 2016, S. 20).

c) Frankfurter Schule und die Begründung der kritischen Psychologie

Aus den Denkströmungen von Marx, Hegel und Freud entstand Mitte des 20. Jahrhunderts die Frankfurter Schule als eine deutsche, heterogene[12] (Motzkau & Schraube, 2015) Gruppierung von politisch linken Intellektuellen, Philosophen und Wissenschaftlern, die die kritische Psychologie formal begründeten.[13] Dazu gehören unter anderem Adorno, Marcuse, Horkheimer, Benjamin sowie später Holzkamp und Habermas. Die Bewegung verbleibt im Spannungsverhältnis beider Perspektiven: der gesellschaftlichen (v. a. nach Marx und Weber) und der subjektspezifischen (v. a. Freud und die Psychoanalyse), die sich in einzelne Argumente und Denkströmungen ausdifferenzieren.

In diesem Feld etabliert sich die kritische Psychologie, die durch Subjektperspektive, tägliche Praxis und Reflexivität des Beitrags der Forschung und der Subjektwissenschaft die Gesellschaftskritik fortführt und um eine Kritik an der Praxis der Psychologie ergänzt (Motzkau & Schraube, 2015). Demnach soll die Psychologie als historisch gewachsene Wissenschaft um soziale Subjekte (neu) definiert werden (Motzkau & Schraube, 2015) inklusive einem Verständnis dafür, dass auch die Forschenden selbst soziale Subjekte und damit eben immer subjektiv sind, wodurch der angestrebte Objektivismus in der Psychologie zurückgewiesen wird (Motzkau & Schraube, 2015). Hier ist die kritische Psychologie besonders kritisch gegenüber der traditionellen Psychologie sowie Objektivismus und Positivismus. Sie agiert also in einer Doppelrolle, bezogen auf gesellschaftliche

12 Diese Denkströmungen sind mitnichten homogen. Auch wenn sie einigen überlappenden Prinzipien folgen, gibt es grundlegende unterschiedliche Perspektiven zum Beispiel auf Subjekte und Macht, vertiefend dazu Motzkau und Schraube (2015). Dabei unterscheidet sich die deutsche Tradition der kritischen Psychologie von der internationalen critical psychology, wobei sich die Grundsätze und Prinzipien durchaus überlappen (vertiefend dazu die Kapitel 3.2.5 und 3.2.6).

13 Dazu vertiefend Osterkamp & Schraube, 2013.

Verhältnisse und ihre Legitimität sowie die Rolle der psychologischen Wissenschaft und ihres Paradigmas.

Diese reflexive Perspektive der kritischen Theorie wird auch in Bezug auf die eigene Begründung angewendet. Sowohl Marx als auch Freuds Psychoanalyse werden in der Begründung der kritischen Theorie bis heute kritisch diskutiert. Einordnung und Bewertung der Beiträge von Marx und Freud bewegen sich zwischen enthusiastischer Zustimmung und schärfster Ablehnung (Dahmer, 2016). Die Psychoanalyse beispielsweise wird dahingehend kritisiert, sie mache den Menschen funktionstüchtig, forme ihn also funktional dem System gerecht. Horkheimer kritisiert, es werde an einer Art *alten Individualität* festgehalten, die es in gesellschaftlichen Systemen nicht mehr gebe (Dahmer, 2016): »Die Psychoanalyse will den Menschen [...] arbeitsfähig machen. Das ist darum falsch, weil sie den Menschen nur für diese Form der Gesellschaft, die sie für ewig hält, geeignet machen will. Heute [weisen] Genussfähigkeit und Arbeitsfähigkeit auseinander« (Horkheimer & Adorno, 1939, S. 441)[14]. Kritische Psychologie distanziert sich zudem von Freuds Verständnis des Unbewussten und wendet sich dem kollektiven Unbewussten in Form von Enthistorisierung zu, um soziale und historische Vermittlung des Bewussten herauszustellen (Dahmer, 2016).

Dabei zeigen sich bis heute mithin grundlegende Unterschiede bei den Perspektiven innerhalb der kritischen Theorie (Weng, 2014). Während beispielsweise Habermas aus der Perspektive der politischen Philosophie den Subjekten kommunikative Handlungsfähigkeit unterstellt und sie als rational versteht, spricht Foucault eben dies den Subjekten zwar nicht ab (Billmann, 2019), spricht aber gleichwohl von einer Durchdringung der Subjekte durch inkorporierte Praxen und ständige Reproduktion der Machtverhältnisse im Interesse der Eliten: »Unfrei vergesellschaftete, ihrer selbst nicht mächtige Subjekte haben in der Vergangenheit kollektive Institutionen (Familie, Privateigentum, Staat, Religion) [...] hervorgebracht und reproduzieren sie in der Gegenwart« (Dahmer, 2016, S. 235).

Bei Habermas limitiert Macht den Menschen, bei Foucault produziert sie ihn, bei Marx gilt es, eine objektive Welt zu erkennen, wobei das Sein das Bewusstsein bestimmt. Holzkamp hingegen argumentiert, dass (nur) das Bewusstsein das Sein verändern kann, wobei im Begreifen der *Bedingtheit der Bedeutungen* und dem Herausarbeiten und Begreifen alternativer

14 Gänzlich ähnlich zu heutiger Kritik von psychologischen Techniken zur Optimierung (u.a. Rose, 2000).

Bedeutungen ein verändertes Bewusstsein (Begreifen alternativer Bedeutungen) auch alternative Deutungen und dann eine Veränderung des Seinsmodus möglich macht. Dies kann aufzeigen wie unterschiedlich die Positionen innerhalb kritischer Perspektiven sein können, haben sie auch einen geteilten Gegenstand, unterscheiden sich Sichtweise auf Subjekte, Widerstand, Befreiung bzw. Emanzipation.

Bis heute verlaufen Diskussionslinien entlang des Subjektverständnisses, das als unterschiedlich autonom und veränderungsfähig verstanden wird, und der Gesellschaft, die als unterschiedlich determinierend verstanden wird, sowie sich daraus ergebende Strategien. Trotz dieser selektiv veranschaulichten Widersprüche der verschiedenen Perspektiven sind sich die Vertreter der kritischen Perspektive darin einig, dass die Vernachlässigung historisch-sozialen Kontextes sowie die Verlagerung von Verantwortung und die Lösung der Verhältnisse in das einzelne Subjekt ein Fehler ist. Die kritische Perspektive soll in der Konsequenz über Beschreiben und Erkennen hinausgehen, integrativ sein und sozialen Einfluss haben- gerade und entgegen positivistischer Tendenzen nicht objektiv und neutral sein (u. a. Heider, 1958; Fletcher, 1995; Tuffin, 2005). Dabei fällt der Psychologie als Wissenschaft eine Sonderrolle der Verantwortung zu, da sie in ihrer Vorgehensweise durch Unterscheidungen, Klassifizierung, Festlegung von Normalität und Standards Möglichkeiten geschaffen hat, zur Diskreditierung von Subjekten maßgeblich beizutragen (Danziger, 1997a; Foucault, 2008; Langdridge & Taylor, 2007), indem sie klassifiziert in *gesund* und *krank* (Danziger, 1997a), Privilegien legitimiert und diese Unterscheidung in Form von Gefängnissen, Schulen und Psychiatrien institutionalisiert (Danziger, 1997a). Nicht zuletzt geht es um eine Psychologie, die die systemischen Verhältnisse zu lange vernachlässigt und eine Subjektwissenschaft ausgebildet hat, die gesellschaftlich verursachte Probleme letztlich im Subjekt und der vermeintlich natürlichen Beschaffenheit von Subjekten lokalisiert: »Psychologie im modernen Sinn, wie Freud sie untersucht und dargestellt hat, ist diejenige, die die scheinselbstständigen Individuen der liberalen Ära ausgebildet hatten« (Dahmer, 2016, S. 35).

Später wird diese kritisch-reflexive Perspektive noch um die Kritik zur Organisation einer möglichst individuell angepassten und psychologisch fundierten Ausnutzung von Subjekten erweitert, unter anderem durch Etablierung von der Wirtschaft zuarbeitenden Subdisziplinen wie der Arbeitspsychologie, bei der es beispielsweise um mentale Gesundheit zur Leistungssteigerung geht (vertiefend dazu Kapitel 3.2.1.4 und 3.2.1.5) (Rose, 2000).

Die kritische Psychologie bleibt demnach nicht bei der Deskription und auch nicht bei der erklärenden Analyse stehen, sondern versucht, das Subjekt aus dem sozial *verzerrten* und restriktiven Kontext (kognitiv und emotional) durch alternative Denk- und Handlungsmöglichkeiten zu befreien und die (mithin eigen verursachte und reduktionistische, klassifizierende) Perspektive über Subjekte aufzuräumen und durch den Standpunkt der Subjekte zu ersetzen. Denn die subjektzentrierte Psychologie, die sowohl sozialen Kontext als auch Komplexität zum Zweck der Operationalisierung, Messbarmachung und Replizierbarkeit (Danziger, 1997a) beschneidet, restituiert sonst (weiterhin) das Verhältnis verlorener Autonomie in einem System, das beherrscht wird von Kapitalmagnaten (Dahmer, 2016).

Zusammenfassung und Bedeutung

In der Begründung der kritischen Psychologie differenzieren sich neben Unterschieden und Konfliktlinien für diese Forschung grundlegende Gemeinsamkeiten heraus. Übergreifend geht es in der kritischen Psychologie um eine Subjektaufklärung und eine darauffolgende Emanzipation vom Subjekt von einem als schädlich wahrgenommenen ausbeuterischen (kapitalistischen – in späterer Anwendung neoliberalen) System. Dabei zeigen sich zwei Gegenstandsbereiche: der Subjekt-Objekt-Dualismus und der damit einhergehende Individuum-Gesellschaft-Dualismus. Thematische Gegenstandsbereiche sind ethische Fragen, Fragen der Teilhabe an der Gesellschaft und ein würdiges, als sinnvoll erlebtes Leben des verallgemeinerten Subjekts als radikaler Humanismus. Damit einher geht eine Systemkritik: Das System erscheint dabei den Subjekten unmittelbar natürlich und legitim. Diese Wahrnehmung soll durch die Erkenntnis der Bedeutung der Dinge in ihrer Historizität überwunden werden und sich das Subjekt somit von der ausbeuterischen Logik emanzipieren.

3.2.3 Subjekt, Gesellschaft und Herrschaft

Macht- und Klassentheorien bearbeiten ein weites und differenziertes Feld zum Verstehen von (vermeintlichen) Dichotomien von Subjekt – Objekt, Subjekt – Gesellschaft (z. B. als Ordnung durch Kapitalismus und damit auch von Soziologie und Psychologie) (El-Mafaalani & Wirtz, 2011). Fromm formuliert dies beispielweise als Frage, wie das Sein und Bewusstsein zusammenhängen, nämlich »wie der Weg von der Ökonomie zum menschlichen Kopf oder Herz geht« (Fromm, 1932, in El-Mafaalani & Wirtz, 2011, S. 46). In diesem Feld unterscheiden sich die Perspektiven auf Subjekte, System und Ökonomie sowie ihre Werkzeuge der Macht, zum Beispiel Sprache als kommunikative Macht (Reichertz, 2010). Dabei tendieren Vertreter der Frankfurter Schule dazu, vor allem Marx' Theorie der Ökonomie und Freuds Psychoanalyse miteinander in Einklang zu bringen (El-Mafaalani & Wirtz, 2011). Die Machttheorien, trotz der Potenz Subjekt und sozialen Kontext zu integrieren, zum Beispiel Bourdieu und Foucault werden eher nicht integrativ und wenn dann vergleichend berücksichtigt, wobei Bourdieu in der Psychologie generell und bis heute als zu wenig beachtet und rezipiert bewertet wird (Zander, 2003; 2010, 2013), während Foucault wiederum zumindest in der Frankfurter Schule kaum Beachtung und Anerkennung gefunden hat (Yeniyala, 2016).

Nichtsdestoweniger stellen beide Ansätze sinnvolle Zusammenhänge und vor allem gegenseitige Ergänzungen bei der Frage nach subjekt-gesellschaftlichen Sphären unter Berücksichtigung von Intentionalität dar, die aus psychologischer Perspektive gewinnbringend kombiniert werden können und die sich beide dem Gegenstand sozialer Bedingungen von Unmündigkeit und (im Kern) symbolischer Gewalt in ihrer Reproduktion zuwenden (Zander, 2010; 2013; Bongaerts, 2008).

In der Frankfurter Schule ist der Machtbegriff in Bezug zu Marx in Abgrenzung zu Bourdieu und Foucault eher abstrakt und programmatisch verwendet worden (Zander, 2003). Holzkamp kommt zwar immer wieder darauf zurück und thematisiert und analysiert soziale (ungleiche) Machtverteilung. Allerdings verbleibt er dabei hinsichtlich der *»Mächtigen«* und *»Herrschenden«* (Zander, 2003, S. 101) diffus(er). Dabei steht bei Holzkamp im Fokus, wie durch die (benachteiligten) Subjekte selbst diese etablierte Rollenverteilung reproduziert und hergestellt wird (Zander, 2003).

Bourdieu hingegen arbeitet heraus, durch welche Gegebenheiten sich Macht in bestimmten, nicht zufälligen und relativ lange überdauernden Positionen kondensiert, zum Beispiel durch Verfügung über fremde Arbeitskraft und differenzierte Kapitalsorten, wodurch soziale Lagen von Subjekten bestimmt werden, und wie vieldimensionale Distinktion (subtil) über die *feinen Unterschiede* im gesellschaftlichen Raum (re-)produziert wird (Bourdieu, 1987).

Foucault beschäftigt sich, was dazu ergänzend verstanden werden kann, vor allem damit, durch welche Praktiken subtile Macht konstituiert ist und wie Intentionalität gerichtet und gesteuert wird. Beide, Bourdieu und Foucault, inkludieren dabei eine reflexive Perspektive der Verflechtung von Wissen und Macht und damit eine ethische Überlegung der wissenschaftlichen Rolle, bei der Politik und Wirkung mitgedacht werden und als mit Macht verstrickt gelten (zu Bourdieu z. B.: Bourdieu, 2001; Zander, 2003; zu Foucault: Foucault, 1976). Dabei kann dieser Zusammenhang kaum verhindert werden. Holzkamp hingegen sieht in der Wissenschaft eher eine Rolle, die politisch positioniert für (benachteiligte) Subjekte handeln soll und kann.

In derlei sozialen Kontexten wird Macht ausgeübt und werden Privilegien vererbt, soziale Hierarchien reproduziert und stabilisiert (Bourdieu, 2001). Entgegen der Perspektive des besseren Arguments in einer machtfreien Kommunikation, wie Habermas konstatiert, verorten macht- und klassentheoretische Perspektiven nicht nur die Kommunikation, sondern auch Subjekte und jedwedes Handeln in einem sozialen, historischen und internationalen Kontext, bei dem es um Interessen, Differenzierung und eben Macht geht (Maeße, 2019). Bourdieus und Foucaults Perspektiven werden anhand von vier übergeordneten Themen dargestellt:

a) Subjekt, Habitus und Körper
b) Distinktion und subtile Praktiken
c) gesellschaftliche Sphären
d) subjektiver Widerstand

Anhand von zwei unterschiedlichen machttheoretischen Ansätzen (Bourdieu und Foucault) lässt sich darstellen, dass es sich bei Macht- und Klassentheorien um komplexe und differente Ansätze im gerichteten Aushandlungsprozess zwischen Subjekt und Gesellschaft handelt, die im besten Fall ergänzend gelesen werden können und sich kontextspezifisch unterschiedlich plausibel und aktuell zeigen. Dazu werden im Folgenden also vertiefend die Perspektiven von Bourdieu (soziale Position verinnerlicht als Habitus und damit relativ überdauernde, soziale Positionierung und Unterdrückung als Machtmechanismus) und Foucault (intentionale, aber subtile Macht, die durch die Subjekte wirkt) ergänzend zueinander in Bezug gesetzt und dann, nach der Darstellung aktueller Theoretisierungen zu Subjekt und Gesellschaft, Holzkamps' Perspektive (Subjekte haben Handlungsspielraum, benötigen Erkenntnis durch Begreifen, um ihr Potenzial auszuschöpfen und Widerstand zu leisten und so ihre Seinsbedingungen zu verbessern) zum Veränderungspotenzial durch subjektives Begreifen (Kapitel 3.3) erläutert und methodische Implikationen abgeleitet.

a) Subjekt, Habitus und Körper

> »Bourdieu konzipiert den Habitus als Bindeglied zwischen der gesellschaftlichen Geschichte beziehungsweise dem sozialen Gedächtnis auf der einen Seite und dem gegenwärtigen Wahrnehmen, Denken und Handeln der Individuen auf der anderen Seite« (El-Mafaalani & Wirtz, 2011, S. 3).

Der Habitusbegriff bei Bourdieu differenziert Marx' eher komplexitätsreduzierende Unterscheidung in wenige Klassen von Habenden und Nicht-Habenden, in stärker ausdifferenzierte Milieus. Diese Milieus sind wie die Klassen konkurrierend im sozialen Raum verortet, können sich aber überlappen und nebeneinanderstehend konkurrieren. Subjekte werden in den sozialen Raum hineingeboren und erfahren zusätzlich zu den Dispositionen eine Sozialisation entsprechend dem Milieu der Familie. Diese Sozialisation beinhaltet neben der Art des Umgangs und der Umgebung zudem Möglichkeiten und Zugänge. Sie sind durch Kapitalsorten geordnet wie dem ökonomischen Kapital, dem kulturellen Kapital und dem sozialen Kapital. Entlang dieser Kapitalsorten ergeben sich Zugänge zu Bildung, Kultur und Kunst, physischen Orten, Kleidung und Netzwerken und somit zu Erfahrungsräumen. Damit wird nach Bourdieu *»objektiver Sinn«* zu *»leibgewordenem Sinn«* (Bourdieu, 1987, S. 78–82; Dirksmeier, 2007). Diese Erfahrungsräume sind nicht zufällig und überlappen sich mit den angrenzenden Milieus. Kontext und Erfahrungen werden von den Subjekten inkorporiert, wodurch sich der Habitus konstituiert. Der Habitus ist die verinnerlichte und verkörperte Ausdrucksform für soziale Position und Milieu. Den Subjekten erscheint der eigene Habitus natürlich und individuell; er zeigt sich im Geschmack, in der Mimik, in Vorlieben, Aktivitäten, denkbaren Möglichkeiten, Beruf, Sprache – schlicht in jeder Aktion, Interaktion und im Selbstverständnis von Subjekten (Zander, 2003; Bourdieu, 1979). Das Subjekt verinnerlicht folglich, was es erlernt, erfährt und aufgrund dessen für möglich und legitim hält, und signalisiert dieses Verhältnis zur Welt distinktiv über die Verkörperung nach außen in allen Formen des Ausdrucks durch milieuspezifische *»Interiorisierung der Exteriorität«* (Bourdieu, 1993, S. 102).

Bei Foucault (2008) sind das Subjekt und der Körper des Subjekts durch die Machttechniken hervorgebracht, also als produktive Machtmechanismen. Dabei von Interesse ist die einst etablierte Idee von Subjektivität, Autonomie und Reproduktion der (Macht-)Verhältnisse. Foucault arbeitet heraus, wie sich Individualisierung, also die Verlagerung der Verantwortung für Erfolg und Existenz ins vereinzelte Subjekt, der generalisierten Subjekte und in der subjektiven massenhaften Wiederholung schlussendlich in ökonomisch-politische Machtverhältnisse konstituiert. Dabei geht es weniger um intersubjektive Distinktionen und unmittelbar eindeutige Interessen, dass die Habenden etwa ihren Status aufrechterhalten wollen, sondern um diskurs-, eher milieuübergreifende Machttechniken. Damit ist nicht gesagt, dass Foucault keine Unterschiede in den sozialen Lagen thematisiert, eher zentral sind aber Diskursbewegungen, die generelle Einverleibung der Subjektivität und die entsprechenden Mechanismen. Macht ist dabei weder immer gleich gerichtet noch immer gleich konstituiert, sie kann konkurrieren und wechseln und produziert auf diese Weise Subjekte. Es ist also weniger eine Reproduktion sozialer Verhältnisse, sondern soziale Subjektivität, die durch intentionale Macht durch Wahrheit-, Wissen- und Raumgestaltung produziert wird, wobei das Subjekt insofern objektiviert wird, als dass es sich Produktions- und Sinnverhältnissen unterwirft, wobei diese Unterwerfung als eben produktiv konstituiert und (dann als mitunter und zunächst positiv) erlebt wird (Foucault, 2008). Das so individualisierte Subjekt, das durch mehrdimensionale Machttechniken produziert und daher gesteuert wird, verinnerlicht diese, sodass sich die Macht durch das Subjekt bis ins Private hinein ausweitet und in jeder Aktion und Verhaltensweise (re-)produziert wird (Messerschmidt, 2012). Foucault (1994) spricht dahingehend von »verschiedenen Verfahren [...], durch die in unserer Kultur Menschen zu Subjekten gemacht werden [...] (und) vermittels Kontrolle und Abhängigkeit jemandem unterworfen [...] und durch Bewusstsein und Selbsterkenntnis seiner eigenen Identität verhaftet« (S. 243–246) sind. Die Macht wirkt bei Foucault also nicht im Eigeninteresse von milieuspezifischen Vorteilen, sondern für eine außerhalb des Subjekts konstituierte Intentionalität, die verinnerlicht und dann (re-)produziert wird.

b) Distinktion, Normalisierung und Macht

Über den Habitus gelingt es Bourdieu, die *feinen Unterschiede* in der täglichen Praxis ins individuelle und subtile Verhalten zu verlagern. Die

Position drückt sich dabei graduell explizit in Kommunikation, Sprache, Geschmack, Kleidung und Mimik aus und wirkt damit einhergehend distinktiv (Bongaerts, 2008). Diese symbolgestützte Positionierung ist nach Bourdieu nicht intentionsfrei, sondern wird für Klasseninteressen und Distinktion verwendet. Sie begründet Moral, Legitimationen und Prozesse (Strydom, 2011). Bei Bourdieu zeigen sich dabei Normalisierungen von mithin absurd erscheinenden Zuständen durch die Wahrnehmung als natürlich.

> »In der Familie wird ein selektiver Ausschnitt des sozialen Lebens erlebt, der einen Mikrokosmos gesellschaftlicher Verhältnisse – man könnte auch sagen: eine schichtspezifische Alltagskultur – als ›natürlich‹ manifestiert. All das, was in den frühen Lebensphasen bewusst oder unbewusst erlebt und erlernt wird, stellt für das Kind die gesamte soziale Welt dar« (El-Mafaalani & Wirtz, 2011, o. S.).

Bourdieu erklärt dies durch die Überzeugungskraft des individuellen Habitus, wobei der Glaube an die Wahrnehmung des Selbst und der anderen als legitime Positionierung eine ausstrahlende und höchst effektive, überzeugende, naturalisierende Wirkung durch ihre symbolische Gewalt hat (Bongaerts, 2008). Mit der überzeugten Selbstverständlichkeit des Habitus wirkt er auf alle Subjekte und damit auf die Gesellschaft.

Die Macht und Interessen wiederum sind bei Bourdieu personengruppenspezifisch und damit eindeutig orientiert. Das heißt, dass die oberen Milieus ihre Stellung verteidigen wollen und sich nach unten abgrenzen, die mittleren Milieus sich nach oben hin orientieren und nach unten abgrenzen, um einen Abstieg zu verhindern und die unteren Milieus am Aufstieg zu hindern, während die unteren Milieus entweder diese Position annehmen oder Aufstiegstendenzen zeigen. Um diese Struktur aufrechtzuerhalten, wird auf Distinktionen und Distinktionsgewinne zurückgegriffen, wobei diese symbolischer Art sein können (Zander, 2010). Distinktionsgewinn ist beispielsweise die Sicherung von Bildung und Anerkennung dieser spezifischen Bildung der oberen Milieus als überlegen und normierend, die somit wiederum die eigenen Kompetenzen und im Endeffekt Legitimität sichern (Bourdieu, 1997; Bongaerts, 2008). Trotz dieser Distinktionen und der Wahrnehmung dieser Unterscheidung als natürliche Ordnung der Dinge finden sich Nachahmungsrituale. Bourdieu beschreibt, dass es durchaus vorkommt, dass ein mittleres Milieu Kunst und Kultur lediglich vorgibt zu genießen, ihnen aber der Umgang damit habituell nicht erschlossen ist und sie daher beispielsweise ein Buch kaufen, um es zu besitzen – als Symbol und nicht, um es zu genießen. Der Umgang mit Kunst und Kultur wiederum verweist dann eindeutig auf das Milieu, wodurch sich fordern ließe, ohne Scham zu tun, was einem als sinnvoll erscheint, gäbe es nicht eben diese Nachahmungsrituale, um sich aufzuwerten oder nach unten abzugrenzen,

> »wie sich bei jenen Handwerkern und Kleinunternehmern zeigt, die nach ihren eigenen Worten ›nicht wissen, was sie mit ihrem Geld anfangen sollen‹, oder bei jenen späteren kleinen Angestellten, die vorher Bauern oder Arbeiter waren […], und die auf ihr Erspartes nicht ohne das schmerzhafte Gefühl, etwas zu verschwenden, zurückgreifen können (Bourdieu, 1987, S. 587). Weiter schreibt er: »Der Lebensstil der unteren Klassen kennzeichnet sich durch die Abwesenheit von Luxuskonsum (Whisky, Gemälde, Champagner, Konzerte, Kreuzfahrten, Kunstausstellungen) nicht weniger als durch den billigen Ersatz für etliche dieser erlesenen Güter (Schaumwein statt Champagner, Kunstleder anstelle von Leder …)« (Bourdieu, 1987, S. 602).

Bei Bourdieu verläuft die Konstitution von Macht also über sichtbare oder zumindest wahrnehmbare Unterscheidungen, die symbolisch manifestiert werden, eine Unterscheidung von Milieus möglich machen und mit einer objektiven Welt verbunden zu sein scheint. Dabei ist Unterdrückung und Macht durchaus als entmündigend und unterdrückend zu verstehen. Die Gesellschaft wird dabei explizit unterteilt in Besitzende, die über fremde Arbeitskraft verfügen, und in solche, die nicht über fremde Arbeit verfügen, sondern selbst als Subjekte zur Arbeit gezwungen werden. Bourdieu sucht dabei nach einer Objektivität des Gegenstandes (Maeße, 2015; 2019):

> »Ich denke, dass das Zentrum meiner Arbeit darin besteht, die Fundamente der symbolischen Formen von Herrschaft zu analysieren, die symbolische Gewalt der Macht kolonialen Typs, kultureller Herrschaft, der Männlichkeit […]. Es sind Mächte, die in den objektiven Strukturen enthalten sind, in der Struktur der Löhne, dem kolonialen Kräfteverhältnis, der Struktur universitärer Macht etc., und die zugleich im Kopf der Akteure sind« (Bourdieu, 2001, S. 166).

Während Bourdieu die hierarchisierende Dimension von Macht aufzeigt, verweist Foucault auf ihren konstitutiven Charakter (Maeße & Hamann, 2016). Für Foucault ist die Macht zwar intentional, aber nicht von einem Souverän und damit auch nicht von einem eindeutigen Interesse ausgehend. Sie ist stattdessen eine depersonalisierte Macht, die in ganz unterschiedliche Richtungen gehen und auch subtile, undurchsichtige Ziele verfolgen kann. Sie ist in Abgrenzung zu Bourdieu dabei ein gravierender Unterschied zu vielen Machttheorien, produktiv und gerade nicht gekennzeichnet durch explizite Unterdrückung. Vielmehr lockt sie die Subjekte und produziert sie durch Mikro-, Meso- und Makrohandlungen, sie durchdringt jeden Punkt der Gesellschaft, alle Sphären und jede Handlung:

> »Allgegenwart der Macht: nicht weil sie das Privileg hat, unter ihrer unerschütterlichen Einheit alles zu versammeln, sondern weil sie sich in jedem Augenblick und an jedem Punkt – oder vielmehr in jeder Beziehung zwischen Punkt und Punkt – erzeugt« (Foucault, 1983, S. 94).

Für Foucault indes ist die Ungleichheit für alle gleich (Lemke, 1997), wobei durch die Gouvernementalität eben doch die Individualisierung jedes Subjekts auf passende Art für die Machtreproduktion (aus-)genutzt wird (Lemke, 2018). Diese Positionen der Favorisierung, oder Privilegierung, spezifischer Gruppen, Positionen und Überzeugungen können im Diskurs durchaus wechseln. Foucault beschreibt Macht und damit Distinktion eher fluide, wenn auch mitnichten beliebig. So gibt es verschiedene Machtfelder: Bio-Macht, Disziplinarmacht oder Macht der Gouvernementalität. Dabei können sich verschiedene Formen der Macht im Diskurs ablösen oder vom Gegendiskurs gekippt werden, wobei einige Gruppen eine Auf- und andere eine Abwertung erfahren. Diese Macht ist bei Foucault dabei produktiv und dadurch attraktiv, nicht gekennzeichnet durch (explizite) Unterdrückung und Leiden, sondern wie ein Netz verwoben mit allen freiwilligen, interessen- oder lustgesteuerten täglichen Aktivitäten und ihrer Richtung: »Macht kann nur über freie Subjekte ausgeübt werden, insofern sie ›frei‹ sind […]. In diesem Verhältnis ist Freiheit die Voraussetzung für Macht« (Foucault, 2005, S. 257). Bei Foucault und dem Gouvernementalitätsbegriff geht es gerade darum, individuell vorzugehen bei der Durchdringung, das Subjekt zu kennen und mit Gesundheit, Sicherheit und Lebensführung zu locken als eine Art Seelenführung (Hartung, 2015; Yeniyalya, 2016; Lemke, 2018). Somit stehen sich nicht

Mächtige und weniger Mächtige gegenüber und auch der Staat ist nicht gleichzusetzen mit Macht. Macht ist vielmehr die strategische Situation der Gesellschaft (Foucault, 2008).

Klassenkämpfe und Revolten sind zwar nach Foucault durchaus möglich beim Umsturz eines Diskurses. Kleiner Widerstand hingegen durchkreuze, zerschneide und gestalte eher die Gesellschaft um, (re-)produziere auf diese Weise Macht (Lemke, 1997; 2007) und stelle am Ende nur die Selbst- und Fremdregulierung von gelehrigen Körpern dar (Lemke, 1997; 2007; Foucault, 1994). Normalisierung der Zustände verläuft bei Foucault eher über diskursiv geschaffene Regularien und regulierte Spielräume. Dabei sind sowohl Gegenwehr als auch Übertretungen, wenn nicht explizit legislativ reguliert, über subtile Macht reguliert. Diese Macht funktioniert durch Unwissenheit über einen delokalisierten, mithin unsichtbaren und dadurch gleichzeitig omnipräsenten Beobachter wie die Mechanismen der sozialen Kontrolle. Diese greift durch Ausschluss und Ausmerzung widerständiger Subjekte als Disziplinierung innerhalb der Gesellschaft und der einzelnen Körper. Diese Körper werden gesamtgesellschaftlich und institutionalisiert reguliert, vermessen, bewertet und dadurch erst hervorgebracht (Lemke, 2018). Unterwerfung und Widerständigkeit sind also nicht dichotom, sondern diffus sowie schwer greif- und lokalisierbar (Noack, 2016).

c) Gesellschaftliche Sphären

Bourdieu bindet den Habitus in den sozialen Kontext der Felder, wobei sich kulturelle Praktik und soziale Position zwischen den Feldern durchaus unterscheiden. Felder sind soziale Bereiche wie Politik, Sport, Religion, Literatur, Kunst und Wirtschaft, in denen spezifische Kräfteverhältnisse wirken, die nach innen gerichtet die Regeln bestimmen und nach außen gerichtet mitunter miteinander in Konkurrenz stehen (Zander, 2010). Innerhalb der Felder führt spezifisches Denken und Handeln zu Vor- beziehungsweise Nachteilen, also zum Beispiel zu einer erfolgreichen Karriere und Ansehen oder eben nicht. Innerhalb der Felder bezeichnet Bourdieu den Glauben der Subjekte, dass sich der Einsatz für die erfolgreiche Positionierung lohnt, als *»illusio«* (Bourdieu, 1998, S. 141). Die Beschaffenheit der Felder wird von Subjekten enthistorisiert erlebt und erscheint dadurch natürlich (Bongaerts, 2008). Gesellschaften werden im Feldbegriff eher als Kleingruppen und Kognition verstanden, was bedeutet, dass die Felder größer sind als einzelne Zusammenschlüsse und Organisationen. Kräfte und Habitus ragen über Mikro- und Mesoebene der Organisation hinaus und wirken dann zurück. Bourdieu folgt dabei einem Homologiepostulat, bei dem sich Felder im Ökonomieprinzip gleichen, aber gleichzeitig different, ungleichzeitig und von einer Außenperspektive verstanden werden können (Maeße & Hamann, 2016). Eine religiös *verschlüsselte* (bei Bourdieu *»latent«* genannt) ökonomische Logik kann anders ausdifferenziert sein als eine im Feld der Kultur.

Ökonomie und die ökonomische Logik durchdringen somit alle Felder als eine Art Metafeld (Bongaerts, 2008)[15]. Damit wird hier nur angemerkt, dass sich auch die Felder auf das Metafeld der Ökonomie reduzieren lassen könnten und sich damit quasi doch wieder auf Marx' Logik kondensieren lassen (vertiefend dazu Alexander, 1995). Es handelt sich allerdings bei Bourdieu trotzdem um eine Ausdifferenzierung von Macht und somit Erweiterung des Marxschen eindimensionaleren Feldes der Ökonomie. Daher lassen sich unterschiedliche Orientierungen innerhalb des Habitus beschreiben (Bongaerts, 2008). Felder sind dabei bei Bourdieu der Ort, an dem die Kapitalisierung der Subjekte und ihre Objektifizierung zur Arbeitskraft vollzogen wird und an dem sich Hierarchien ablesen lassen, wo Hierarchisierung von Gesellschaft und Vorteilstreben als grundlegender Trieb konstituiert, aber nach unterschiedlichen Regeln durchgesetzt wird.

Foucault nutzt eine andere Perspektive, die als eher isomorph bezeichnet werden kann. Alle Subjekte und ihre Zusammenschlüsse (also auch Organisationen) werden hier im Kontext ständigen gegenseitigen Austausches und von Einflussnahme stehen, wobei oftmals der Kontext nicht genauer spezifiziert werden kann (Maeße & Hamann, 2016). Damit entfernt sich Foucault von der Klassentheorie sowie von Bourdieus und Marx' Perspektive. Foucault sieht in der politisch liberalen Marktentwicklung und politischen Liberalisierung die neue Form von Machtausübung[16], die alle *Felder* durchdringt und verbindet, also Machtbereiche wie Ökonomie, Legislative und Politik. Macht manifestiert sich in den Netzen von einer nicht mehr

15 »Bourdieus Position findet sich aber noch besser in Karl Mannheims Begriff der totalen Ideologie vorgedacht, weil Mannheim so auf die Unverfügbarkeit der sich als total gebenden partikularen Weltsicht für die Akteure aufmerksam macht« (Bongaerts, 2008, S. 33–34).

16 Bei Foucault legitimiert sich die Entwicklung der ökonomischen Logik, die auch die Politik durchdringt, im Scheitern der Demokratie.

souverän gesteuerten Macht aus und ist nicht grundlegend in eine Richtung orientiert. Der Staat garantiert dabei lediglich den Schutz vor totaler Verarmung, nicht aber länger vor Monopolen, und nutzt ansonsten den Motor der Ungleichheit. Damit entwickelt Foucault einen Machtbegriff, der weniger unterschiedliche Interessen der Macht indiziert und diese vor allem nicht als eindeutig, gleichbleibend und explizit versteht, sondern stattdessen unterschiedliche Strategien und Werkzeuge, die sich entlang der gesellschaftlichen Sphären (u. a. Wirtschaft, Politik, Recht) etablieren, wie Disziplin und Bio-Macht (Foucault, 2008).

Die Gesellschaft ordnet sich durch ein Netz aus gerichteter Macht, die eher stabil, strukturierend und kollektiv ist als labil, richtungslos und individuell. Diese Charakteristik konstituiert sich insbesondere im Ort durch Organisationen und den dort erzogenen sozialen Körper (Hörnkvist, 2010). In und durch Organisationen stabilisieren sich die *major dominations* von Hegemonie (Foucault, 2008), aber auch die Regularien und das Heranziehen der individualisierten Praktiken.

In den Schriften von Foucault selbst und in der Sekundärliteratur kommt der Organisationsbegriff eher zu kurz (Hartz & Rätze, 2014). Allerdings nutzt Foucault ihn als Dispositiv fortlaufend in Form von Institutionen und Privatwirtschaft, um die Mechanismen der Subjektivierung – also wie ein Subjekt die Welt versteht – und die Subjektformung – also wie ein Subjekt die Welt verstehen soll (Bührmann, 2014) zu demonstrieren (Hartz & Rätze, 2014). Foucault nutzt den Umweg über die Organisationen zur Problematisierung der Gesellschaft, sieht sie aber in ihrer Charakteristik ebenfalls als Produkt von nicht zufälligen Diskursen, die erst Organisationen und Management in ihren Praktiken hervorbringen und in diesem Zuge auch Möglichkeiten und Sagbarkeiten innerhalb der Organisationen hervorbringen (Hartz & Rätze, 2014). Die Organisationen werden nach Foucault zu einem abbildenden, stabilisierenden und hochfunktionalen, aber auch ausführenden und machtfunktionalisierten Organ, verwoben mit dem dominierenden Diskurs und die Subjektivierung produzierend. Macht entsteht laut Foucault gerade in der relationalen Organisation von Familie, Korporationen und Vereinen, weil sich dort die kapitalistische Orientierung in den Körper verlagert und damit das Subjekt bis ins Private durchdringt, wie es bei der Gouvernementalität beschrieben ist und heute zum Beispiel von Rose fortgeführt wird. Damit entsteht erst der Homo Oeconomicus mit der alles vereinnahmenden Ausrichtung an Mehrwert und Gewinn. Organisationen sind zum einen mit der Gesellschaft verbunden, zum anderen stellen sie einen exklusiven Zusammenschluss dar, zu dem einige Subjekte gehören und andere nicht – mit den entsprechenden Statusfolgen. Nach außen hin wird hierarchisiert, wer dazugehört und wer nicht, wer Zugang zu Information hat und wer nicht. Nach innen wird ebenso hierarchisiert, indem Subjekte überwacht, bewegt und zu bestimmtem Verhalten angehalten werden, zum Beispiel sich für den Erfolg der Organisation zu engagieren, was durch hierarchischen Aufstieg und (Status-)Symbole belohnt wird. Sie übernehmen damit die Mikrojustiz über den Körper und die Gesinnung, über den organisationalen Kodex – was anständig, belohnenswert und die Norm ist – und konstituieren auf diese Weise Wissensordnung und Subjektivierung.

d) Subjektiver Widerstand

Macht und Wissen sind bei Bourdieu und Foucault unterschiedlich ausgeprägt, bieten aber bei beiden eine Grundlage für das Verstehen von Phänomenen und Gesellschaft, die durch neoliberale und biopolitische Logik sowohl klassenförmig als auch subjekt- oder (selbst)-technisch Macht reproduzieren (Maeße, 2019). Die Technik des Selbst beschreibt dabei, dass Subjekte Macht verinnerlichen und durch Inkorporierung diese durch Verhalten in sich und sich und über sich hinaus Verhältnisse und Bedeutung (re-)produzieren, durch eben diese Techniken des Selbst produziert sich erst das Selbst (Foucault, 1977). Der Begriff der Selbsttechnik bedeutet vor allem, dass es auch die Subjekte selbst sind, die ihre Art des Daseins und ihren Modus des Seins produzieren. Dabei ist die Frage, wie Bourdieu und Foucault Veränderungsgedanken konstruieren und welche Rolle Wissen und Wissenschaft dabei spielen.

Veränderungen im Habitus sind laut Bourdieu herausfordernd. Subjekte sind gebunden an die akzeptierten Handlungsmöglichkeiten des sozialen Umfeldes und den Zugang zu Ressourcen, um veränderte Handlungen zu realisieren. Nur unter großer Mühe können Subjekte entweder durch Relokalisierung in ein anderes Milieu (z.B. durch Heirat oder neu gewonnenen Reichtum) den Habitus graduell anpassen. Dabei gelingt eine Veränderung beziehungsweise Anpassung des Habitus in der Regel vor allem durch Reflexivität und trotzdem oft nicht vollständig. Auch der Zugang zu einem höher gelagerten Milieu, zum Beispiel durch Geld, löst die Distinktionen nicht auf (Zander, 2010; 2013).

> »Die erste Neigung des Habitus ist schwer zu kontrollieren, aber die reflexive Analyse [...] ermöglicht es uns, an der Veränderung unserer Wahrnehmung der Situation und damit unserer Reaktion zu arbeiten. [...] Im Grunde kommt der Determinismus nur im Schutze der Unbewusstheit voll zum Tragen« (Bourdieu & Wacquant, 1996, S. 170f.).

Dementsprechend kann am Habitus abgelesen werden, ob es sich um einen Neureichen oder einen traditionell eingepflegten Erben im Milieu handelt; der Neureiche verbleibt durch den Habitus distinkt, erkennbar und damit in der Legitimität infrage zu stellen.

Bourdieu sieht in den Zuständen trotzdem Veränderungsnotwendigkeit: Das Subjekt als *social agent* soll eine Überwindung des Selbstverständnisses erlangen, die die Subjekte von der Legitimation sozialer Klassifizierung befreit (Kim, 2004).

Kritische Psychologie und Wissenschaft sollen dabei gerade nicht die Wirklichkeit abbilden, sondern die Menschen emanzipieren von den Bedingungen, die sie versklaven, alternative Interpretationen der Bedeutung der Dinge produzieren und die Subjekte letztlich befreien (Bourdieu, 1993). Die Überwindung wird dabei psychoanalytisch reflexiv verstanden. Der Wissenschaft wird eine heilende Rolle zugeschrieben:

> »Die politische Aufgabe der Sozialwissenschaft ist es, zugleich dem unverantwortlichen Voluntarismus und dem fatalistischen Szientismus entgegenzutreten und daran zu arbeiten, einen rationalen Utopismus zu definieren, indem sie das Wissen um das Wahrscheinliche dazu benutzt, das Mögliche herbeizuführen« (Bourdieu & Wacquant, 1996, S. 232).

Dies problematisiert Bourdieu allerdings, da zum einen das Subjekt die eigene Wahrnehmung der Welt überwinden muss und zum anderen gerade die, die ein hohes symbolisches Kapital besitzen und daher Veränderung durchsetzen können, durch das alte System privilegiert sind, daher an Vorteilen im System festhalten und Veränderung und Emanzipation verhindern. Bourdieu selbst drückt aus, dass er aus psychoanalytischer Perspektive hat überwinden können, wie er die Welt sieht, sowie Emanzipation und eine *Wahrheit* im anderen sehen kann – etwas, das heute mitunter kritisiert wird, da er von denen, von denen Bourdieu gesprochen hat, nicht akzeptiert worden ist. Kim fordert allerdings, wenn die Psychoanalyse zwar bekannte Narrative und Interpretationen überwinden und durch alternative Interpretationen eine Weltsicht verändern kann, sei der finale Akzept des Subjekts doch kritisch: »Fingarette (1963, p. 30) nevertheless argued that the incontrovertible proof can be nothing other than showing how patient's acceptance and use of the new language makes her see herself in different light and, as a consequence, act differently hereafter« (Spence, 1983, S. 467). Bourdieu hingegen interpretiert die Ablehnung seiner Interpretation in Freuds Sinne des Widerstandes als Bestätigung seiner Theorie:

> »For example, even in the scientific field, the collective belief in science can be sustained only when the scientists immerse themselves in the scientific game. It is for this reason that Bourdieu argued that ›scientific thought has no foundation other than the collective belief in its foundations that the very functioning of the scientific field produces and presupposes‹« (1991, S. 8; 1975, S. 34, zit. nach Kim, 2004).

Dabei muss der Wissenschaftler reflexiv die eigene soziale Position überwinden, was aus verschiedenen Gründen als dilemmabehaftet (und unwahrscheinlich) kritisiert wird, etwa weil die soziale Position privilegiert ist und deshalb allein aus Eigeninteresse nicht aufgeben wird (Kim, 2010). Bourdieu inkludiert in seinem eigenen Sprachgebrauch diese Kritik in Form des realistischen Utopismus; es ist eher eine Denkfigur oder Denkmodell. Die von ihm geforderte politische Aufgabe der Wissenschaft (damals vor allem in Bezug zur Soziologie), eine alternative Lebensrealität zu entwerfen, eben eine Utopie, verweist schon begrifflich auf die Unmöglichkeit (Bongaerts, 2008):

> »Als regulative Idee für Sinn und Zweck soziologischen Forschens bleibt der explizite oder implizite Bezug auf die Möglichkeit, Erkenntnisse zu produzieren, die einen Unterschied machen können, kaum verzichtbar« (Bongaerts, 2008, S. 368).

Kabobel (2011) und auch Yeniyalya (2016) erklären, dass gerade der Aspekt des Widerstandes in Foucaults Rezeption zu kurz kommt und bei Foucault die Frage nach Freiheit unbeantwortet bleibt (Yeniyala, 2016). Dies kann daran liegen, dass die Schriften Foucaults eher anmuten, als ob aus der subtil produzierten und inkorporierten Macht gerade kein Entrinnen zu geben scheint. Dies äußert Foucault sogar explizit: »[I]ch weiß nicht so recht, wie ich da herauskommen kann« (Foucault, 1977, S. 407).

Gleichwohl zeigt Foucault zwei Ansätze für Widerstand auf: erstens in Form des diskursiven Widerstands und von Gegendiskursen, die unter spezifischen Umständen, die Foucault nicht konkret erfasst, den dominanten Diskurs kippen und ablösen können. Diese Form des Widerstandes scheint dann aber eher eine Machtverschiebung zu sein, wie Foucault sie des Öfteren beschreibt, also die Ablösung einer Macht durch die andere, zum Beispiel im Wechsel von Krieg zur Nachkriegszeit. Theoretisch ist jedoch denkbar, dass sich ein solcher Gegendiskurs durchsetzen kann, der dann als Revolution das System zum Einsturz bringen kann. Bei solchen Spekulationen bleibt fraglich, ob und inwiefern ein System aus sich heraus einstürzen kann. Daher lässt sich vermuten, dass Foucault eher meint, dass sich das System selbst erhält. Woher systemimmanent der Gegendiskurs produziert und durchgesetzt werden kann, bleibt auch bei Foucault fraglich. Denn sowohl Wissenschaft als auch die Sprache selbst sind nach Foucault in die Macht verstrickt und reproduziert sie (Foucault, 1966; 2008).

In seinen späteren Werken zu Sexualität, Wahrheit und Mut zur Wahrheit entwirft er, zweitens, den Widerstand in der Form eines emanzipierten und freien Subjekts aus der Loslösung des Systems heraus. Dabei ist es die reflexive und andauernde Auseinandersetzung mit der Macht sowie sodann bewusste asketische Lebensweise und der Rückzug auf die Wahrheit in sich, die das Subjekt befreien soll (Lehn, 2012; Lemke, 2019):

> »Es handelt sich […] um jemanden, der in seinem eigenen Leben, in seinem Leben als Hund, seitdem er sich für die Askese entschieden hat bis zum jetzigen Zeitpunkt, stets in seinem Körper, in seinem Leben, in seinen Handlungen, in der Schlichtheit, in seinem Verzicht, in seiner Askese der lebendige Zeuge der Wahrheit war. Er hat gelitten, er hat ertragen, er hat verzichtet, damit die Wahrheit gewissermaßen in seinem eigenen Leben, in seiner eigenen Existenz, in seinem eigenen Körper Gestalt annähme« (Foucault, 2011, S. 229).

Im Selbstverhältnis der Beobachtung der Techniken der Herrschaft und im Rückzug aus den Zwängen der Gesellschaft, zum Beispiel in Form von Konsum und Luxus, wird die Autonomie über die Selbsttechnologien der Askese zurückgewonnen (Hartung, 2015). Im Selbstverhältnis liegen also der Widerstand und der Raum für Freiheit. Die Abwahl der Zwänge und die dahingehend angeführte Askese verweisen wahrscheinlich auf das Machtverständnis der Lust und Attraktivität, die sich eben durch positiven Sog selbst produziert, nicht durch bloße Unterdrückung. So erlangt das Subjekt eine Ethik zu sich selbst, die durch Glück, Gelassenheit und Gleichgültigkeit bestimmt ist (Hartung, 2015; Foucault, 2011). Dies drücke sich beispielsweise in der Sexualität aus, die sich entgegen sozialer, diskursiver Regeln im Privaten bewusst widerständig ausleben lasse. Inwiefern es sich dabei um eine privilegierte Haltung der Befreiung handelt, muss diskutiert werden. Denn der Rückzug aus dem System scheint doch schwierig, auch die Befreiung des Geistes ist eher Gebildeten zugänglich.

Bei der reflexiven Form der Erlangung von Freiheit, auch für den bewussten Gegendiskurs, liegt die Erkenntnis der Herrschaftsverhältnisse in der Genealogie (Foucault, 2008). Denn im historischen Werden erringen Dinge Bedeutung. In diesem Gewordensein, also der Ideengeschichte der Bedeutung, lässt sich die Macht erkennen, etwa Definitionsmacht (Foucault, 2008). So kann eine Relativierung des historischen Wissens in Bezug auf die aktuelle Wirklichkeit gelingen und das gesellschaftliche Dasein relativiert werden (Yeniyala, 2016).

Zusammenfassung und Bedeutung

Die Theorie von Macht kann als erklärendes Bindeglied zwischen Gesellschaft und Subjekten und damit Makro-, Meso- und Mikroebene fungieren. Dabei lässt sich an Bourdieu und Foucault zeigen, dass sich die Perspektiven grundsätzlich unterscheiden können und sich dabei gleichzeitig sinnhaft ergänzen können, um Subjekte in gesellschaftlich-politischem Kontext und ihre Wechselwirkung zu verstehen. Diese Wechselwirkungen beziehungsweise Wirkweisen werden entlang von vier Perspektiven dargelegt, die nicht trennscharf, sondern miteinander verwoben zu verstehen sind, und zwar

a) Subjekt, Habitus und Körper;
b) Distinktion, Normalisierung und Macht;
c) gesellschaftliche Sphären sowie
d) subjektiver Widerstand.

Sowohl Bourdieu als auch Foucault verstehen Macht als subjektdurchdringend und inkorporiert, wobei Bourdieu den Begriff des Habitus nutzt, um das inkorporierte Kapital zu beschreiben, das ein Subjekt in einer gesellschaftlichen Position verortet. Diese Position verinnerlicht das Subjekt durch Dispositionen und Erfahrungsraum und erlebt daraufhin das Sein, den Geschmack und das Verhalten als natürlich und legitim, sowohl das eigene als auch das der anderen. Habitus und dazugehöriges Kapital werden dazu genutzt, um sich nach unten abzugrenzen, wobei Subjekte und Milieu Aufstiegsorientierungen zeigen. Gesellschaft und Macht ordnen sich bei Bourdieu intentional und recht eindeutig nach Klassen und Vorteilen, wobei die grobe Unterscheidung gilt, inwiefern das Subjekt als Arbeitskraft dient oder über Arbeitskraft anderer verfügen kann. Insgesamt geht dabei bei Bourdieu ein kritischer Gedanke einher, bei dem die Enteignung und Objektivierung von Subjekten als Arbeitskraft, gerade in Organisationen als gesellschaftlichem Ort, und die Annahme der Ordnung als natürlich und legitim kritisiert wird. Bei Bourdieu durchzieht die durch unterschiedliche in Konkurrenz zueinanderstehenden Felder ausdifferenzierte Gesellschaft eine kapitalistische Logik, die alle Lebensbereiche und Felder durchdringt, aber jeweils unterschiedlich auftritt. Die Wissenschaft wird ebenfalls als Feld gesehen, dem die politische Aufgabe zuteilwird, sich der Machtverhältnisse bewusst zu werden, zu hinterfragen und alternative Interpretationen als soziologischen Entwurf einer gesellschaftlichen Utopie zu entwickeln. Dazu bedient er sich der Ideen der Psychoanalyse, wobei Bourdieu den Prozess in Bezug zu sich selbst und die Verhältnisse als Teil der Gesellschaft als schwierig erachtet. Viele Jahre hat er sich der Analyse seiner selbst und seines eigenen Habitus gewidmet, ohne zu einem Schluss der endlich gelungenen Entfremdung zu kommen, der es bedarf, um nicht die eigene Perspektive zu generalisieren, sondern eine generelle zu erlangen.

Bei Foucault ist Macht anders zu verstehen als bei Bourdieu. Daher unterscheidet sich das Subjektverständnis. Subjekte werden durch Macht produziert und reproduzieren sie in allen Handlungen. Macht ist bei Foucault intentional, jedoch von der Eindeutigkeit und Souveränorientierung abgelöst. Eher ist sie ein subtiles Netz, das sich durch alle Sphären und Subjekte als Selbsttechnik zieht und damit weder feld- beziehungsweise sphären- noch klassenspezifisch ist. Eher reproduziert sich eine Ordnung, die im diskursiven Aushandlungsprozess ausgerichtet wird und dann durch diffuse, alle Subjekte durchdringende Kontrolle und gegenseitige Kontrolle alle Klassen und Bereiche durchdringt.

Macht ist für Foucault allerdings nicht unterdrückend, sondern produktiv – als strategisches Spiel zwischen Freiheiten (Duttweiler, 2016). Sie bringt subjektiven Gewinn und lockt an, geht einher mit (vermeintlichem) Genuss und Vorteilen. Organisationen sind dabei der Ort, an dem sich Macht stabilisiert sowie die Technik des Selbst etabliert, inkorporiert und eben reproduziert wird. Für Foucault liegt zudem in der Enthistorisierung die Macht der Naturalisierung der Zustände. Für ihn ist Wissen(-schaft) allerdings Teil des Machtdiskurses und kann sich diesem nicht entziehen.

Zusammengefasst liest sich Foucaults Werk wie eine Konstitution der (unumstößlichen) Unfreiheit, nicht wie eine Anleitung zur Erlangung von Freiheit. Erst in seinen späteren Werken entwickelt er die Idee, dass die Freiheit im subjektiven Widerstand liegen könne, und zwar in der Entziehung von den Dingen, die Subjekte glauben zu brauchen, um sich in der Askese, der fortlaufenden Reflexion und der Erkenntnis der Macht entziehen zu können. Dazu muss die Emanzipation von Macht und Gesellschaft, Konsum und Normen aus dem (gebildeten) Subjekt immer wieder produziert werden. Im Rückzug kann das Subjekt Wahrheit (und Freiheit) in sich selbst finden. Foucault äußert allerdings, dass er selbst nicht wirklich weiß, wie er sich entziehen soll.

Es bleibt also, dass Subjekt – Objekt, Außen und Innen durch Machttheorien vermittelt werden, dass gesellschaftliche Strukturen (nämlich gerichtete) auf Subjekte wirken, die sie möglicherweise explizit und implizit unterdrücken und produzieren. Dabei fällt Organisationen als Ort der Unterdrückung, Konstitution und Nutzung von Arbeitskraft, Verhalten, Aufenthaltsraum und Normen eine besondere Rolle zu. Der gesellschaftliche Raum wird als von ökonomischer Logik (subtil) durchdrungen konstituiert. Wissen, (psychoanalytische) Reflexion und Erkenntnis als Weg zur Emanzipation des Subjekts, zur Rückkehr zum Subjekt könne eine ausschlaggebende Rolle spielen, wobei dieser Prozess als höchst herausfordernd und eher utopisch, jedoch trotzdem als unbedingt notwendig konzipiert wird. Bei beiden Ansätzen beginnt die Wahrheit dabei in der subjektiven täglichen Praxis und der historisch-sozial gewachsenen Bedeutung der Dinge, die nicht natürlich, sondern intentional ihre Bedeutung erhalten, ohne die alles Wissen scholastisch bleibt – also theoretisch spekulativ (Bourdieu, 2001).

3.2.4 Aktuelle Theoretisierung von Subjekt und Gesellschaft

Gegenwärtige Theoretisierungen von Subjekten in Relation zum gesellschaftlichen (neoliberalen) Kontext behandeln unter anderem derlei Themen wie Liberalisierung, relationale Ethik (Gergen, 1991), Deregulierung, Ambivalenz und Diskontinuität (Baumann, 2005), Beschleunigung (Rosa, 2005; 2020), Privatisierung (Rose, 1992), Expansion, Verfügbarmachung und Risiko (Dörre, 2019; Rosa, 2015; 2019; 2020) sowie subjektive Strategien, Technologien des Selbst (Bührmann, 2012; Duttweiler, 2016).

Gesellschaft, Staat und damit auch das allgemeine Subjekt befinden sich in der Postmoderne unter neoliberalistischer Ideologie in einem Wandel, der vor allem von Liberalisierung und Privatisierung geprägt wird, wobei Sicherheits-, Gesundheits-, Kontroll- und generell Staatsfunktionen von liberaler Marktlogik durchdrungen oder direkt privatisiert, also ausgelagert werden (u. a. Rose, 1992; Vahsen & Mane, 2010; Baumann, 2005). Diese Veränderungen sind bedeutsam für Subjekte, Verhalten und Organisation von Gesellschaft (Gergen, 1991; 2009; Rosa, 2005; Rose, 1990). In der Durchdringung der Marktlogik aller Bereiche, auch der staatlichen und sozialen, verändert sich das Dasein der Subjekte, die Wahrnehmung der Welt und das daraus resultierende Verhalten in Bezug auf sich und andere dementsprechend:

> »The enhancement of the powers of the client as customer – consumer of health services, of education, of training, of transport – specifies the subjects of rule in a new way: as active individuals seeking to ›enterprise themselves‹, to maximize their quality of life through acts of choice, according their life a meaning and value to the extent that it can be rationalized as the outcome of choices made or choices to be made« (Rose, 2006, S. 158).

Beispielsweise ist die *kluge* Wahl der Versicherung, die der Bürger wählt wie ein Konsument, am Ende ausschlaggebend für den Umfang des Services und (Selbst-)Verwaltung von Absicherung als Privatangelegenheit, beispielsweise bei Krebsvorsorge oder Zahnpflege. Durch das einräumen vermeintlich freier und individueller Entscheidungen wird also Unterschiedlichkeit institutionalisiert.

> »It has become possible to actualize this notion of the actively responsible individual because of the development of new apparatuses that integrate

> subjects into a moral nexus of identifications and allegiances in the very processes in which they appear to act out their most personal choices« (Rose, 2006, S. 158).

Wer nicht klug entschieden hat, dem fehlt mitunter die finanzielle Absicherung bei Arbeitsunfähigkeit oder Wasserschaden, eine mitunter existenzielle, aber privatisierte Bedingung. Das Gut des Wohlbefindens und der Gesundheit werden zur, mit anderen Subjekten und dem System konkurrierenden Privatsache. Um es plakativ zu sagen: Teilnahme am Gemeinwohl wird statusabhängig und einkommensabhängig und so kompetitiv (Gergen, 1991; Rose, 1990). Das bedeutet, dass die Verantwortung für Erfolg und Misserfolg im einzelnen Subjekt verortet ist und weder schicksalsbehaftet oder situativ noch zufällig oder lagen- und gruppenspezifisch (Rose, 1989).

In Bezug auf die Arbeit zeichnet sich eine verknüpfte Logik ab. Weil Sicherheit und Vorsorge sowie Risikomanagement und Teilhabe an Wohlfahrt privatisiert werden oder selbst zum Gegenstand von ökonomischen Vorteilen werden, wird eine Organisations- und Managementlogik an die Subjekte herangetragen. Sie managen Chancen und Risiken, organisieren Lebensentwürfe und das Selbst (Rose, 2000; 1996).

> »Current neoliberal responses to ›uncertainties‹ and ›risks‹ show that the reduction of those risks (for instance through measures of prevention and precaution) and the protection of subjects are simply not the goal. Rather, these neoliberal exercises are – first and foremost – about strategic quantifying, about individualizing, so that opportunities for profit may be organized« (Marvakis, 2019. S. 46).

Subjekte werden in diesem Kontext zur EntrepreneurIn und (Sicherheits-)ManagerIn ihres Lebens. Dazu gehören Sinnerleben, Status und Gesundheit, Glück und eine funktionierende Ehe (Gergen, 1991; Rose, 1990; 1992), das Managen der Zukunft, die Kalkulation von Risiken und das Sichern von Vorteilen, sowie die alles durchziehende Suche nach Glück (Duttweiler, 2016), die als selbstverwirklichende Selbstoptimierung die Verunsicherung der fehlenden Orientierungen in der Fragmentierung von traditionellen Werten ersetzt (Duttweiler, 2016). Dabei wandelt sich auch die Stellung der Arbeit. Sie ist nicht mehr explizit gekennzeichnet von Unterdrückung oder der schlichten Zweckzuordnung, sich den Lebensunterhalt zu verdienen. Stattdessen wird sie identitätsstiftend[17] (Rosa, 1998), nach dem Motto: *Das Subjekt ist, was es arbeitet.* Noch mehr für den, der intelligent wählt und sich engagiert, ist Glück erreichbar (Duttweiler, 2016). Auch wenn die Logik der Arbeit bleibt, der Organisation einen Mehrwert zu verschaffen, auf den das Subjekt selbst keinen Zugriff hat, verläuft dies unter einem neuen Deckmantel: persönliche Erfüllung darin zu produzieren. Denn wenn dies nicht der Fall ist, ist heute das Subjekt daran schuld (Rose, 1990). ArbeitnehmerInnen verantworten damit inmitten der Enteignung, Glück und Sinn zu produzieren, da im Umkehrschluss sonst das Subjekt das Lebensziel verfehlt. Arbeit ist scheinbar befreit von der sichtbaren Ausbeutungslogik und präsentiert sich als *gute Arbeit*, identitätsstiftende Arbeit und Sinnproduktion. Diese Art der Arbeit organisiert sich dementsprechend, wobei Effektivierung und Arbeitsgestaltung begleitet werden von einem neuen Vokabular, von *job enrichment, job enlargemenent*, Flexibilisierung, Work-Life-Balance, ArbeitnehmerInnenzielen, ArbeitnehmerInnen-Visionen und vielem mehr. Solche Techniken des Selbst, also die Nutzung des Arbeitnehmers durch Selbstausbeutung und Entgrenzung, werden zum Beispiel professionalisiert durch Arbeitspsychologie und -beratung. Die Psychologie übernimmt dabei die Fürsorge der individualisierten mentalen Gesundheit, um Arbeitsfähigkeit und Leistung hochzuhalten und eine effektive Nutzung der Subjekte zu sichern (Rose, 1990). Die Ziele heißen dann *peak performance, excellent leadership* oder *high achiever* (Rose, 2000). Dies ist eine neue Legitimation alter Ausbeutungsmuster unter dem Deckmantel vermeintlicher Freiheit (Entgrenzung) und Selbstverwirklichung (individualisierte Nutzung von ArbeitnehmerInnen) (Rose, 2000; Marvakis, 2019), die mit dem Erfolgs- und damit Sicherheitsversprechen oder mit einem hoffentlich verhinderten Abstieg lockt.

> »It is a goal of management to transfer the new contradictions, which, themselves, are caused by automatization in the name of profit maximization, into the subjectivity of those working, and to do it with new forms of work that makes workers abdicate their solidarity because they manifest those contradiction as internal restrictions and as a commitment to compete with other workers« (Vogelsang, 2009, S. 115).

17 Sowohl Rosa als auch Gergen und Rose sehen multiple Herausforderungen in der Identität der Subjekte und Fragmentierung, Sequenzialität und Verlust des Rationalen (vertiefend dazu Gergen, 1991; Rose, 2000; Rosa, 1998).

Laut Marvakis (2019) entstehen in diesem Zusammenhang Begriffe, Konzepte und Daseinsmodi wie I-Corporation oder I-Entrepreneur. Diese Begriffe beschreiben aktuelle Entwicklungen zu den Bedingungen auf dem Arbeitsmarkt und ihrer Bedeutung für die Subjekte. Mitarbeiter arbeiten dabei fortwährend für Organisationen und deren Kulmination von Geld und Macht und schöpfen Werte für andere (Organisationen). Der Arbeitnehmer ist weiterhin (wie gewohnt und noch verstärkt) abhängig. Die sprachliche Umdeutung des Angestellten zum I-Entrepreneur vermittelt dabei gleichzeitig den Eindruck von Selbstständigkeit und Freiheit, wirkt vorteilhaft und attraktiv, bedeutet aber im Endeffekt den Verlust von Statusrechten ohne den zunächst lockenden Zugewinn von Freiheit (Marvakis, 2019). Dieser Wandel befreit nämlich faktisch die Organisation von sozialer Verantwortung und erhält die Vorteile der Abhängigkeit der ArbeitnehmerInnen, bei gleichzeitiger attraktiv wirkender Vermarktungsstrategie. Dies ist nur eine spezifische Facette, die sich einbettet in die Logik des Selbst. Diese Logik der Optimierung im Selbst wird das *»unternehmerische Selbst«* (Rosa & Oberthür, 2020; Bröckling, 2007, S. 84) des liberalisierten Selbst genannt (Brinkmann, 2017; Gergen, 1991; Marvakis, 2019; Rosa, 2005; Rose, 1990; 2006). Subjekte streben dabei fortlaufende Selbstverbesserung und Optimierung, *body modification*, an und managen ihren Lebensentwurf. Dies schließt das Sorgen für einen fitten, ansehnlichen Körper und Geist ein. Daher charakterisieren Subjekte sich selbst als zielorientiert, willensstark, agil und flexibel und konstituieren bereitwillig, selbst angetrieben, selbst vermessen und getrackt einen allgegenwärtigen Willen zur Steigerung der Fähigkeiten und zum Erhalt oder zur Herstellung eines fitten Körpers und Geistes (Duttweiler, 2016). Dazu gehört fortlaufende Qualifizierung und Fortbildung, fortlaufendes Coaching und Training, also Techniken, um die eigene Performance zu verbessern. Gelingt dies nicht, werden die Anstrengungen erhöht. Askese, Verzicht, Selbstüberwindung und Inanspruchnahme von Hilfe als *homo psychologicus*, der sich weiter (optimiert) entwickelt, kontrolliert und nach Entfaltung strebt und dafür soziale Anerkennung und schließlich Selbstsicherheit gewinnt (Duttweiler, 2016; Rose, 1996; 2000). Ungleichheit in Form von struktureller Diskriminierung, sozialer Verantwortung und Situativität, zum Beispiel in Bezug auf Körperlichkeit und Krankheit, Zugang zu infrastruktureller Hilfe, Lebensstile, ökonomisches Kapital, Prädispositionen, wird dabei kategorisch vernachlässigt (Duttweiler, 2016). Dabei kämpfen Subjekte nicht nur gegen ein virtuelles Ideal, die Angst vor Unsicherheit und Abstieg sowie die Etablierung eines anerkennungswürdigen und erfüllenden Lebensentwurfes, sondern zudem gegen die als knapp erlebte Ressource Zeit in einem Markt, der sich ständig zu verändern scheint und in dem selbst die etablierte Position ständigem Wandel unterliegt, der sich daher fortwährend versichern werden muss (Rosa, 2005; 2015; 2020). Dies stellt eine weitere Steigerung kompetitiver statt sozialer Logik und deren Durchdringung der Subjekte dar. Das Subjekt steht auf dem sich ständig wandelnden Markt unter Druck, Höchstleistung und Optimierung aus dem Selbst zu produzieren, ist fortlaufend bemüht zu wirken oder zu sein und dabei gleichzeitig die Logik aufrechtzuerhalten, indem es dabei Erfüllung signalisiert, um nicht als scheiternd wahrgenommen zu werden.

Zusammenfassung und Bedeutung

Im Neoliberalismus sind die gesellschaftlichen Bedingungen charakterisiert durch Liberalisierung, Privatisierung, Beschleunigung und Kompetitivität um Sicherheit und Wohlfahrt. Organisationen und Arbeit haben sich gewandelt, weg von einer expliziten Ausbeutungslogik, bei der Subjekte Arbeitskraft für Lohn verkauft haben, hin zu Zuschreibungen identitätsstiftender Funktion, Selbstverwirklichung und Sinn. Diesem Anspruch nachzukommen, liegt allerdings in der Verantwortung der einzelnen Subjekte. In dieser Entwicklung verändert sich das Gesicht der Arbeit. Sie ist heute gekennzeichnet durch vermeintliche Freiheit, Status und Bedeutsamkeit. Damit einhergehen aber auch Entgrenzung, Risiko und Liberalisierung unter Vernachlässigung sozialer Sicherheit. Dies bedeutet, dass Subjekte für Erfolg, Glück und ihr Leben selbst die Verantwortung tragen, mit der Illusion, dies sei durch Leistung und Optimierung alles möglich. Subjekte müssen also einerseits durch Leistung und Optimierung ihre Zukunft sichern und andererseits dafür sorgen, Sinn und Erfüllung in der Arbeit zu bekommen. Subjekte begegnen diesem Kontext mit Selbstoptimierung, Leistungssteigerung, Entgrenzung der Arbeit und psychologischen Techniken des Selbst, einem fitten, ansehnlichen Körper und einem flexiblen, leistungsfähigen Geist durch Training, Beratung, Coaching oder Therapie. Sie sorgen somit selbst für Weiterbildung und Leistungsfähigkeit. Die Qualifizierung der ArbeitnehmerInnen, ihre psychische Gesundheit, die Beantwortung der Sinnfrage bei der Arbeit sowie soziale (Ab-)Sicherung und auch das Scheitern an diesen Forderungen sind zur Privatsache der Subjekte geworden.

3.2.5 Aktuelle Diskurse in der kritischen Psychologie

Bei der gegenwärtigen kritischen Psychologie handelt es sich um ein heterogenes Feld mit verschiedenen Strömungen, unter anderem in der Denktradition der deutschen Frankfurter Schule sowie internationalen Strömungen (Batur et al, 2019; Nissen, 2006; Schraube, 2015; Teo, 2015), wobei sich unterschiedliche Zusammenschlüsse, Formate und Diskurse sowie Orte ergeben und Überschneidungen durch den prädominant englischen Diskursraum vermehren. Hier wird nun eine einführende Übersicht gegeben.

Die Arbeits- und Organisationspsychologie ist (künstlich »artificial«[18]) als Subdisziplin etabliert und institutionell trotz weitreichender Überlappungen[19] mit der Sozialpsychologie oftmals in Management-Instituten und Business Schools angegliedert. Damit gehen einschlägige Fachzeitschriften einher. In der Arbeits- und Organisationspsychologie prädominiert bis heute die Fokussierung auf Positivismus und traditionelle (quantitative) Forschung (Bal et al., 2019; Weber, Höge & Hornung, 2020). Allerdings organisieren sich seit ungefähr 2010 verstärkt neuere Bewegungen, zum Beispiel *Future of Work and Organizational Psychology* (FoWOP) und *Critical Work and Organizational Psychology* (CWOP) um Bal, sowie die Arbeitspsychologie in St. Gallen und Innsbruck unter anderem um Höge, Hornung, Weber und Unterrainer. Sie beeinflussen durch Schriften, Konferenzen, Editoren- und Netzwerkarbeit sowohl thematisch als auch methodisch die Publikationslandschaft über Tagungen (zum Beispiel mit der Tagung *Critical and Radical Humanist Work and Organiza-*

18 Vertiefend dazu Rose (1990) und oben.

19 So wird der Gegenstand von Arbeit und Organisation auch in Lehrbüchern der Sozialpsychologie behandelt (Jonas, Stroebe & Hewstone, 2014; Schaper, 2019). Nichtsdestoweniger gibt es einige Unterscheidungen in der Praxis: So steckt die Sozialpsychologie in der Krise, da sich viele Studien als nicht replizierbar erweisen, die Ergebnisse also nicht überprüft werden können. Und die Arbeits- und Organisationspsychologie steckt in der Krise, weil sie ständig repliziert und dabei Ergebnisse produziert, die wenig Mehrwert haben, sowohl hinsichtlich Methoden und Praxis als auch des Gegenstandes.

tional Psychology, 2022), und Fachzeitschriften. So platzieren sich (eventuell vermehrt) einzelne kritische Publikationen und *special issues* (Bal et al., 2019; Bal, 2020; Bal & Dóci, 2018; Islam & Zyphur, 2009; Mumby, 2019) in etablierten Fachzeitschriften wie *Applied Psychology* (2019). Andere Fachzeitschriften wie das *Journal für Arbeits- und Organisationspsychologie* publizieren seit Längerem nicht nur qualitative sondern auch kritische Papiere. Nichtsdestoweniger ist kritische Arbeits- und Organisationspsychologie marginal in der Disziplin. Gerade in Bezug zur Organisationsforschung wird argumentiert, dass es in den qualitativ-interpretativen Ansätzen, neben der Kritik an positivistischen Ansätzen, aber an methodischen Alternativen und deren Etablierung mangelt, wobei unter anderen eine gewinnbringende Perspektive explizit über die Dokumentarische Methode in der etabliert werden könne (Liebig, 2013). Entlang solcher Herausforderungen entsteht derzeit in der kritischen Arbeits- und Organisationspsychologie ein Diskurs über die Zukunft der Disziplin in Bezug auf die Publikationslandschaft und dahingehende Verzerrungen zum Beispiel durch Bevorzugung quantitativer Methoden, die die Krise der ständigen Reproduktion hervorrufen, soziale Verantwortung in der Forschungspraxis und der Bedeutung sowie Verantwortung von Wissenschaft für die Gesellschaft (Bal & Dóci, 2018). Beispielhaft können hier Bal et al. (2019) mit ihrem *Manifest der Work- and Organizational Psychology*, Weber, Höge und Hornung (2020) mit ihrer metatheoretischen Perspektive und der Geschichte der kritischen Psychologie Mumby (2019) oder Lefkowitz (2019) genannt werden.

Zwar ist die subjektorientierte Psychologie aus der Universitätslandschaft weitgehend verdrängt worden, allerdings finden sich in Skandinavien und Deutschland, zum Beispiel in der deutsch-skandinavischen Tradition und oft unter sozialpsychologischer Perspektive, die oftmals arbeits- und organisationspsychologische Themen inkludiert, seit den 1970er Jahren (Nissen, 2006), und den USA neue Aufgriffe und Bezüge als Art Re-Etablierung (Markard, 2009). In der allgemeinen, sozialen und theoretischen Psychologie bilden sich breite etablierte Zusammenschlüsse (Verbände) und weiter zurückreichende Diskursstränge (z.B. Handbook of Critical Social Psychology, Ibáñez & Íñiguez, 1997; Critical Readings in Social Psychology, Langdridge & Taylor, 2007) beziehungsweise Kanäle in Form von Fachzeitschriften und *special issues* (Schraube, 2015), etwa die 2018 gegründete Fachzeitschrift *Human Arenas* mit ihrem Commitment for Change (Tateo & Marsico, 2022), das *Handbook of Critical Psychol-*

ogy von Parker (2015) oder die Fachzeitschrift *Outline* in Skandinavien. Im englischsprachigen Raum gibt es die *International Society for Theoretical Psychology* und das respektive *Journal Theory and Psychology*. Im deutschen Raum sind zu nennen die *Neue Gesellschaft für Psychologie* in Berlin (NGfP) mit ihrem Psychosozial-Verlag sowie die *Gesellschaft für subjektwissenschaftliche Forschung*. Kritische Perspektiven sind ferner in der APA verankert, wenn auch wahrscheinlich nicht als explizite Einordnung oder Ausrichtung im genannten Sinne. Der *code of conduct* der APA fasst es wie folgt zusammen:

> »respect the dignity of all people, and the rights of individuals« und weiter: »increasing inequalities on the basis of income, gender, ethnicity, religion, culture, class or other demographic factors call for our attention due to our ethical responsibility« (APA, 2017, Principle E).

Wird versucht eine gemeinsame Agenda und einen Gegenstand zwischen derlei Strömungen und Denktraditionen zu bestimmen, sind es die sozialen Bedingungen, die Subjekte und Gruppen vor Probleme stellen, ohne sie selbst zum Problem zu machen (Teo, 2015). Ausgangspunkt und Daten stammen dabei aus den alltäglichen – *everyday* – Dilemmata und Konflikten, die den Gegenstand der kritischen Psychologie ausmachen und sich auf die Subjekte auswirken (Schraube, 2015):

> »The question of the societal relevance of scientific knowledge as well as the commitment to taking seriously the problems of human life in contemporary society represent constitutive principles of critical psychologies« (Batur et al., 2019, S. 3).

Dies fokussiert im Verlauf der Zeit unterschiedliche Themen und schließt Fragen aus dem aktuellen politischen und kulturellen Kontext wie beispielsweise zurzeit viel diskutierten Sexismus und Diskriminierung ein (Nissen, 2006). Ausgangspunkt ist dabei immer der Standpunkt des Subjekts – *»Why not ask them?«*; es geht dabei um eine analytische Theoretisierung (vertiefende kritische Auseinandersetzung zur Theoretisierung bei Nissen, 2006; Teo, 2020a; b; Schraube, 2015), wobei die Psychologie und ihre Klassifizierungen und Kategorien, also ihre psychologischen Vorannahmen, als Reproduktion der Machtverhältnisse (Danziger, 1997b) ebenso wie Normen und Naturalisierungen der Zustände, also individuelle und gesellschaftliche Vorannahmen und Vorgaben, überwinden soll (Schraube, 2015). Die kritische Psychologie nimmt dabei in der Fortführung der kritischen Theorie mehrere Perspektiven ein:

- die genannten sozialen Zustände über die Subjektperspektive aufzudecken.
- über Reflexivität die eigene kategoriale Perspektiven zu überwinden und über Analysen die Bedeutung der Dinge aufzuzeigen.
- über die Erkenntnis der Bedeutung der Dinge Handlungsspielräume zu erweitern, die über die handlungsfähigen Subjekte implementiert werden können und so Veränderung schaffen (Schraube, 2015).[20]

> »I suggest that such a critical theory of the subject needs to articulate (a) the society-individual nexus; (b) the power-infused historicity of concepts, theories, methods, and practices; (c) the ethics of traditional and critical action (including the nexus between theories and praxis); and, of course, (d) a critique of the shortcomings of traditional approaches while proposing alternatives« (Teo, 2020a, S. 64).

Der Psychologie fällt in der kritischen Perspektive nach Danziger eine besondere Rolle zu, da erst sie es eingeführt hat zu klassifizieren zwischen *gesund* und *krank*, *vernünftig* und *verrückt* sowie diese Unterscheidungen zu institutionalisieren, mit Schulen, Krankenhäusern, Psychiatrien und Gefängnissen (Danziger, 1997a; Foucault, 2008). Die Psychologie ist damit zur Komplizin gesellschaftlicher Regulierung und Ausbeutung geworden (Nissen, 2004; 2006). Gerade Rose (1989/1990) und Danziger (1997a) haben herausgearbeitet, inwiefern die Psychologie mit ihrer Wissensproduktion in eine kapitalistische Logik eingebunden wird und diese im obigen Sinn bedient, institutionalisiert und effektiviert. Die kritische Psychologie ist daher eine Perspektiverweiterung um das Soziale und Funktionale und eine Abwendung von vermeintlicher Neutralität, sie bezieht den Standpunkt der verallgemeinerten Subjekte und ist damit politisch.

Das Erkenntnisinteresse und die Forschungsperspektive haben demnach ihren Ausgangspunkt in der täglichen Praxis und der Subjektperspektive. Subjekte werden als in ihrem Lebenskontext und der täglichen Praxis als sinnhaft handelnd und dahingehend als ExpertInnen der erlebten Welt

20 Der Gegenstandsbereich ist dabei die Analyse der Bedingungen, Reflexivität auf das Selbst und die Disziplin, nicht die Veränderung des ›anderen‹ Subjekts.

verstanden (Schraube & Osterkamp, 2013). Dies ist eine Praxisperspektive, ohne die die Theoretisierung philosophisch und spekulativ verbleiben würde. Die Forschung wird damit einhergehend vom Labor und künstlich kreierten Settings in den *natürlich* gelebten Lebensraum verlagert, um Komplexität, Dilemmata und Widersprüche der täglichen Praxis und die darin gezeigten Bedeutungen verstehen zu können (Højholt & Schraube, 2016) sowie darauf aufbauend kritische Hinterfragung von Machtverhältnissen und sozialen Normen anzustellen und über Analyse und Aufdecken der Bedeutung Veränderung zu ermöglichen (Bal, 2020; Bal et al., 2019; Brinkmann, 2017; Chimirri & Pedersen, 2019; Gertenbach et al., 2009; Ibáñez & Íñiguez, 1997; Weber, Höge & Hornung, 2020; Walsh, Teo & Baydala, 2014).

Die kritische Psychologie ist hierbei jedoch nicht mit einer eindeutigen Methode, Methodenparadigma oder Methodologie zu verwechseln (Langdridge & Taylor, 2007). Oftmals geht die Perspektive der kritischen Forschung mit einem Fokus auf qualitative Forschung und einer grundsätzlichen Kritik an Quantifizierung und Positivismus einher (Holzkamp, 1983; Hook, 2004, Ibáñez & Íñiguez, 2013; Roth, 2019). Allerdings kann auch mit quantitativen Paradigmen reflexiv geforscht, sowie Machtverhältnisse fokussiert, hinterfragt und Subjektperspektiven eingenommen werde, denn Wissenschaft ist keine Methode (Walsh, Teo & Baydala, 2014).

In der kritischen Theorie (als größerer Rahmen) und kritischen Psychologie begründen sich dennoch prädominant qualitative methodische Perspektiven des Poststrukturalismus wie Dekonstruktion (Derrida), Intertextualität (Kristeva), Rekonstruktion (Mannheim) und Diskurstheorie (Foucault). Thematisch hat sich die kritische Perspektive mit den Veränderungen des Kontextes weiterentwickelt, wobei sich die grundlegenden Prinzipien wenig verändern. Heute geht es dahingehend weiterhin um Sinnhaftigkeit der Arbeit, Gesundheit und gesellschaftliche Verhältnisse (Bal, 2020) und die eigene Praxis und deren gesellschaftlichen Beitrag (Orhan, van Rossenberg & Bal, 2022), aber auch um ›neuere‹ Kontexte inklusive Digitalisierung, Entgrenzung von Arbeit, Prekarisierung, Krisen und neoliberale Ideologie (Bal & Dóci, 2018; Degen, Kleeberg-Niepage & Bal, 2022; Tommasi & Degen, 2022) und (wieder-)auflebenden Populismus (Gandesha, 2018). Andere Perspektiven auf Subjekt-Kontext-Relationen erfahren ebenfalls eine wachsende Bedeutung, beispielsweise die Mensch-Umwelt-Beziehung mit Themen wie Umweltangst, Ökologie und Umwelt-Psychologie *(eco-psychology)* sowie eine neue Konzeptualisierung der Psychologie und ein Subjektverständnis, etwa im Zuge einer Dezentralisierung und eines integrativen reziproken Verhältnisses zur Umwelt und Umweltkrisen (u. a. Albrecht, G., 2019; Degen et al, 2020; 2021; Roszak et al., 1995), Aktivismus und politischem Standpunkt der Disziplin (Nesse, 2019), Wertediskurse und Nachhaltigkeit (u. a. Degen & Simpson, 2022[21]; Exner, 2013[22]), die Mensch-Technik-Beziehung (u. a. Schraube, 2009; 2013; O'Doherty et al., 2019) und Nachhaltigkeit, Sinnhaftigkeit und gesellschaftlicher wie subjektiver Verantwortung der Universitätslehre und der Fächer.[23] Fortwährend verbleibt dabei die Kapitalismuskritik und unter neuen Labeln auch Sexismus- und Rassismuskritik, heute als Geschlechterdiskurs und LGBTQ+ -abgekürzt für Lesbian, Gay, Bisexual, Transgender, Queer, Intersex (de los Reyes, 2016), Feminismus sowie Diversity-Management-Diskurs (Hepburn, 2003). Sie wird damit um die Kritik an postdemokratischen und neoliberalen Entwicklungen und ihre Bedeutung für Subjekte und die kritische Auseinandersetzung mit der Subjektzentrierung ergänzt (u. a. Beattie, 2019; Rhodes, 2020[24]; Weber, Höge & Hornung, 2009; Wright, 2012[25]). Dazu kommt eine neue Reflexivität, die auf die Praxis der letzten Jahre der kritischen Tradition kritisch zurückblickt (Baehr, 2021: *Are »They« us?*). Zum Beispiel werden Fragmentierung und Nischenbildung der Wissenschaft und Psychologie kritisiert (Nissen, 2006) und sowohl »stumpfsinniger Traditionalismus« und »belanglose Kritik« (Nissen, 2006, S. 50) bemängelt. Die Kritik lautet, dass ein bloßes Dagegen-sein ohne positive Theoriebildung zu kurz gesprungen ist und somit eine »leere Hülle« verbleibt (Nissen, 2006, S. 51). Nissen argumentiert, dass die kritische Psychologie Subjektivität heute als spezifische Kollektivitäten begreift, »weil letztendlich der einzige Weg, eine Dichotomie von ›Subjekt versus Struktur‹ zu überwinden, darin besteht, die Vorstellung vom Kollektiv selbst als Subjekt, als ›Wir‹ […] zu entfalten« (Nissen, 2006, S. 26). Und Nissen meint weiter, es müsse sich vergegenwärtigt

21 Nachhaltigkeit und mediale Vermarktung.

22 Downsizing.

23 Eine Schrift für die Verantwortungsübernahme und kritischen Diskurs zur Lehre aus der Psychologie ist der Autorin nicht bekannt, genannt werden kann hier als Beispiel aus der Nachbardisziplin der Soziologie Clemens Albrechts Schriften zur Sozioprudenz, in denen er darlegt, wie Universitätslehre derart gestaltet werden kann, sodass sie sozial kluge Menschen ausbildet (Albrecht, C., 2020).

24 Klinische Psychologie.

25 Moral im Kapitalismus und demokratische Organisationsstrukturen.

werden, dass die Psychologie kein getrennter Raum von Politik und Gesellschaft sei. Es gelte, die statusschwangeren Dichotomien zwischen Forscher und Feld, zwischen ExpertInnenstatus und ProbandInnenstatus, Heilenden und Kranken aufzulösen (Nissen, 2006).

Kritische Psychologie

Historische Perspektive auf kritische Psychologie (unter anderem), vor allem Europa: • Marx, Weber • Frankfurter Schule (Adorno, Horkheimer, später Holzkamp) • Machttheorie: Bourdieu, Foucault	• Kapitalismus-/ Industriekritik • Gesellschafts-/ Klassenkritik • Sexismus, Rassismus • Enteignung • Kritik an der traditionellen Psychologie • das aushaltbare Leben
Kritische Psychologie **heute,** deutsch-skandinavisch und international: • Sozialpsychologie (Krise der Nicht-Replizierbarkeit) • A&O-Psychologie (Krise der ständigen Replikation)	• Postdemokratie / Neoliberalismus • Nachhaltigkeit / Globalisier. / Technisierung • Gender-, Diversity-Diskurse • Privilegien- / Elitenkritik • Disziplinenkritik auch reflexiv auf die kritische Tradition seit 1970 (are they us?) • Subjektzentrierung / Ökologie • das gute Leben

Abbildung 5: Übersicht: kritische Psychologie – historische und aktuelle Perspektive

Zusammenfassung und Bedeutung

Die aktuelle kritische Psychologie unterteilt sich in verschiedene heterogene und internationale Diskursstränge, zum Beispiel die der kritischen Arbeits- und Organisationspsychologie sowie der allgemeinen, sozialen und theoretischen Psychologie, die sich in respektive Fachzeitschriften und Gesellschaften aufteilen und nur an wenigen Schnittstellen miteinander kommunizieren. Gerade der kritische Diskurs der Arbeits- und Organisationspsychologie etabliert sich neben der prädominierenden traditionellen Forschung bislang noch über im Gesamtdiskurs eher marginalisierte Strömungen. Trotzdem formieren sich aktuell vermehrt Zusammenschlüsse und erweitern den Mainstream-Diskurs vermehrt um kritische Perspektiven. In der Sozialpsychologie ist der kritische Diskurs in der Verlängerung der deutschen und skandinavischen Tradition, aber auch international bereits breiter etabliert, mit eigenen Fachgesellschaften, respektiven Fachzeitschriften und

Konferenzen. Wird der gemeinsame Gegenstand zusammengefasst, dreht sich bei der Forschung alles um einige übergeordnete Prinzipien: Ausgangspunkt sind die humanistische Subjektperspektive und die Problematik des alltäglichen Lebens durch gesellschaftliche und wirtschaftliche Bedingungen. Subjekte werden als sinnhaft handelnd und als ExpertInnen ihres Lebensraumes ernst und als Ausgangspunkt genommen. Vorannahmen und Normen sowie die Bedeutung der Bedingungen sollen in der und durch die Forschung überwunden werden sowie alternative Handlungsmöglichkeiten über Subjektperspektiven (auch und vor allem die eigene) ausgelotet und im besten Fall *mit* (nicht über) die Subjekte implementiert werden, wobei die Forschung die Verantwortung für den eigenen Einfluss und eigene Vorannahmen übernehmen muss. Heute folgt die kritische Psychologie fortwährend den Prinzipien, die die kritische Psychologie, einst begründet haben, jedoch wendet sie sie auf teilweise neue oder neu erscheinende Phänomene an wie die Umwelt-Mensch-Beziehung, die Infragestellung der anthropogenen Subjektzentrierung oder Globalisierung. Andere Themen sind geblieben, wenn auch unter neueren Labeln verortet wie bei Sexismus und Rassismus, heute als Genderdiskurse, LGBTQ+ und Diversity gelabelt.

3.3 Holzkamps kritische Psychologie und resultierende methodische Implikationen

Nach diesem Überblick über kritische Psychologie, sowie Subjekt und Machttheoretisierungen, wird entlang von Holzkamps Perspektive in diesem Kapitel dargelegt, welche Implikationen sich aus der kritischen Psychologie ableiten lassen. Diese werden anhand von vier Themenblöcken diskutiert:

a) der Subjekt-Objekt-Relation und die Frage der Generalisierung
b) dem Subjektverständnis, subjektiven Handlungsspielräumen und Widerstand
c) der Erkenntnis und der Aufgabe der kritischen Psychologie als Wissenschaft
d) den zusammengefassten Implikationen für die Forschungsarbeit

a) Subjekt, Objekt und Generalisierung

Bereits Horkheimer weist die Idee eines neutralisierten und von äußeren Einflüssen freien Subjektes sowie das Streben, dieses zu produzieren, vonseiten der vermeintlich neutralen Wissenschaft zurück (Horkheimer, 1992).

Ausgangspunkt der kritischen Forschung und der angestrebten situativen Kritik ist also die alltägliche Praxis von Subjekten – *peoples lived experiences* (Schraube, 2015). Dieses Wissen muss dabei nicht in Worten ausgedrückt sein, sondern in Orientierungen, dem subjektiven Verständnis und der subjektiven Bedeutungszuweisung, also alltäglicher Theorie- und Wissensbildung (Schraube, 2015). Diese Herangehensweise entspricht einer situativen Generalisierung (Holzkamp, 1973). Sie beschreibt einen komplexen, mithin ambivalenten Gegenstand – *conflictual phenomenon* (Schraube, 2015) –, wobei die Bedeutung gerade und nur durch Einzelfälle und Singularität verstehbar wird (Schraube, 2015). Dabei wird die lebensweltliche Komplexität über die subjektive Bedeutungszuweisung, die Psyche, Erfahrungen, Emotionen, Kognition und Handlungen erfassbar, insgesamt in einem »accurate, careful and deliberate way« (Busch-Jensen & Schraube, 2019, S. 222). »We need to come to terms with the uneasy recognition that it is the personally unique subjectivity that is objective in psychology« (Valsiner, 2014, S. 6). Nur über die Subjektperspektive können eigene Vorannahmen und die Vorannahmen der Disziplin potenziell überwunden werden.

Durch die Spezifika des Einzelfalls wird dabei generelles Wissen gerade nicht auf einzelne subjektive situative Zusammenhänge limitiert, sondern es werden durch das Subjekt Hinweise auf generelle Subjektsicht und soziale Gültigkeit erarbeitet (Højholt & Schraube, 2019). Objektivität und Welt sind dementsprechend nicht das Gegenteil von Subjektivität und Individuum, sondern Teil davon (Markard, 1990). Die singulären Fälle geben nämlich durch ihre Verbundenheit mit der sozial-historisch konstruierten Welt und durch die so entstehende situative Handlungslogik, durch Glaubenssätze, Weltverständnis und Überzeugungen Hinweise auf generelle Situationen, Zusammenhänge und Bedeutungen (Bohnsack, 2013; Højholt & Schraube, 2019; Mannheim, 1964a; 1929). Dieses Verbundensein mit der Welt gilt dabei als co-konstruiert und reflexiv auch für den Forschenden:

> »Das in Marx' Begriff der ›gesellschaftlichen Gedankenformen‹ erfasste Zirkelverhältnis, dass der Mensch, wenn er sich erkennend auf Gesellschaft bezieht, als gesellschaftliches Individuum immer schon Teil dessen ist, was

> erkannt werden solle, müsse eingesehen und erkenntnismethodisch aufgelöst werden, wolle Wissenschaft nicht im Schein befangen bleiben, die gesellschaftliche Wirklichkeit sei ein dem Wissenschaftler äußerlich gegenüberstehendes Objekt, dem er sich selbst unbetroffen von einem ›Standpunkt außerhalb‹ annähern könne« (Haug, Maiers & Osterkamp, 2015, S. 22).

In der Psychologie gibt es nach Højholt und Schraube (2019) drei Zugänge zur Generalisierung: die numerische (z. B. Quantifizierung), die, die Generalisierungen nicht anstreben (z. B. Ethnografie) und die subjektiv situierte Generalisierung (z. B. Rekonstruktionen). Aus der subjektiv produzierten Bedeutung und alltäglichen Anwendung heraus kann über verdichtete Beschreibungen und die darin enthaltenen subjektiven Orientierungen der sozial-historische und intersubjektive Kontext als sozialer Gegenstand begriffen werden. Subjektperspektiven sind dann, auch bei einer hohen Fallzahl, keine Beweisführungen, ebenso wenig sind sie zu widerlegen. Sie lassen aber historisch-strukturelle Aussagen zu (Markard, 1993) und damit geht es folglich nicht um das jeweilige Subjekt, sondern um die verallgemeinerte Subjektperspektive (Markard, 2000). Subjekte beziehen sich also auf Dinge, von denen sie annehmen, dass andere sie verstehen, und weisen demnach fortwährend auf eine intersubjektive, sozial ausgehandelte Annahme von Realität hin, die dadurch Gültigkeit über den Einzelfall hinaus hat.

Es geht somit um das Vermittlungsverhältnis von subjektiv-individuellem und objektiv-gesellschaftlichem Kontext. Dabei gilt, dass der subjektive Standpunkt zwar *richtig* und legitim ist, aber gleichzeitig nicht objektiv und situationübergreifend für alle Gültigkeit besitzt; Er ist nicht *unhintergehbar* und nicht statisch (Markard, 2000), jedoch auch nicht beliebig. Reichertz (2004) erklärt entlang interpretativer fallrekonstruierenden Verfahren, dass die Ergebnisse nicht forscherunabhängig gleich ausfallen (können), und zwar ungeachtet der methodischen Kontrolle, aber eben auch nicht zueinander widersprüchlich ausfallen und daher Gültigkeit haben. Aus den subjektiv erlebten Bedingungen (oder bei Markard: Prämissen) leiten sich Handlungsintentionen ab, die nicht immer bewusst intentional sind, jedoch auf die Bedeutung der Bedingungen hinweisen (Markard, 1990). Weder die Dinge an sich noch die Handlungen an sich können ohne einander Bedeutung entschlüsseln. Erst im Handlungskontext, innerhalb der Lebensbedingungen, zeigt sich durch die Bedeutungsanalyse die Weltanschauung und Logik des Subjektes (Markard, 1990), denn »reason can only be first-person« (Holzkamp, 2013, S. 5).

b) Subjektverständnis, Handlungsspielräume und Widerstand

Oben wird erläutert, wie sich Wissenszugänge zwischen Subjekt und Objekt verhalten. Hier wird nun überlegt, wie Subjekte in Relation zum Kontext ihrer Subjektivität in Form von *agency*, also Handlungsfähigkeit, verstanden werden können.

Subjekte werden hier als aktive, beeinflussende (Re-)Produzenten ihres sozialen Kontextes, also nicht als passiv-reagierend oder Kontext-determiniert verstanden. Diese aktive Rolle ergibt sich aus Reflexions- und Erkenntnisvermögen und damit erkennbaren Handlungsalternativen (Haug, 2017; Holzkamp, 2003; 1983; Schraube, 2009). Subjekte sind demnach anpassungsfähig und flexibel »in constant state of flux« (Finske & Macrae, 2012, S. 3). Sie konstruieren sich im sozialen Austausch und in sozial-historisch gewachsenen Erfahrungsräumen: »[U]nsere Erfahrung (ist) genuin ›sozial‹, genauer ›intersubjektiv‹ konstituiert« (Holzkamp, 1984, S. 8).

Diese Erfahrungen beschreibt Holzkamp als in Erfahrungsräumen machtintentional geordnet und diese wiederum als durchaus widersprüchlich, also weder eindeutig noch natürlich. In dieser Widersprüchlichkeit, in der sich dann auch Alternativen zeigen, weisen Subjekte der konkreten Lebenssituation Bedeutung zu und begründen daraus abgeleitet ihr aus ihrer Perspektive sinnhaftes Verhalten (Begründungsmuster) (Holzkamp, 1984; Tolman, 1994). Die Bedeutungszuweisung wird auf drei Ebenen der Sinnbildung unterschieden,

- die der täglichen Routinen, die Mikroebene,
- die der extraordinären Momente und Handlungen auf der Mesoebene und
- die der generellen Bedeutungszuweisung auf der Makroebene (Schraube und Højholt, 2016).

Auf allen Ebenen reproduzieren Subjekte durch ihre angepassten Handlungen den sozialen, restriktiven Kontext, können ihn aber umgekehrt durch widerständiges Verhalten auch verändern. Eine kategoriale Unterscheidung zwischen sozial und individuell löst sich damit auf (Højholt & Schraube, 2016) und eine essentialistische und sozial deterministische oder strukturalistische Perspektive wird damit zurückgewiesen: »[E]ach person is always engaged in some way in creating, changing, confirming, and reproducing the conditions under which she lives« (Schraube, 2009, S. 296).

Subjekte stehen also in produktiver Weise mit dem Kontext in Verbindung, inkorporieren Zustände und (re-)produzieren Wirklichkeit. Da die gesellschaftlichen Verhältnisse aber in der kritischen Tradition als subjektfeindlich (zumindest im Kapitalismus und der Verlängerung Neoliberalismus) erkannt werden, kann überlegt werden, inwiefern Subjekte dazu motiviert oder beeinflusst werden, sie trotzdem so zu produzieren. Im kritischen Diskurs spielt in allen Denkrichtungen subjektiver und/oder kollektiver Widerstand sowie die Frage nach Veränderung eine Rolle. Dabei zeigen sich verschiedene AkteurInnenrollen und damit Veränderungswege: die des aktiven, widerständigen Subjekts mit Handlungsfähigkeit als Zentralkategorie der kritischen Psychologie (Markard, 2016) (zum Beispiel Holzkamp), die der Macht durch (Interessens-)Gruppen (Habermas) oder die der Struktur und (Gegen-)Diskurse (zum Beispiel Foucault). Bei allen spielt dabei Wissen(-schaft) und Reflexion eine bedeutende Rolle für die Aufklärung, die wiederum Widerständigkeit, Veränderung und sodann Freiheit sowie ein würdiges, sinnvolles Leben der (aller[26]) Subjekte begründen soll (u. a. Freud, Holzkamp, Bourdieu).

Diese Aushandlungsprozesse spielen sich im Spannungsfeld von Machtdynamiken, Unterdrückung und Widerstand der Subjekte ab (siehe auch Kapitel 3.2.1.3). Holzkamp (1983) entwickelt dazu eine Perspektive auf die Handlungsfähigkeit der Subjekte mit subjektiven Strategien. Subjekte situieren sich hierbei im Spannungsfeld von sozialen restriktiven Normen und (intuitiven oder reflektierten) Bedarfen. In der subjektiven Souveränität ergibt sich ein Dualismus von (empfundenen) Unmöglichkeiten und Möglichkeiten (Holzkamp, 2003).[27] Die sozialen, normativen Restriktionen gelten dabei als intentional (siehe auch oben unter Kompetitivität von Gruppen in Bezug auf Macht und Ressourcen) und materialisiert, zum Beispiel in der Sprache, in der ein spezifisches Weltverständnis, Denkmöglichkeiten und Hierarchien, etwa in Form von Normgruppen. Sie konstituieren so eine hierarchische soziale Ordnung und Machtverhältnisse (Foucault,

26 Markard (2016) weist darauf hin, dass dies eine utopische Skizze ist. Denn das Interesse aller Subjekte ist, gerade bei Unterschiedlichkeit in puncto Privilegien und Hierarchien, wahrscheinlich kaum erreicht oder überhaupt bestimmbar.

27 Haug führt vertiefend heraus, inwiefern die Begriffsbildung zum einen uneinheitlich gewählt und zum anderen in Gegensätze verleitend gewählt ist und inwiefern es sich bei der Veränderung von Gesellschaft nicht nur um einen individualisierten Akt, sondern eben auch um eine kollektive Bewegung durch fortwährende Lern- und Entwicklungsprozesse aller Sinne und das Bewusstwerden von Sprache handeln kann, vertiefend dazu Haug (2017).

2008; Parker, 1992). Laut Holzkamp (1983; 1990) können sich Subjekte innerhalb dieser sozial konstruierten Ordnung – in seinen Worten: *Unterdrückung* – emanzipieren und dann dem System und den Normen gegenüber widerständig verhalten. Diese Widerständigkeit ist nach Holzkamp im und nur aus dem begreifenden Subjekt selbst produzierbar. Das bedeutet, Subjekte handeln nach ihrem Wissen und Erleben sinnvoll, verändert sich das Wissen und Erleben, kann sich dann das Verhalten als anders sinnvoll ändern – jeweils liegen dabei – eben der Wahrnehmung von Welt entsprechend sinnvolle – Begründungsmuster zugrunde. Ändert sich die Wahrnehmung, kann sich die Begründung für Verhalten und das Verhalten ändern.

Veränderung und Widerstand sind also dann nach Holzkamp möglich, wenn der Mensch durch sein Bewusstsein über die *Naturgesetze*, also die sozialen Gegebenheiten, eine Freiheit erlangt, die gegenüber ihnen selbst, dem Kollektiv und den Dingen gilt. Also dann, wenn das Subjekt bewusst das Verhalten (widerständig) verändert. Holzkamp unterscheidet diesbezüglich zwischen restriktiver und verallgemeinerter Handlungsfähigkeit (Holzkamp, 1983; 1990). Restriktive Handlungsfähigkeit bedeutet, dass sich Subjekte innerhalb der wahrgenommenen Handlungsmöglichkeiten gedanklich bewegen und verhalten (Holzkamp, 1983; 1990). Dieser Handlungsspielraum ist vom sozialen Umfeld und sozialen Gewordensein begrenzt und machtintentional geformt, »den größten Teil der Gesellschaft durch geistige Praktiken zum Verzicht zu bringen« (Horkheimer, 1992, S. 108). Dabei gilt für Holzkamp keine dahingehend relevante Unterscheidung der Klassen. Zwar sind die Bezüge sicherlich unterschiedlich, nicht aber das Prinzip der Begrenzung, sie gilt auch für die Elite (Horkheimer, 1992). Subjekte können dann in ihren Lebensumständen eine verallgemeinerte Handlungsfähigkeit in Form von intrasubjektiven Handlungsalternativen erlangen, die Holzkamp als Verfügungserweiterung bezeichnet. Das bedeutet, dass diese individuelle Alternative aus dem *begreifenden* Subjekt stammt, welches dann über die alternative Deutung der Dinge eine *verallgemeinerte Strategie* entwickelt und so Handlungsalternativen produziert, die zunächst nicht und nicht notwendigerweise sozial ausgehandelt wird. Diese Alternativen sieht Holzkamp als wiederkehrende Möglichkeit im Handlungsalltag aller Subjekte. Sie stellen also gerade keine Klassifizierung von Opportunisten und Gefügigen oder Eliten und Unterdrückten dar. Damit meint Holzkamp allerdings nicht, dass verallgemeinerte Handlungsfähigkeit eine gleichgewichtige, genauso zugängliche Alternative zur restriktiven Handlung ist, eher eine doppelte Möglichkeit (Dege, 2019). Sie ist durch Anstrengung, Begreifen der Bedeutung und Überwindung des Selbst sowie die Inkaufnahme von Konfliktrisiken und Nachteilen mit anderen und den Autoritäten zu erlangen. Diese Alternativen werden allerdings nicht nur durch einen restriktiven, normativen sozialen Kontext und Nachteile, sondern auch durch innere Abwehr und Verleugnungsmechanismen erschwert (Dege, 2019; Schraube & Osterkamp, 2013). Restriktive Handlung, also Konformität, wird daher als unmittelbar einfacher erscheinend, jedoch weitergedacht, als durchaus schmerzlicher und selbstverletzender Prozess beschrieben, von Horkheimer als »geheime Verachtung der eigenen konkreten Existenz und Haß des Glücks der anderen zu einem Nihilismus« bezeichnet (Horkheimer, 1992, S. 109). Wichtig zu verstehen ist, dass auch ambivalentes, selbstfeindliches und nicht nachvollziehbare Reproduktion der Verhältnisse durch die Begründungsmuster im Subjekt für das Subjekt in der Konstitution der Wahrnehmung sinnhaft ist.

Doch die Bedeutung geht über das Subjekt hinaus. Denn mit jeder restriktiven, angepassten Handlung, etwa um kurzfristige negative Konsequenzen zu umgehen, reproduziert sich die Restriktivität des Kontextes, mit Folgen nicht nur für das Subjekt selbst, sondern für alle Unterdrückten und mit größerer Bedeutung sogar noch für die, die stärker abhängig sind (Schraube & Osterkamp, 2013). Bei Holzkamp verläuft die systemweite Veränderung über die Wahl und vielfache Wiederholung von einzelnen verallgemeinerten (widerständigen) Handlungen, die dann auf die Gesellschaft zurückwirken. Diese sollen bei Holzkamp motiviert sein vom Ziel, das sich als subjektiv lohnend zeigt (Schraube & Osterkamp, 2013). Dabei ist das Ziel nicht nur das Überleben, sondern das würdige und psychisch – auch in Bezug auf Sinn und Autonomie –, physisch und sozial gesunde Leben.

> »›Verallgemeinerte Handlungsfähigkeit‹ ist dabei die Alternative, die immer dann hervortritt, wenn mir der restriktiv-selbstschädigende Charakter einer Begründungsfigur deutlich wird: Meine blinde Involviertheit in solche restriktiven Denkweisen und Praxen ist für mich nur soweit durchschaubar, wie die Perspektive von deren Überwindbarkeit in verallgemeinerten Bewältigungsformen für mich – wenn schon (noch) nicht realisierbar – so doch wenigstens ›denkbar‹ ist (vgl. dazu auch Osterkamp 1990)« (Holzkamp, 1990, S. 39f.).

Subjekte haben also als reflexiv Handelnde eine Möglichkeitsbeziehung von Handlungsalternativen zur restriktiven Welt und zu den verinnerlichten sozialen Normen, werden in der verallgemeinerten Handlungsfähigkeit in diesem Sinne frei und können aus dieser Position auf die Gesellschaft (positiv) verändernd zurückwirken (Holzkamp, 2003). Diese Veränderungen sind dabei prozessual (Markard, 2016) und bedingen sich gegenseitig, sowohl zwischen Subjekten im aktuellen Zustand als auch über Generationen, zum Beispiel durch Erziehung (Markard, 2016).

c) Begreifen und Wissenschaft

In der Schrift *Sinnliche Erkenntnis* präsentiert Holzkamp (1973) einen umfassenden Entwurf, wie die Überwindung des Selbst und die Erarbeitung von verallgemeinerter Handlungsfähigkeit erreicht werden kann. Es ist in der Psychologie seltenes Beispiel für eine kompromisslose Parteinahme seitens der Wissenschaft für die Menschen, die unter den Lebensverhältnissen kollektiv leiden, und damit ihr Sein anstatt ihre Produktivität und damit Nützlichkeit zu fokussieren (Haug, 1977; Rexilius, 2008). Nachdenken, Begreifen und daraus entstehendes verändertes (widerständiges) Verhalten ist darin als Motor einer guten oder zumindest verbesserten und menschlichen Gesellschaft konstituiert. Darin »versucht er, die historische Gewordenheit der Wahrnehmung und ihre materielle Abhängigkeit von konkreten Lebensbedingungen nachzuweisen« (Rexilius, 2008, S. 7). Es geht Holzkamp dabei um die Befreiung von der falschen beziehungsweise als falsch legitimierten Wahrnehmung, von den subjektschädigenden Umständen als natürliche und zwangsläufige Bedingtheit des Lebens. Ziel Holzkamps ist es, die *elende* psychische Verfassung und das Handeln unter Einbezug des der Lebensbedingungen als kapitalistischen Kontextes zu erklären und in einem zweiten Schritt Veränderung und alternative Bedeutungen durch Begreifen denkbar und darüber möglich zu machen.

Dieser Ansatz sieht subjektive Denk- und Handlungsweisen als dialektische Einheit zur Bewältigung von Lebensbedingungen. Um diese als solche zu untersuchen, entwirft Holzkamp ein ausgewiesen politisches Paradigma der Subjektwissenschaft, wobei Wissenschaft verantwortet, die scheinbar natürliche Alltagswahrnehmung der Bedeutungen zu durchbrechen und alternative Deutungen zu vermitteln. In der Wahrnehmung und Erkenntnis der gesellschaftlichen Zusammenhänge und Historie der Bedeutungen können Subjekte alternative Deutungsmöglichkeiten als handlungsleitende

Begründungsmuster erkennen. Laut Holzkamp (1973) zeigt sich diese unmittelbare Bedeutung in der alltäglichen Handlung, wobei etwaige Wahlfreiheit und Alternativen ist den Handelnden oftmals gar nicht bewusst. Die Bedeutung der Dinge und Prämissen erscheinen stattdessen als natürlich, legitim, zwangsläufig und werden als wahr, allgemeingültig und eindeutig erlebt. Dieses Erleben als wahres Erleben begründet sich zum einen in der Enthistorisierung und damit Naturalisierung, zum anderen in der Intersubjektivität, also der Sozialisierung, sowie der konkreten sozialen Aushandlungsprozesse und Gruppendynamiken (Holzkamp, 1996; Markard, 1990; 2000). Durch die soziale Bedeutungszuweisung werden Orientierungen größer als die Subjekte. Das bedeutet, dass Bezogensein und Bedeutung nicht nur zwischen zwei Subjekten oder individuell in einem Subjekt entsteht, sondern in generellen gesellschaftlichen Verhältnissen. Nach Holzkamp wird dabei eine (zu) stark abweichende Bedeutungszuweisung durch die Gesellschaft, zum Beispiel Normen und Sanktionen, restriktiv korrigiert (Holzkamp, 1990; 1983; Markard, 1990; 2016). Die alternative Handlungsmöglichkeit muss also im restriktiven Kontext (z. B. krankmachende Zustände und Ausschließen von Teilhabe) vom Subjekt als selbstschädigend und als in die eigenen Handlungen inbegriffen verstanden und sodann verändert werden (Holzkamp, 1990; Markard, 2016).

Für Holzkamp verläuft der Erkenntnisbegriff zunächst dennoch gerade nicht über ein hohes Abstraktionsniveau, sondern nimmt seinen Ausgang in der komplexen, widersprüchlichen, ambivalenten Wahrheit auf Subjektebene, dem Konkreten (Rexilius, 2008). Dies gilt vor allem für das Vorgehen der Wissenschaft. Dabei gilt es, als Ausgangspunkt ernst zu nehmen, was für das Subjekt und die Situation als wahr gilt, um daraus aus dem Kontext die Bedeutung zu entschlüsseln und sogar gemeinsam zu erarbeiten. Es wird davon ausgegangen, dass Subjekte keine Einbildungen der Welt produzieren, sondern die Dinge mit ihrer Symbolbedeutung als sozial konstruierte Wirklichkeit an ihre Wahrnehmung herangetragen werden (Holzkamp, 1973). Das neu entworfene Paradigma soll Grundbegriffe und methodologische Leitlinien entwickeln, jedoch fortwährend konkretisiert und entlang der Empirie situative Anwendung finden (Holzkamp, 1983). Denn Wissenschaft darf gerade nicht nach Universalien unter Vernachlässigung der situativen, standortgebundenen Komplexität streben. Damit einher geht Holzkamps strikte Ausrichtung an der Konkretisierung in der Praxis, sowohl der wissenschaftlichen als auch in der Therapie (Holzkamp, 1983), in der Anpassung und Widerstand im Konkreten Bestand finden müssen und sich fortwährend weiterentwickeln. Die Wissenschaft soll daher nicht nur kritisch sein, was natürlich für jede Art der Forschung gilt (Markard, 2016), sondern gesellschaftskritisch im Interesse der Subjekte.

d) Implikationen

Holzkamps Ansatz geht mit Feuerbachs These konform, nicht nur die Welt zu interpretieren, sondern sie zu verändern (Markard, 2000). Die Subjektwissenschaft fokussiert dazu den Zusammenhang von Psychologie und Gesellschaftskritik mit emanzipatorischer Relevanz. Dazu wird eine vierschrittige Entwicklungsfigur entworfen. Sie beginnt mit der Diskussion und Deutung eines Mitforschenden zu einem kritischen oder problematischen Sachverhalt. Danach folgen Analyse und Durcharbeitung, nach Möglichkeit Klärung konkurrierender Konfliktdeutungen und ein darauf aufbauendes Lösungskonzept, um dies sodann in der Praxis umzusetzen gemeinsam mit oder von den Mitforschenden, die wiederum in ihrer Wirkkraft evaluiert und gegebenenfalls modifiziert wird (Markard, 2000; 2010).

In dieser Arbeit wird keine originär subjektwissenschaftliche Auswertung vorgenommen, sondern stattdessen im rekonstruktiven Paradigma die Dokumentarische Methode gewählt, was sich folgendermaßen begründet:

Zu Beginn des Forschungsprozesses war die Frage leitend, was Diversity Management ist und wie es sich in der Wirtschaft konstituiert. Es war vorab nicht klar, dass es sich beim Gegenstand um einen leidenverursachenden Gegenstand für Subjekte handelt; aufgrund der unmittelbaren Bedeutung schien es eher ein Werkzeug zum Abbau sozialer Ungleichheit. Wenn auch die ersten Bilder verwunderten, war doch nicht unmittelbar ablesbar, dass eine Veränderung der Praxis dringlich sei. Weder Veränderungswille, Veränderungsbedarf noch hoher Leidensdruck war bei der Planung der Forschung ersichtlich. Beim Feldzugang über die elitäre Führung schien ein politischer, partizipativer und noch stärker zeitintensiver sowie gemeinsamer Prozess unrealistisch – inhaltlich wie praktisch. Im Verlauf der Erhebung zeichnete sich die kritische Perspektive auf den Gegenstand zwar ab, allerdings verblieb das Argument, dass ein partizipativer Forschungsansatz unpraktikabel sei, da sämtliche Interviewten die Unmöglichkeit der Veränderung, große Angst, die Dinge auszusprechen geschweige denn anzusprechen, sich zu positionieren oder gar nicht anonymisiert über das Thema zu sprechen äußerten. Eine explizite und öffentliche Positionierung im action research innerhalb derlei Begründungsmuster wird in der Methodenreflexion noch einmal aufgegriffen.

Trotz der Wahl der alternativen Auswertungsmethode werden bei der Erhebung und Auswertung die Prinzipien und Perspektiven der Subjektwissenschaft integriert und, sozusagen, die Dokumentarische Methode in die kritische Psychologie integriert. Die Herangehensweise und Prinzipien der Subjektwissenschaft sind dabei auch nicht exklusiv, andere Stimmen aus der sozialwissenschaftlich-rekonstruktiven Forschung vereinen ebenfalls Subjektperspektive und Praxis als Ausgangslage für Veränderungsmöglichkeiten:

> »Es sind immer konkrete Menschen, die handeln. Stets nehmen konkrete, in die Geschichte und in die Gesellschaft eingebettete Menschen etwas wahr, bewerten es, messen ihm Sinn zu, ordnen sich dann (aufgrund der vorgenommenen Sinnzuschreibung) unter, lassen alles beim alten oder entscheiden sich dafür, etwas zu verändern beziehungsweise Neues zu entwickeln« (Reichertz, 2016, S. 41).

Kritische Forschung generell fordert dahingehend ein Forschungsprinzip, welches sich subjektwissenschaftlicher Forschung anschlussfähig zeigt. Brinkmann (2017) fasst die Agenda der aktuellen kritischen Psychologie in drei Fragen zusammen: Wohin führt unsere Forschung? Ist das wünschenswert? Was können wir tun? Im Manifest von Bal et al. (2019) wird für die Forschung der Arbeits- und Organisationspsychologie gefordert, dass

a) auf das Wohlbefinden von Subjekten zu achten sei und verantwortlich geforscht wird;
b) die Folgen der Forschung zu bedenken sind;
c) bedeutungsvolle Fragen zu stellen sind, die die Gesellschaft voranbringen und normative Gegebenheiten hinterfragen;
d) ganzheitliche Ergebnisse anzustreben sind sowie
e) größtmögliche Transparenz der Position des Forschenden zu ermöglichen ist.

Markard (2014) beschreibt es als *prinzipielles gegen den Strom schwimmen* gegen Vorurteile und gesellschaftlich natürlich erscheinende Bedingungen:

> »[E]in nie abgeschlossener Prozess menschlichen Erkenntnisgewinns, als ein dauernder Kampf gegen Borniertheit, Oberflächlichkeit, Scheinwissen, ein permanentes In-Frage-Stellen des scheinbar Selbstverständlichen […] gegen die eigene Tendenz zum Sich-Korrumpieren-Lassen und Klein-Beige-

> ben gegenüber den herrschenden Kräften, denen die Erkenntnisse gegen den Strich gehen, die ihren Herrschaftsanspruch gefährden könnten. Demnach ist Wissenschaft quasi als solche sowohl Kritik als auch Selbstkritik: Aber nicht die konkurrenzbestimmte profilierungssüchtige Kritik vieler bürgerlicher Intellektueller, sondern eine Kritik zur Durchsetzung des menschlichen Erkenntnisfortschritts im Interesse aller Menschen gegen die bornierten Interessen der Herrschenden an der Fortdauer menschlicher Fremdbestimmung und Unmündigkeit« (Holzkamp, 1983 zit. nach Markard, 2016, S. 8f.).

Dabei führt Markard als Agenda an, integrative Zusammenhänge zu erarbeiten. Er spricht sich also gegen Fragmentierung und Sequenzialität aus. Stattdessen sollen Widersprüche herausgearbeitet, die Erscheinung der Welt unter Berücksichtigung von Herrschaftsverhältnissen hinterfragt und die Problematisierung der eigenen wissenschaftlichen Prämissen betrieben werden (Markard, 2014; 2016).

Daraus wird eine Forschungshaltung und ein Vorgehen abgeleitet, das Datendogmatismus ausschließt und explorativ neues Wissen zu generieren sucht. Es gilt die Subjektperspektive eines nicht systemdeterminierten handlungsfähigen Subjekts. Erkenntnisgewinn nimmt seinen Anfang in der alltäglichen Handlungspraxis. Es geht darum, die Objekt-Subjekt-Dichotomie zu überwinden, indem restriktiver sozialer Kontext sowie subjektive Wahrnehmung und Verhalten als eine Art gegenseitige Vermittlung zwischen Gesellschaft und Subjekt unter Einbeziehung der Herrschaftsverhältnisse verstanden wird. Dabei entfaltet sich der subjektive Sinn in den Handlungsmöglichkeiten der Situativität. Der Forscher wird als Mitforschender gesehen, mit dem sich im gemeinsamen Dialog dem Gegenstand des Interesses genähert wird. Dabei wird die historische Entwicklung der Bedeutung der Dinge einbezogen und angestrebt, alternative Bedeutungszuweisungen zu generieren. Auf diese Weise wird eine verallgemeinerte Subjektperspektive herausgearbeitet, die auf gesellschaftliche Zustände hinweist.

Zusammenfassung und Bedeutung

Basierend auf Holzkamps Perspektive auf Subjekt, Gesellschaft und ihre Veränderung durch Widerstand werden handlungsleitende methodische und theoretische Implikationen für diese

Forschungsarbeit begründet. Subjekte werden als handlungsfähige AkteurInnen verstanden, die über Erkenntnisse die natürlich erscheinenden Bedingungen ihrer Lebensverhältnisse überwinden und somit Handlungsalternativen entwickeln und etablieren können. Diese Alternativen werden vom sozialen Kontext machtintentional gebremst; der Kontext wird also als restriktiv verstanden. Nichtsdestoweniger können Subjekte ebenso unter Zuhilfenahme alternativer Interpretationen, die zum Beispiel aus der Wissenschaft stammen können und sollen, verallgemeinerte, also widerständige, Handlungen etablieren und damit verändernd auf die Gesellschaft einwirken. Auch der aktuelle Diskurs greift diese Perspektive auf Subjekte und Gesellschaft auf und formuliert eine Forschungsagenda, die die Prinzipien der kritischen Psychologie fortführt. Ausgehend von der alltäglichen Handlungswirklichkeit des verallgemeinerten Subjektes, also die subjektive Aneignung von Bedingungen und deren Reproduktion, soll damit die Wahrnehmung der natürlich erscheinenden Bedingungen hinterfragt und eine Wissenschaft betrieben werden, die Subjekten Veränderungen bewirkendes Verhalten erleichtert.

4. Methodik

Rekonstruktive Methodologie, die Dokumentarische Methode in der Psychologie und Gang der Untersuchung

In diesem Kapitel wird das rekonstruktive Paradigma und die praxeologische Wissenssoziologie (4.1) sowie das Vorgehen der Dokumentarischen Methode (4.2) dargestellt, um dann die Durchführung der Erhebung (4.3), die Erhebungsmethode als Experteninterview (4.4), ethische Überlegungen (4.5) und das Sample (4.6) vorzustellen.

4.1 Rekonstruktives Paradigma und praxeologische Wissenssoziologie im Kontext von kritischer Theorie und kritischer Psychologie

Mannheim entwickelt basierend auf den Gedanken von Dilthey, Simmel und Weber Ende der 1920er Jahre in der praxeologischen Wissenssoziologie einen fundamentalen Beitrag zur Überwindung der Subjekt-Objekt-Dichotomie, der Zuwendung zur alltäglichen Handlung und ihrer Rekonstruktion aus Subjektperspektive (Bohnsack, 2009; 2017; Haag, 2018; Longhurst, 1989). Die Weltanschauung, die aus der Subjektperspektive und dem subjektiven Handlungsalltag erschlossen wird, gilt dabei als situativ-historisch eingebettet und habituell inkorporiert. Sie inkludiert somit subjektwissenschaftliche Perspektiven auf Historizität und gesellschaftliche Bedingungen aus Subjektperspektive (Longhurst, 1989; Mannheim, 1964a), die in der Subjektwissenschaft Begründungsmuster erschließen und hier als konjunktiver Erfahrungsraum ebenfalls Weltsicht und Handeln erschließen. Mannheim versteht das soziale Umfeld dabei als kompetitiv, und zwar nicht nur in Bezug zum Ökonomischen, sondern auch zwischen Gruppen und Subjekten (Longhurst, 1989). Mannheim entwirft zudem ein Spannungsfeld von subjektschädigenden herrschenden Bedingungen und einer besseren Zukunft. Er führt diesbezüglich die Begriffe Ideologie und Utopie ein (1929). Unter Ideologie versteht er die Intentionalität der dominierenden Gruppe, die Utopie betrifft zukunftsgerichtete Veränderungsgedanken im besten Fall der aufsteigenden Gruppe(n) (Longhurst, 1989; Mannheim, 1929). Veränderung wird bei Mannheim zunächst im Zusammenschluss von Subjekten zur Interessengruppe und sodann im Kollektiv gesehen. Obwohl sich Mannheim ökonomie- beziehungsweise systemkritisch positioniert, er die subjektzentrierten Ansätze – die meist auf der Common-Sense-Ebene verbleiben – und sie so durch die Überwindung der Dichotomie von Subjekt und objektiviertem Kontext erweitert (Haag, 2018) und obwohl er einige Jahre in Frankfurt verbracht hat, ist seine Verbindung zur Frankfurter Schule und auch die Integration der Methodologie zwischen Wissenssoziologie und kritischer Psychologie eher verhalten geblieben (Longhurst, 1989).

Die Integration von Subjekt und objektiviertem Kontext verläuft bei Mannheim entlang unterschiedlicher Ebenen von Wissen. Demnach unterscheidet sich atheoretisches, vorreflexives von kommunikativem Wissen (Bohnsack, 2009). Das atheoretische, handlungsleitende Wissen wird habituell erlernt und ist oft nicht zu explizieren. Mannheim (1980) erklärt dies an der Fertigkeit des Knotenbindens, das relativ leicht habituell erlernbar, aber schwierig abstrakt zu erklären ist. Die habituelle, bildliche Repräsentation des Knotens kann nachvollziehbar das Knotenbinden illustrieren, wohingegen die abstrakte Verständigung komplex und mithin kaum möglich scheint, was von Mannheim bereits als Interpretation atheoretischen Wissens bezeichnet wird (Bohnsack, 2009; Mannheim, 1980). Diese Unterscheidung hat zudem noch eine weitere Dimension, eine weitergehende inkorporierte und automatisierte, bei der eine Explizierung nicht mehr möglich ist. Das verkörperte Wissen ist dann handlungsleitend, aber das Subjekt kann reflexiv darauf nicht zugreifen (Bohnsack, 2009; Mannheim, 1980). An dieser Stelle kann eine Verknüpfung zwischen Habitustheorie und der Wissenssoziologie des Körpers hergestellt werden (Bohnsack, 2009; Meuser, 2007). Es geht dabei um die Erkenntnis durch die praktische Logik selbst, also die innere Logik jenseits der interpretativen und oft retrospektiven Theorien der AkteurInnen über ihr eigenes Handeln (Bohnsack, 2009). Es wird davon ausgegangen, dass die AkteurInnen mehr wissen, als sie explizit wissen und auf was sie unmittelbar und bewusst zugreifen können – es wird *nicht* davon ausgegangen, dass der Interpretierende mehr weiß als die Subjekte. Stattdessen geht es um die handlungspraktischen Herstellungs- und Konstruktionsprozesse, die auf dieses habituelle Wissen verweisen und dieses aufdecken können (Bohnsack, 2009). Es handelt sich sozusagen um körperlich verinnerlichtes, automatisiertes, handlungsleitendes Wissen aus einem sozial-historisch gewachsenen Umfeld des Subjekts, was oftmals unbewusst aber im Subjekt vorhanden ist. Dieses Umfeld beschreibt Mannheim (1980) als konjunktiven Erfahrungsraum (Bohnsack & Schäffer, 2002). Automatisiertes Verstehen ist dabei vor allem unter denjenigen Subjekten möglich, die ähnliche, sich überlappende Erfahrungsräume inkorporieren. Hier ziehen sich auch Parallelen zu Holzkamps Verständnis von Begründungsmustern, die eben im Erleben der eigenen Wirklichkeit intuitiv, richtig und natürlich wirken und sinnvoll sind und sozial erlernt und verstärkt werden und zwar auch in Abhängigkeit zur Historizität. Liegen solche Erfahrungsräume zugrunde, kann Kommunikation und (Fremd-)Verstehen über kommunikatives Wissen und Interpretation des anderen gelingen, also eine Theoretisierung (Bohnsack & Schäffer, 2002).

Diese Erfahrungsräume sind laut Mannheim nicht zufällig und nicht exklusiv (Kleeberg-Niepage & Marx, 2021). Sie können progressiv konkret oder abstrakt sein, also beispielhaft ganz konkret die Familie oder auch eine Peergroup, eine Nation oder ein ganzes Geschlecht betreffen. Diese Herstellungsbezüge werden in den intersubjektiv unterschiedlichen, aber sich überlappenden Erfahrungsräumen mehrdimensional gebildet, wobei sich Subjekte immer im Schnittpunkt mehrerer Dimensionen zueinander befinden (Bohnsack, 2014; 2017). Ein Subjekt ist also stets Teil mehrerer Erfahrungsräume, zum Beispiel erstens als Wirtschaftsakteurin, zweitens als Frau und drittens als Mutter oder erstens als Mann mit Migrationshintergrund und zweitens als Vorstandsvorsitzender, wobei situativ andere Merkmale in den Vordergrund und jeweils unterschiedlich bedeutsam werden. Handlungsleitende Haltung und die Wahrnehmung der Welt stehen also in Abhängigkeit von sozialer Seinslage (Mannheim, 1964a; b) und begründen somit das Wissen der Subjekte (Kleeberg-Niepage & Marx, 2021). Auf diese Weise verbinden sich die Ebenen von objektiviertem sozialem Kontext und Subjekt, wie auch in der Subjektwissenschaft, indem der Kontext als natürliche Bedingung im subjektiven Erleben inkorporiert werden: »Mit seinem wissenssoziologischen Ansatz gelingt es Karl Mannheim […], zwischen einem subjektzentrierten Ansatz, der jedoch weitgehend auf der Ebene des Common-Sense-Wissens verweilt, und einem objektzentrierten Ansatz aufzulösen« (Haag, 2018). Durch diese mehrdimensionalen Erfahrungsräume und das co-konstruierte Erfahrungswissen als kommunikativ-generalisiertes Wissen reproduzieren sich nicht nur Wissensstände aus dem konkreten Umfeld, sondern auch ein historisches, kollektives Gedächtnis (Bohnsack, 2009). Abstrakte und generalisierte Schlüsse werden dadurch in der Situativität und dem Gewordensein konkret und verstehbar (Mannheim, 1964a; b), was sich gänzlich ähnlich als Begründungsmuster für situativ und subjektiv sinnvolles Denken und Verhalten bei Holzkamp abbildet.

Der Zugang zu konjunktiven Erfahrungsräumen und inhärenten Orientierungen erschließt sich dabei vor allem über verdichtete (dichte) Erzählungen oder direkte Beobachtungen und das Fremdverstehen (Bohnsack, 2009). Grundlegend ist dabei der rekonstruierende Schritt vom Was zum Wie, um damit die Besonderheiten der jeweiligen Standpunkte herausarbeiten zu können (Kleeberg-Niepage & Marx, 2021). Dies soll erreicht werden durch die Rekonstruktion von Herstellungsprozessen und Orientierungen, also nicht mit dem Fokus, was gesagt, sondern wie die Orientierung hergestellt wird (Bohnsack, 2009). Dabei zeigen Subjekte Denkstile, Wissensstände und Erfahrungen an (Kleeberg-Niepage & Marx, 2021). Um sie zu entschlüsseln, werden zwei Sinnebenen unterschieden: der immanente Sinn und der Dokumentsinn (Mannheim, 1964a; Nohl, 2012). Der immanente Sinn lässt sich weiter unterteilen in intentionalen Ausdruckssinn auf der Ebene des kommunikativen Wissens, in dem bewusste Ziele und Absichten ausgedrückt werden, und den Objektsinn, also der Bedeutung des Gesagten (Nohl, 2008). Der Dokumentsinn beinhaltet die Herstellungsweisen, Themen und Orientierungen, die sich im Ausdruck des Sinngehalts zeigen (Nohl, 2008). »Bei diesem dokumentarischen Sinngehalt wird die geschilderte Erfahrung als Dokument einer Orientierung rekonstruiert, die die geschilderte Erfahrung strukturiert. Der Dokumentsinn verweist auf die Herstellungsweise, auf den ›modus operandi‹ […] der Schilderung« (Bohnsack, 2007, zit. nach Nohl, 2008, S. 9). Ziel ist es also, den Orientierungsrahmen, also den *modus operandi*, zu rekonstruieren (Kleeberg-Niepage & Marx, 2021) und somit verstehbar zu machen, wie und wieso ein Subjekt operiert. Der Dokumentsinn verweist dann aufgrund der Intersubjektivität von Erfahrungsräumen auf die jeweils (typen-)spezifische Herstellungsweise des Erzählten und die darin generell enthaltenen handlungsleitenden Orientierungen (Bohnsack, 2007; Nohl, 2012).

Diese »Erlebniszusammenhänge [müssen sich die Forschenden] irgendwie erarbeiten« (Mannheim, 1980, S. 272). Dazu soll das intuitive Verstehen, die forscherspezifische Standortgebundenheit und eigenes Wissen in den Hintergrund rücken, um nicht die eigene Perspektive an die Daten heranzutragen (Bohnsack, 2009; Kleeberg-Niepage & Marx, 2021). Dies soll über die Irritation des scheinbar Selbstverständlichen (Kleeberg-Niepage & Marx, 2021), und konkret durch das Relativieren und die Komparation erreicht werden (Bohnsack, 2014; 2017). Die eigene Perspektive tritt dann unter dem Gegeneinanderhalten der Perspektiven aus den Daten in den Hintergrund (Bohnsack, 2014; 2017). Genau zu diesem methodisch-kontrollierten Fremdverstehen unter Einbezug und nicht der Negierung des forschereigenen Standpunktes dient die Dokumentarische Methode, die auf der Grundlagentheorie der praxeologischen Wissenssoziologie aufbaut (Bohnsack, 2014; Kleeberg-Niepage & Marx, 2021).

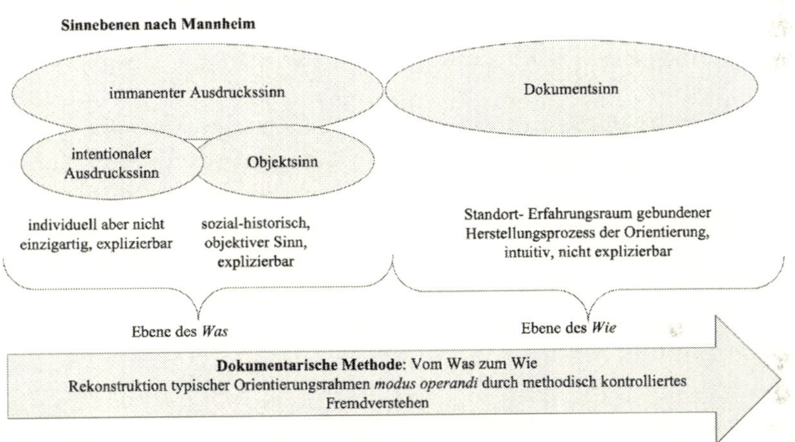

Abbildung 6: Sinnebenen nach Mannheim und der Wechsel vom Was zum Wie

Zusammenfassung und Bedeutung

Mannheim entwickelt einen integrativen Ansatz zur Inkorporation sozialer Bedingungen in der habituellen Praxis zur Überwindung der Subjekt-Objekt-Dichotomie. Bis heute begründet die an die Wissenssoziologie anknüpfende Dokumentarische Methode einen Zugang zu impliziten Orientierungsrahmen. Die Handlungslogik bezieht sich auf eine sozial geteilte und in sozialer Aushandlung konstruierte lagenspezifische Orientierung. Die soziale Aushandlung ist dabei subjekt- und kontextspezifisch, aber nicht beliebig. Sie führt zur sozialen Positionierung und einem spezifischen Habitus, der nicht einzigartig, sondern intersubjektiv typisch ist. Gleichzeitig überlappen sich typikbegründende Erfahrungsräume mehrdimensional, wodurch neben inkorporiertem Wissen und Habitus das kommunikativ generalisierte Wissen als kollektives Gedächtnis weitergegeben wird. Zur Erfassung dieser Orientierungen wird zwischen drei Sinnebenen unterschieden: explizite Intention, Objektsinn und Dokumentsinn. Der explizit intentionale Ausdruckssinn bezieht sich auf das, was ein Subjekt direkt ausdrückt, indem die expliziten Intentionen dargestellt werden *(Was?)*. Der Objektsinn bezieht sich auf die allgemeine Bedeutung des Gesagten (kommunikativ-generalisiertes Wissen und kollektives Gedächtnis). Der Dokumentsinn meint implizite, unbewusste Orientierungen und Herstellungsprozesse *(Wie?)*, die in allgemeine Bezugs- und Erfahrungsräume eingebettet sind. Durch die Rekonstruktion von Orientierungsrahmen, dem *modus operandi*, lässt sich vom Subjekt ausgehend daraus eine mehrdimensionale Typologie und eine grundlegende handlungsleitende Regelhaftigkeit verstehen. Die Rekonstruktion soll methodisch kontrolliert durch Fremdverstehen erfolgen, also einem Verstehen, das die intuitive Interpretation und Standortgebundenheit des forschenden Subjekts überwindet.

4.2 Die Dokumentarische Methode

Die Dokumentarische Methode basiert auf der Denktradition der Theorie der Wissenssoziologie von Mannheim (1964a). Bei der dokumentarischen Methode zur Analyse von Interviews wird zwischen immanentem Sinngehalt, also intentionalem Ausdruckssinn (Absichten), und der sozialen, allgemeinen Bedeutung sowie dem Objektsinn unterschieden (Nohl, 2012). Der Wechsel soll durch methodisch kontrolliertes Fremdverstehen vollzogen werden und geht weg vom *Was* hin zum *Wie*. Um diesen Wechsel zu vollziehen, wird auf strukturierte Weise mit den Daten gearbeitet (siehe Abbildung 7).

Die ersten Schritte der Analyse verlaufen chronologisch als stufenweiser Prozess.

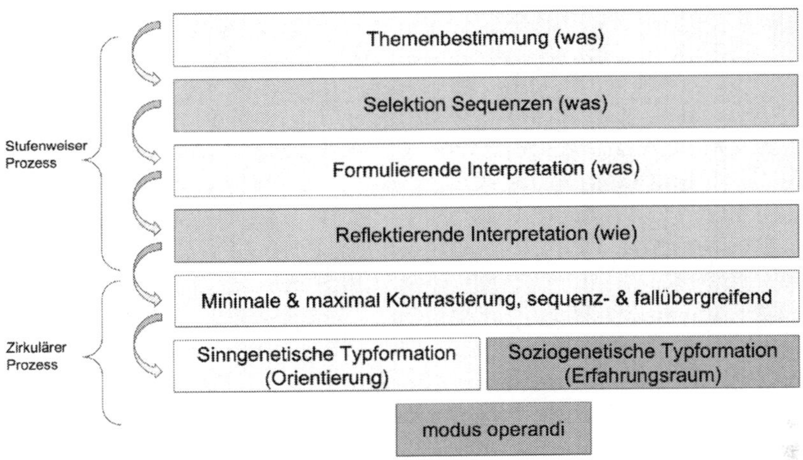

Abbildung 7: Vorgehen der dokumentarischen Methode

Themenbestimmung

Zunächst werden die für die Forschungsfrage relevanten Themen herausgearbeitet. Bei der dokumentarischen Methode ist es dabei zulässig, diesen Schritt entlang der Audiodateien vorzunehmen und kein Volltranskript anzufertigen. In dieser Arbeit ist davon abgewichen worden: Es liegen Volltranskripte vor.

Im zweiten Schritt werden die themenspezifischen Sequenzen ausgewählt und transkribiert, wenn kein Volltranskript vorliegt sowie die einleitenden Fragen inkludiert.

Formulierende und reflektierende Interpretation

Danach beginnt die Analyse mit der *formulierenden Interpretation* der vorliegenden Sequenzen, wobei zunächst die Textsorten (z. B. Erzählung, Argumentation, Rechtfertigung) bestimmt werden und sodann eine zusammenfassende Paraphrase der Sequenzen inklusive der einleitenden Frage entworfen wird. Der gesamte Inhalt wird dabei ohne inhaltliche Abweichung pointiert abgebildet. Auf der Ebene der Formulierungen wird der intentionale Ausdruckssinn, also das was gesagt wird, herausgearbeitet. Nohl formuliert zur Unterscheidung der Sinnebenen mehrere Beispiele: In der expliziten Sinnebene zeigt sich eine Geste oder eine Aussage, etwa das Geben von Almosen, wobei sich auf der zweiten Sinnebene, der Ebene des

Dokumentsinns, eine bestimmte Geisteshaltung verbirgt, die dem Subjekt nicht unbedingt reflexiv zugänglich sein muss, zum Beispiel eine *heuchlerische Persönlichkeit* (Nohl, 2005).

Bei der *reflektierenden Interpretation* geht es daraufhin darum, den Dokumentsinn herauszuarbeiten. Dieser zeigt sich im habituellen (Sprach-) Handeln und in impliziten Orientierungen sowie der kommunikativen Herstellung des Gesagten, also dem Wie. Diese impliziten Bezüge zeigen sich insbesondere dort, wo Probanden ihr habituelles Handeln versuchen zu erklären, also implizites, inkorporiertes Handeln explizieren, wobei sie auf Handlungspraxis und handlungspraktisches Wissen und die dahinterliegende Logik hinweisen (Nohl, 2012). Der implizierte Sinngehalt wird dabei vor allem in Metaphern und Sprichwörtern – also geteilten Orientierungsrahmen –, aber auch in Form von Argumenten, Bewertungen, Rechtfertigungen und narrativen Sequenzen deutlich (Nohl, 2017; Schütze, 2016). Er lässt an diesen Stellen Zugriff auf die immanente Logik beziehungsweise Überzeugungen und handlungsleitende Glaubenssätze zu, da sie nah an der jeweiligen persönlichen Erfahrung angesiedelt sind und die kommunikative Sinnzuschreibung der Subjekte überwinden können. Hier zeigt sich vor allem kommunikatives Wissen, weil Motive, Plausibilisierung und Gründe für das eigene Handeln dargestellt werden.

Zirkularität

Ab der Stufe der Typenbildung verläuft der Analyseprozess zirkulär. Das heißt, es wird zwischen der Konfrontation von Sequenzen, der Bildung von Kontrasthorizonten sowie sinn- und soziogenetischer Typenbildung gewechselt, bis sich eine klare Typologie herauskristallisiert.

Sinngenetische Typenbildung

Auf der Stufe der *sinngenetischen Typenbildung* gilt es, den herausgearbeiteten Dokumentsinn als generellen themenbezogenen Orientierungsrahmen zu erschließen. Es wird erarbeitet, woran sich Erzählungen, Begründungen und Beschreibungen orientieren und welche Werte, Erfahrungen von (sozialer) Welt und Generalisierungen (z. B. in Form von Regularien, Mottos, Erfahrungen) regel- und später handlungsleitend dargestellt werden, und zwar auf gruppenspezifischer, organisationaler und gesellschaftlicher Ebene (Bohnsack, 2013; 2018). Kontinuitäten in der semantischen Logik, die dann auf grundsätzliche handlungs- und einstellungsleitende Glaubenssätze und Muster hinweisen, sind dabei leitend (Bohnsack, 2013; 2018).

Dies kann entweder in angenommener Übereinstimmung in der sozialen Konstruktion mit dem Interviewpartner oder in Abgrenzung, Provokation und multiplen weiteren Möglichkeiten gestaltet sein.

Leitend bei der Ausarbeitung der sinngenetischen Typen sind Fragen wie: Auf welche soziale Realität weisen die Argumente hin? Von welcher wahrgenommenen sozialen Realität wird sich abgegrenzt? Was wird als logisch und auch kommunizierbar wahrgenommen, was als unsagbar?

Komparatives und sequenzübergreifendes Vorgehen

Aufgrund der Charakteristik, dass es sich um einen sozialen Aushandlungsprozess und Interaktion handelt, werden bei der dokumentarischen Methode die Interviewfragen, Verläufe der Themen und komparativen Sequenzen zur Analyse herangezogen. Die Rekonstruktion der Typen erfolgt durch Kontrastierung. Dabei löst sich der Typus einerseits vom Einzelfall und andererseits von der Perspektive des Interpretierenden. Dieser Schritt erfolgt durch maximale und minimale Kontrastierung anderer Fälle und Sequenzen. Dabei kristallisiert sich beim minimalen Kontrast eine Basistypus-Orientierung heraus, der als *modus operandi* die grundsätzliche und handlungsleitende Logik beschreibt. Er stellt die größtmögliche Kongruenz oder Schnittmenge dar, also die zugrunde liegende Regelhaftigkeit der Fälle: Was haben alle gemeinsam? Was ist/sind der/die homologe Orientierungsrahmen? Beim maximalen Kontrast wird angestrebt, die Typen voneinander zu unterscheiden. Bei der sinngenetischen Typenbildung zeigen sich die Orientierungen, die das Handeln strukturieren sowie Unterschiede der Positionen im semantischen Sinngehalt, also den Sinn der subjektiven Zuschreibung von Sinn durch den Erzählenden (Nohl, 2012).

Mehrdimensionalität

Typologien können dabei mehrdimensional sein. Das bedeutet, dass sich die Orientierungen innerhalb der Typen und typusübergeifend in Bezug auf unterschiedliche Kontexte und Gegenstände unterscheiden und überlappen können, der jeweilige Typus muss also nicht in allen Dimensionen kongruent sein. Typen gelten daher zunächst themenbezogen und bilden die Mehrdimensionalität sodann in Relation zu weiteren Themen oder Merkmalen aus. Es gibt also eine Orientierung und daraus entstehende Handlungsweise mit Bezug zu Diversity Management, die sich aber in einer anderen Dimension, in anderen Typformationen ordnen.

Soziogenetische Typenbildung
Bei der sinngenetischen Typenbildung werden wie ausgeführt Orientierungsrahmen rekonstruiert. Die soziogenetischen Typen werden anhand von Erfahrungsräumen gebildet. Es kommt darauf an, inwiefern das soziale Gewordensein zum Beispiel mit demografischen Faktoren (Alter, Geschlecht) oder Statusgruppenzugehörigkeit (Milieu, Managementstatus) und den so geteilten lebensweltlichen, überlappenden Erfahrungsräumen zusammenhängt.

Zudem kann laut Bohnsack (2018) auf *Kontrasthorizonte* zurückgegriffen werden, die auf dem Erfahrungswissen oder den theoretischen Annahmen des Interpretierenden beruhen und zur Verdeutlichung oder Kontrastierung verwendet werden können. Bohnsack konstatiert, dass gerade alternative Interpretationen – dass es also auch ganz anders sein könnte – im Alltag oft unbeobachtet bleiben (Bohnsack, 2014; 2017). Die Konfrontation mit einer theoretischen Überlegung, wie die Bedingungen und Bedeutungen entgegen der habituellen Praxis aussehen könnten, kann helfen, spezifische Bedeutungen herauszuarbeiten und die Natürlichkeit der Gegebenheiten zu hinterfragen (Oevermann zit. nach Bohnsack, Nentwig-Gesemann & Hoffmann, 2018). Die *Standort-* oder *Seinsverbundenheit* der Interpretierenden und Forschenden kann zwar nicht überwunden oder gar eliminiert, wohl aber durch empirische oder theoretische Vergleichshorizonte, also durch komparative Analysen, methodisch kontrolliert werden. Die Forschenden nähern sich dabei nach Bohnsack (2018) experimentell-intellektuell – und dadurch nicht intuitiv und subjektiv lagegebunden, sondern zunehmend reflexiv – der Bedeutung an. Dadurch wird die Interpretation intersubjektiv verstehbar.

Mehrdimensionalität
Orientierungen können sich innerhalb der soziogenetischen Typformation ebenso mehrdimensional gestalten und zum Beispiel entlang von Hierarchieebenen, Alter und Geschlecht, aber auch nicht parallel verlaufend zu diesen arrangieren und so Schnittmengen bilden, die nicht in allen Dimensionen die gleichen Schnittmengen aufweisen. Beispielsweise ist eine starke Output-Orientierung und Liberalisierung des Selbst nicht nur bei erfolgreichen ManagerInnen zu finden, sondern auch bei Studierenden, die eine Karriere anstreben und die damit einhergehende Logik als gerecht inkorporieren. Ebenso zeigt sich, dass gerade benachteiligte Subjekte die Kompensation ihrer etwaigen Nachteile in die eigene Person zurückverlagern

und sich mit der Logik des Stärkeren identifizieren, weshalb die Orientierung in Bezug auf eine empfundene Diskriminierung entlang der eigenen Merkmale verläuft. Je weniger etabliert ein Subjekt in der Wirtschaft ist, desto stärker nimmt es soziale Diskriminierung als Realität wahr.

> **Zusammenfassung und Bedeutung**
>
> Die Dokumentarische Methode beinhaltet vier strukturierte Schritte. Zunächst werden Sequenzen und Textsorten bestimmt, dann werden die Sequenzen paraphrasiert (formulierende Interpretation) und somit dargestellt, *was* gesagt wird. Im Anschluss wird der Wechsel vom Was zum Wie vollzogen (reflektierende Interpretation). Dabei werden die Orientierungsrahmen (sinngenetische Typformation) und dahinterliegende Erfahrungsräume (soziogenetische Typformation) rekonstruiert. Dies führt zu einer Typologie, die über die subjektive Perspektive hinausgeht und auf eine soziale Ordnung, intersubjektiven Habitus und intersubjektive Orientierungen zusteuert. Anhand der Typologie kann also gezeigt werden, welche möglichen sozialen Positionen es gibt, wie sie charakterisiert sind und welche Einstellung und welches Verhalten sich daraus ergeben, inwiefern sie sich einig sind, also überlappen, und wie sie sich unterscheiden. Auf diese Weise können Rückschlüsse auf den Gegenstand, um den sich die Typen formieren, gezogen werden. Dabei sind Erfahrungsräume nicht trennscharf und überschneiden sich teilweise, woraus sich eine Mehrdimensionalität ergibt. Die jeweiligen Typen müssen allerdings trennscharf sein, da sich an ihnen die Qualität der Typik misst.

4.3 Stimmen aus der deutschen Wirtschaft: vom Geschäftsführenden bis zum Arbeitssuchenden

Die Durchführung streckt sich von Januar 2019 bis Dezember 2020, also über knapp zwei Jahre. Erhebung und Transkription sowie der Beginn der Auswertung verliefen zirkulär und partiell parallel, sodass erste Erkenntnisse und die weiteren Interviews einbezogen werden konnten. Ende 2018 wurde entlang der Forschungsfrage und des Erkenntnisinteresses, also der formulierten Wissenslücke, der Leitfaden auf Grundlage der Ausführungen von Meuser und Nagel (2009) sowie Gläser und Laudel (2010) erstellt. Dieser Leitfaden diente vor allem der Orientierung, wer zu befragen und was zu rekonstruieren wäre. *Denn »nur wer weiß, was er herausbekommen möchte, kann auch danach fragen«* (Gläser & Laudel, 2010, S. 63). Die Interviews wurden nach dem Prinzip Offenheit als ExpertInneninterviews durchgeführt und folgten jeweils einem natürlichen Gesprächsverlauf. Dabei veränderte sich über den Erhebungszeitraum auch die Fragetechnik. Trotzdem zeigten sich inhaltlich keine Abweichungen. Dies kann zu weiteren methodologischen Überlegungen über die Relevanz der Fragekompetenz und -technik anregen.

Die Probandenauswahl verlief gemäß Gläser und Laudel (2010) entlang folgender Fragen: *Wer verfügt über relevantes Wissen und ist in der Lage, dies weiterzugeben? Wer ist bereit, Informationen zu geben, und wer ist generell verfügbar?* Zu Frage eins ergab sich zunächst die Annahme, da es sich um ein Management-Werkzeug handelt, weshalb vor allem Personen aus dem Management allgemein und dem Diversity Management speziell als geeignete GesprächspartnerInnen dienen könnten. Diese Annahme wurde nach den ersten Interviews korrigiert. Der Personenkreis wurde um weitere Statusgruppen ergänzt.

ProbandInnen im mittleren und oberen Management sind in hohem Maße beruflich eingespannt und die Priorität von Anliegen Dritter tendenziell gering. Wie Gordon (1975) anmerkt, ist die Bereitschaft und das Interesse von der Arbeitsbelastung abhängig. Dies wird durch die Einschätzung der ProbandInnen, dass es sich um ein als heikel empfundenes Thema handelt, noch erschwert. Mehrere Kontaktpersonen wollten dementsprechend zum Thema keine Aussagen treffen oder untersagten die Nutzung des Materials nach dem Gespräch. Daher sei an dieser Stelle darauf hingewiesen, dass es sich beim vorliegenden Interviewmaterial um die milderen Aussagen handelt, die dann auch freigegeben worden sind.

Der Feldzugang verlief im oberen Management über ein Schneeballprinzip mit unterschiedlichen Startpunkten. Keiner der ProbandInnen zählt zum persönlichen Freundes- oder Bekanntenkreis der Autorin, was zwar den Feldzugang erschwert, aber ganz im Sinne von Seidman (1991) zur Qualität und zur Vermeidung von Bias, also kognitiv verzerrter Wahrnehmung und/oder Bewertung, beigetragen hat. Startpunkt war jeweils ein früherer Arbeitskontakt, aber auch Anschreiben über LinkedIn, Kontakte über Dritte, wobei ein gegenseitiges Kennen, auch entfernt regional und konzern- und branchenbezogen, ausgeschlossen war. Dieses Vorgehen galt vor allem für die oberen Managementpositionen. Die berufs- und positionsbezogen hierarchisch niedriger angesiedelten ProbandInnen wurden online angeschrieben oder vor dem Arbeitsamt sowie auf verschiedenen Hochschulgeländen und in Seminaren persönlich angesprochen. Bei der Ansprache wurden so wenige Informationen wie möglich gegeben, zum Beispiel wurde von *Personalprozessen* oder auch nur *Prozesse* und *Entscheidungsprozessen generell* gesprochen. Nur auf Nachfrage wurde das Thema *Diversity Management* genannt, was zu einer hohen Rückzugsquote führte.

Beim Gang der Erhebung liegt zunächst eine Fallauswahl von ManagerInnen zugrunde. Dies begründete sich in der Annahme, dass es sich um einen Problemgegenstand im Management handeln könnte, bei dem vor allem eine Charakteristik rekonstruiert werden sollte. In den Interviews zeichnete sich ein anderes Bild ab. Es zeigte sich, dass es sich eher um ein *Tool* handelt, das sich auf alle Ebenen auswirkt und im Diskurs verankert, allgemein politisch charakterisiert ist und Auswirkungen auf alle Organisationslevel zu haben scheint. Demzufolge wurde die Fallauswahl um Subjekte aus verschiedenen Statusleveln erweitert.

Das Vorgehen orientiert sich an der Forderung von Gläser und Laudel (2010), dass eine Fallauswahl und ein Festhalten an einer getroffenen Fallauswahl die Gefahr bergen, die empirischen Informationen künstlich zu begrenzen. Somit handelte es sich um eine Schlüsselentscheidung. Bei mechanismenverstehender Forschung bietet es sich daher an, nach der Auswertung beziehungsweise parallel zur Auswertung der ersten Fälle die Stichprobe entlang der gewonnenen Erkenntnisse zu erweitern oder anzupassen. Dabei gibt es keine formalen Regeln (Gläser & Laudel, 2010). Eine prozessparallele Entwicklung des Samples wird dabei als vorteilhaft eingestuft, da sie die im Prozess gewonnenen Erkenntnisse einbezieht. Die zentralen Variablen und Einflussfaktoren sollen dabei variieren, um verschiedene Perspektiven in der vergleichenden Arbeit herausarbeiten zu können, was die Erklärungskraft der Studie erhöht. Dabei wurde nach typischen Fällen, Extremfällen und Gegenbeispielen gesucht. Die Suche nach Gegenbeispielen verlief erfolglos, weswegen in der Analyse auf hypothetische Kontrastfälle zurückgegriffen wurde. Die Suche nach positiven Kontrastfällen verlief im Zuge von drei E-Mail-Aufrufen in Konzernen und über Social Media sowie über ein Schneeballprinzip. Dabei fanden sich keine ProbandInnen, die kontrastierende Erfahrungen mit Diversity Management gemacht hatten beziehungsweise zumindest keine, die diese teilen wollten.

Das Sample kann in Bezug auf die verschiedene Statuslevel, Geschlechter und die subjektiv empfundenen eigenen Diversity-Merkmale heterogen wirken. Dies begründet sich als gewinnbringend und sinnvoll damit, dass ein Ausschluss eines Geschlechts, eines Statuslevels oder aber die Restriktionen von Diversity-Merkmalen die Erkenntnisse über eigene Vorannahmen eingrenzen würde[28] und andere problematische (diskriminierende) Herausforderungen durch bewusste und vorhergehende Aus- und Abwahl beinhaltet.

Abbildung 8: Erhebungsverlauf

Die Termine für die Interviews hatten einen langen zeitlichen Vorlauf. Aus diesem Grund ergibt sich eine Reihenfolge, die nicht der Fallnummerierung entspricht. Chronologisch sind die ersten Fälle Nummer 1, 3, 8 und 7 erhoben worden. Danach wurden gezielt weibliche Personen gesampelt, mit den Fallnummern 2, 4, 5 und 6. Die Fälle 9 und 31 wurden nachgelagert, während der voranschreitenden Analyse, erhoben.

Als sich erstmals abzeichnete, dass sich die Maßnahmen negativ auf Subjekte auswirkten, wurde das Sample um die Perspektive von Stakeholdern aus unteren Hierarchieebenen erweitert, um gerade nicht aus ManagerIn-

28 Die Ergebnisse zeigen, dass die Typen zu diesen heterogen erscheinenden Kriterien quer, also schneidend, verlaufen (z. B. in Bezug zum Geschlecht und Migrationshintergrund, aber auch zum Statuslevel) und daher gerade ein gewinnbringendes Ergebnis mit der Heterogenität gezeigt werden kann; die Weltsicht folgt nicht den Diversity-Kriterien und auch nicht ausschließlich den Statusleveln.

nen Perspektive *über* die Wirkung *auf* Betroffene Vermutungen anzustellen. Stattdessen steht die Erste-Person-Perspektive der jeweiligen WirtschaftsakteurInnen und deren Perspektive im Fokus. Dazu wurden die Fälle 21 bis 30 erhoben und parallel die Fälle zur ManagerInnen-Perspektive 15, 17, 20, 31. Gegen Ende des Projekts und mit den Ergebnissen aus den Analysen wurde noch ein exploratives Interview mit einer Diversity-Akteurin angehängt, wobei die Thematik auf die Auswirkungen aufs Wohlbefinden fokussiert war. Dieses Interview, Fall 32, exploriert tiefergehend die Erkenntnisse zu den Auswirkungen der sich in der Analyse abzeichnenden (schlechten) soziale Stellung von Diversity-AkteurInnen und deren Wohlbefinden.

> **Reflexion zu Feldzugang und Interviewführung**
>
> Der Feldzugang gelingt wahrscheinlich begünstigt durch die langjährige Erfahrung in der Wirtschaft der Autorin, die sich als (ehemalige) Wirtschaftsakteurin mit entsprechendem wirtschaftkonformem Habitus und einem sozialen Netzwerk ins und im Feld bewegt hat. Dieser Vorteil kann in Bezug auf die Interviews und die Analyse auch kritisch gesehen werden, dem soll durch Transparenz begegnet werden: Diese Untersuchung ist die Perspektive einer ehemaligen Wirtschaftsakteurin auf das Feld der Wirtschaft, mit den respektiven Vorteilen in Bezug zum Feldzugang, Vertrauen und Kommunikation, und den Nachteilen, wie etwaiger Verzerrung, durch ähnliche Weltsicht und Vokabular.

4.4 ExpertInnen befragen nach Gläser und Laudel

Für die Erhebungsmethode wird das offene leitfadenorientierte Experteninterview nach Gläser und Laudel (2010) sowie Meuser und Nagel (1991; 2009) zugrunde gelegt. Bei diesen Ansätzen werden unter einer explorativen Perspektive Experten zur Rekonstruktion komplexer sozialer Prozesse befragt, um themenspezifische Informationen zu generieren, die über den bisherigen Wissensstand hinausgehen. Laut Gläser und Laudel (2010) geht es darum, einen sozialen Sachverhalt zu rekonstruieren und dazu sämtliche Informationen zusammenzutragen, um ihn zu verstehen und zu erklären. Hierbei ist eine tiefgehende Analyse weniger Fälle dienlicher als spezifisches, komplexes Expertenwissen durch standardisierte und damit auf Vorwissen basierenden Abfragen um deren (möglichweise darüberhinausgehendes) Wissen zu beschneiden.

ExpertInnen werden in ihrer Rolle als ExpertInnen zu ihrer habituellen Praxis befragt, nicht als externe, beobachtende ExpertInnen über Gegenstände oder Dritte. Es handelt sich um Wirklichkeitsausschnitte ihres eigenen Handlungsfeldes. Als ExpertIn gilt,

> »wer in irgendeiner Weise Verantwortung trägt für den Entwurf, die Implementierung oder die Kontrolle einer Problemlösung oder wer über einen privilegierten Zugang zu Informationen über Personengruppen oder Entscheidungsprozesse verfügt« (Meuser & Nagel, 1991, S. 443).

In Abgrenzung zu Meuser und Nagel (1991) gelten hier nicht ProbandInnen spezifischer Statuslevel als mehr oder weniger geeignet, vielmehr wird die Wirklichkeitskonstruktion auf den verschiedenen Level sowohl in der Strategie als auch in der Durchführung als relevant eingestuft. Der nach Meuser und Nagel (1991) gemeinsame institutionell-organisatorische geteilte Kontext wird hier weiter gefasst als gemeinsam geteilter Wirtschaftsraum, wobei in der Diskussion aufgegriffen wird, dass es sich um verschiedene Organisationen und heterogene Organisationstypen handelt.

Die Interviews mit den Co-Forschenden soll dialogisch und rollengerecht geführt werden. Das bedeutet, dass eine Gesprächsatmosphäre und ein Gesprächsverlauf konstruiert werden, die beiden Seiten gerecht werden sowie gewinnbringend, interessant und daher sinnvoll ausgestaltet sind. Es soll sich ein Gespräch über einen für die Beteiligten relevant erscheinenden Problemgegenstand entwickeln, sodass neue Aspekte und Facetten zum Vorschein kommen. Dazu ist es wichtig, dass die Relation vertrauensvoll und ebenbürtig ist.

Der deduktiv aus der Literatur abgeleitete Leitfaden dient dabei der Orientierung und als Gedankenstütze. Im Interview wird dem Prinzip gefolgt, dass sich das Gespräch natürlich entfalten und die Fragen organisch operationalisiert werden sollen, ein Vorgehen wie Gläser und Laudel (2010) vorschlagen. Es darf dahingehend beziehungsweise muss sogar vom Leitfaden abgewichen werden, sodass erstens ein organischer Gesprächsverlauf entsteht sowie zweitens eine Entwicklung und Verfolgung jedweder für die Interviewten relevanten und etwaiger neuer Aspekte und Themenschwerpunkte. Weder die konkreten Fragen noch Formulierungen sind daher im

Leitfaden enthalten beziehungsweise sind sie zumindest nicht verbindlich (Gläser & Laudel, 2010). Daher ist eine fortlaufende spontane Operationalisierung erforderlich. Dieser Operationalisierung bedarf es zum einen, um Fragen anzupassen, wenn nicht die Forschungsfrage direkt gestellt wird, sondern ins Sprachverständnis des Gegenübers übersetzt wird, und zum anderen, um nicht antizipierte, kommunikative Aktionen und Reaktionen aufnehmen und in den weiteren Interviewverlauf einbeziehen zu können, jedoch trotzdem thematisch beim Problemgegenstand zu bleiben. Auf diese Weise wird es möglich, das Wissen der Gesprächspartner zu erkunden und zugleich anhand des Leitfadens sicherzustellen, dass alle wichtigen Aspekte berücksichtigt worden sind (Gläser & Laudel, 2010).

In Abgrenzung zu Meuser und Nagel wird dabei nicht von einer Unterscheidung zwischen Gegenstand und Subjekt ausgegangen, sondern von einer Identifizierung der Subjekte mit dem vermeintlich objektiven Gegenstand. Darüber hinaus wird keine Unterscheidung zwischen privater und professioneller Haltung vorgenommen, wohl aber zwischen privatem und professionellem Verhalten.

Nach Gläser und Laudel entwickelt sich der Leitfaden gerade nicht entlang von Hypothesen, sondern entlang von Variablen, die verbal beschreibbar potenziell zusammenhängen und in Zusammenhang zueinanderstehen können. Wird wie hier auf ein Hypothesenkonstrukt verzichtet, kann dennoch eine zumindest minimale Strukturierung vorgenommen werden hinsichtlich der

a) AkteurInnen, Bezugsgruppen, Präferenzen, Motive, Ziele und Interessen;
b) Handlungsbedingungen, zum Beispiel sozialstrukturelle, institutionelle, funktionale und kulturelle, sowie
c) Handlungen und ihre intendierten und nicht intendierten Konsequenzen.

Entlang dieser Dimensionen soll eine Gesamtschau des Gegenstandsbereiches erhoben werden (Gläser & Laudel, 2010). Aufgrund der Problematisierung wird die Exploration des Gegenstandes unter Themenblock a) hinzugefügt und um einen vierten Themenblock ergänzt, der sich auf die Problemlage und in Bezug dazu auf folgende Möglichkeiten und Perspektiven bezieht: Problembewusstsein, Wunschszenarien, Verbesserungsmöglichkeiten, Umgang mit der Problemlage sowie Notwendigkeit einer optimierten Praxis.

Während der Leitfadenentwicklung wurden Pretests durchgeführt, in denen vor allem erste ProbandInnen (wegen des leichteren Zugangs aus dem ausführenden Management) interviewt wurden. Anhand dieser Interviews wurde ein grober Leitfaden entwickelt. Vor allem wurden aber Erzählimpulse sowie ein gewinnbringender Zugang zu Personen und Gesprächsgestaltung ausprobiert. Anhand deduktiv abgeleiteter Fragen aus der Literatur sowie der Forschungsfrage entwickelte sich schließlich der grobe Leitfaden für die Experteninterviews mit nicht-suggestiven, also möglichst neutralen Wissens- und Meinungs- sowie (Nach-)Fragen *(Habe ich das richtig verstanden …?* und *Inwiefern?/Haben Sie da ein Beispiel?/Wie kann ich mir das vorstellen?/Können Sie das noch für mich weiter erklären?)*, die aber auch Anekdoten und Erzählungen generieren konnten. Der Leitfaden diente bei der Durchführung als Gedankenstütze, insbesondere für die in manchen Fällen nachgelagerten deduktiv aus dem Forschungsstand abgeleiteten Fragen tendenziell am Ende des Gesprächs.

Die Interviews folgten statt dem Leitfaden einer offenen Gesprächsdynamik. Es wurden offene Redeimpulse gegeben, um anschließend vor allem dem von den ProbandInnen ausgehenden Inhalt zu folgen und durch Nachfragen zu vertiefen im Sinne eines natürlichen Gesprächsverlaufs. Dies diente dem gegenseitigen und individuell unterschiedlichen Verständnis, wobei es darum ging, den Erfahrungsraum des individuellen Gegenübers zu verstehen. In den Interviews wird dabei vor allem nach der persönlichen Meinung, persönlich erlebter und gestalteter täglicher Praxis gefragt und der persönlichen Bedeutungszuweisung. Dieses Vorgehen dient vor allem der Überwindung eines professionalisierten, distanzierten Gesprächsverlaufs, sodass es schnell zur imagegetreuen und routinierten Repräsentation der Organisation kommt (Gläser & Laudel, 2010). Um dem entgegenzuwirken wurde dies explizit aufgegriffen: »Mich interessiert vor allem, wie es so ganz persönlich bei Ihnen abläuft und was Sie ganz persönlich dazu sagen.«

Ein Beispiel ist die Beschreibung von Maßnahmen durch Nummer 4, die auf deskriptiv normativem, fachbuchgeleitetem Wissen beruhte. Das Interview beispielsweise hätte sie sonst mit einer für Vorträge standardisierten Präsentation abgewickelt. Dies konnte aufgelöst werden, indem nach persönlichen Idealen und der Zufriedenheit mit der eigenen Umsetzung gefragt wurde. Die Konfrontation mit der persönlichen Haltung und Praxis wurde dabei als herausfordernd kommentiert, aber trotzdem befolgt, wobei sich zeigte, dass es große Abweichungen zwischen dem Fachbuchwissen einerseits sowie der täglichen Praxis und persönlichen Haltung andererseits gab.

Strukturell sind die Interviews dementsprechend recht individuell, inhaltlich jedoch durch den Leitfaden gerahmt. Der Leitfaden deckt dabei die vier Prinzipien nach Hopf (1978/2016) ab: Reichweite, Spezifität, Tiefe und personaler Kontext. Reichweite wurde durch offene Fragen erzielt, wobei die ProbandInnen eine weite Perspektive auf das Thema wählen können und so auch die Richtung des Themas beeinflussen konnten. Spezifität wurde im Laufe des Interviews entwickelt und entlang der sich entwickelnden Problemstellungen vertieft. Dabei wurde mitunter detailliert nach Vorgehen und Charakteristik der Problemgegenstände gefragt, wodurch größtmögliche Tiefe erreicht werden konnte. Es zeigte sich eine ständig mitschwingende Reflexivität des Themas in Form von persönlicher Betroffenheit. Bei den meisten Interviews wurde deutlich, dass das Thema mit persönlichen Erfahrungen und Gefühlen verknüpft war, wodurch sich mitunter recht persönliche Gespräche entfalteten, etwa über die Erfahrung mit eigener Benachteiligung (u. a. Fälle 1 und 2), die Entscheidung als Solist, oder auch als kinderlose Frau zu leben (u. a. Fälle 5 und 6).

Der personale Kontext wurde je nach Gesprächsdynamik und Zugang zu öffentlichen Informationen einleitend oder abschließend in Form von Hintergrundfragen eingebunden. Dabei wurde nach Alter, Werdegang, Bildung und Funktion, Freiheitsgraden in Bezug auf eigene Handlungen, Berichtspflicht, aber auch Aufgaben- beziehungsweise Zuständigkeitsbereichen und Verantwortung sowie eventueller Prokura gefragt.

Anhand der Themenbereiche werden nun einige Beispielfragen abgebildet. Diese sind, wie an den Transkripten zu sehen ist, nicht wörtlich in die Interviews übernommen worden.

Leitfaden Nicht-Management-Gruppe

Themenblock a) Gegenstand, Akteure, Bezugsgruppen, Präferenzen, Motive, Ziele und Interessen

- Kennen Sie Diversity Management und was verstehen Sie darunter?
- Wer wären für Sie dazugehörige AkteurInnen und wo sind sie angesiedelt?
- Welche Merkmale spielen im Zusammenhang mit Diversity Management Ihrer Meinung nach in der Praxis und für Sie persönlich eine Rolle?

Themenblock b) Handlungsbedingungen, zum Beispiel sozialstrukturelle, institutionelle, funktionale und kulturelle

- Was ist der Gegenstandsbereich von Diversity Management?
- Kennen Sie Maßnahmen und würden die erläutern?
- Mit wem/für wen handeln die AkteurInnen?

Themenblock c) Handlungen sowie ihre intendierten und nicht intendierten Konsequenzen

- Wie war denn ihr bisheriger Kontakt mit Diversity Management?
- Welche Erfahrungen mit Maßnahmen und AkteurInnenverhalten?
- Inwiefern ist Diversity Management aus Ihrer Perspektive funktional?

Themenblock d) Problembewusstsein, Wunschszenarien, Verbesserungsmöglichkeiten, Umgang mit der Problemlage, Notwendigkeit einer optimierten Praxis

- Empfinden Sie soziale Benachteiligung als Problem?
- Haben Sie damit Erfahrungen gemacht (und wie)?
- Inwiefern bedarf es eines Diversity Managements?
- Inwiefern deckt sich die Praxis des Diversity Managements mit Ihren ganz persönlichen Idealen?
- Inwiefern ist das Diversity Management, das Sie kennen, funktional/effektiv?
- Wie könnte es weitergehen?
- Wie könnte es (noch) besser gehen?
- Wie könnte darüber hinaus Gerechtigkeit hergestellt werden?

Leitfaden für Management Gruppe

Themenblock a) Gegenstand, AkteurInnen, Bezugsgruppen, Präferenzen, Motive, Ziele und Interessen

- Was verstehen Sie unter Diversity Management?
- Wer führt es aus und in welchem Bezug stehen Sie zu der Gruppe (bzw. wenn es die Person selbst ist: In Bezug zu wem führen Sie es aus? Mit wem arbeiten Sie zusammen? An wen richtet sich Ihre Arbeit?)?

Themenblock b) Handlungsbedingungen, zum Beispiel sozialstrukturelle, institutionelle, funktionale und kulturelle

- Welche Maßnahmen gibt es?
- Wonach selektieren Sie Personal? Was ist dabei wichtig?
- Inwiefern versuchen Sie, objektiv zu sein? Was bedeutet das für Sie?
- Wo in der Hierarchie ordnen sich Entscheidungen ein? Gibt es Rechtfertigungspflichten, Kontrollgremien? Wie groß ist Ihr Handlungsspielraum?
- In welchem Verhältnis stehen Sie zu KollegeInnen, Vorgesetzten, Vorstand, Öffentlichkeit und anderen Stakeholdern?

Themenblock c) Handlungen sowie ihre intendierten und nicht intendierten Konsequenzen

- Wie wird mit Maßnahmen und AkteurInnen umgegangen?
- Inwiefern ist die Praxis nah an Ihrem persönlichen Ideal? Wovon wird es möglicherweise begrenzt?
- Wie übersetzen Sie Ihr Ideal in die Praxis?
- Beschreiben Sie doch mal ganz genau, wie ich mir den Ablauf (z. B. bei einem Einstellungsprozess) vorstellen kann!

Themenblock d) Problembewusstsein, Wunschszenarien, Verbesserungsmöglichkeiten, Umgang mit der Problemlage, Notwendigkeit einer optimierten Praxis

- Erleben Sie und inwiefern erleben Sie Ihre Laufbahn als beeinflusst von sozialer Benachteiligung oder persönlichen Vorteilen?
- Wie haben Sie Ihre Position erreicht? Denken Sie, die Bedingungen gelten auch für andere?
- Nach welchen Leitlinien/Prinzipien führen Sie?
- Inwiefern ist dies Ihre Idealvorstellung?
- Wovon wird Ihre Idealvorstellung begrenzt?
- Wie wäre es im Idealfall?

Diese Fragen werden begleitet von demografischen Fragen zu Alter und Karriereweg sowie organisationsspezifischen Fragen zu Position, Organisationsstruktur und Aufgabenbereich. Zudem wird ein Fokus gelegt auf Wohlbefinden, Psyche, Motive, Dilemmata und soziale Mechanismen und es werden etwaige Begrenzungen hinterfragt. Zum Beispiel: *Was, glauben Sie, sollen Sie unter Diversity Management verstehen?* Sodass Rückschlüsse auf die empfundenen Normen gezogen werden können.

4.5 Ethische Überlegungen und Anonymität bei prominenten ProbandInnen

Um ethischen Standards der Anonymisierung zu genügen, wobei sich an Gläser & Laudel (2010) orientiert wird, werden einige, sonst im Standard von Untersuchungen übliche Informationen zur Samplebeschreibung zurückgehalten. Zudem sind die Transkripte anonymisiert und teilweise zensiert worden, um Rückschlüsse auf Personen des öffentlichen Interesses und bekannte Organisationen unmöglich zu machen, denn der Schutz der Teilnehmenden hat stets im Vordergrund zu stehen (Gläser & Laudel, 2010). Den TeilnehmerInnen aus Positionen mit hohem Wiedererkennungswert wurde freigestellt, die Transkripte vor der Publikation auf die Anonymisierung hin zu überprüfen. Ebenso ist ihnen zugesichert worden, auf genauere demografische und detaillierte Beschreibungen des Feldzugangs zu verzichten.

Es hat sich gezeigt, dass gerade wegen der Normativität des Themas und der Subjektivität das Vertrauensverhältnis, das etabliert worden ist, eines verantwortungsvollen und sensiblen Umgangs bedarf. Viele Interviews sind mit vertrauenversichernder Nachsorge begleitet worden, bei der mehrere Tage und bei manchen Kontakten bis heute ein Austausch stattgefunden hat beziehungsweise stattfindet. Stets galt die Zusage, die Aussagen zurückziehen zu können und damit nicht zur Veröffentlichung freizugeben. Diese Nachsorge ist nicht Teil der hier zur Verfügung gestellten Transkripte. Inhaltlich ging es dabei vor allem um die persönlichen Erfahrungen und empfundene moralische Dilemmata und die offenbar werdende innere Not der ProbandInnen.

Die Beschreibung der Orte der Interviews sowie persönliche Daten wie Name und Beruf wurden bei dieser Untersuchung als sensible Information gewertet, weil das Thema erstens wie gesagt moralisch und normativ aufgeladen ist, weil die ProbandInnen zweitens mehrfach unaufgefordert auf Gefahren für sie durch ihre Äußerungen hingewiesen haben – »Das hier kann mich meine Karriere kosten« (Fall 31, Z. 6) – und drittens aufgrund des Bekanntheitsgrades einiger Organisationen und ProbandInnen.

4.6 Sample-Beschreibung

Die TeilnehmerInnen werden in fünf Statusgruppen unterteilt,

1. Geschäftsführung und Vorstand;
2. oberes Management, das mit dem Vorstand und der Geschäftsfüh-

rung direkt kommunizieren (kann), mit einem Status von maximal zwei Level unter dem Vorstand;

3. Angestellte ohne Management-Status, wobei auch Personen, die im mittleren Management arbeiten, inkludiert sind. Sie leiten beispielsweise kleine Teams, haben aber keine Prokura und können nicht direkt mit der Geschäftsführung oder dem Vorstand kommunizieren;
4. Arbeitssuchende, also Personen, die zur Zeit des Interviews nicht in ihrem erlernten Beruf und nicht in Vollzeit arbeiten, sowie
5. Studierende im Masterstudium.

Die Diversity- und Personal-ManagerInnen bilden dabei eine Querschnittkategorie ebenso wie politische AkteurInnen, das bedeutet, die können in den Organisationen entweder in der Geschäftsführung direkt verortet sein, aber ebenso abhängig von der Organisationsstruktur in der Personalabteilung auf verschiedenen Level, auch im mittleren, ausführenden Management.

Die Größe der Organisationen wird unterteilt in

1. internationale Konzerne, bestehend aus einem übergeordneten Konzern mit Suborganisationen oder dem Zusammenschluss von mindestens zwei Unternehmen, die aber eigene Jahresabschlüsse erstellen;
2. Großunternehmen mit der in der EU geltenden Definition von mindestens 250 MitarbeiterInnen und 50 Millionen Euro Jahresumsatz sowie
3. Mittelständische und kleine Unternehmen (KMU) mit mehr als 10 und weniger als 250 MitarbeiterInnen und weniger als 50 Millionen Euro Jahresumsatz.

Die demografischen Sample-Beschreibung begrenzt sich durch den Schutz der Anonymität. Dabei liegen vier Fälle vor, die stärker anonymisiert sind als die übrigen, und zwar Fall 15, 17, 20 und 31. Die Volltranskripte werden auf Wunsch der ProbandInnen nicht abgebildet, die hier dargestellten Sequenzen sind von den Betroffenen indes freigegeben worden. Alle Fälle mit hohem Wiedererkennungswert haben die Anonymisierung der Transkripte persönlich kontrolliert und freigegeben.

Das Lebensalter der Befragten liegt in den 24 Fällen zwischen 26 und 52, durchschnittlich bei 39 Jahren. Alle Befragten wohnen und arbeiten zur Zeit der Interviews in Deutschland, wobei elf Personen über mehrjährige Auslandserfahrungen verfügen. Alle Teilnehmenden sind ›weiß‹/ phänotypisch hellhäutig, fünf haben einen Migrationshintergrund der ersten Generation. Elf sind männlich, zwölf weiblich, eine Person bleibt auch in Bezug aufs Geschlecht anonym. Fünf männliche und eine weibliche Interviewte zählen zur Statusgruppe der Geschäftsführung, wovon einer (Fall 7) gleichzeitig den Status eines Diversity-Beauftragten hat. Drei Teilnehmerinnen zählen zur Statusgruppe des Personalmanagements. Fünf TeilnehmerInnen (zwei männliche, drei weibliche) haben einen expliziten Status als Diversity ManagerInnen. Zur Statusgruppe der ArbeitnehmerInnen ohne Management-Status gehören fünf TeilnehmerInnen, davon sind vier weiblich. Zudem haben drei männliche Studierende teilgenommen, von denen einer als hybrid zählt, da er gleichzeitig studiert und arbeitet. Die beiden anderen haben Arbeitserfahrung gesammelt durch Praktika und Werkstellen in der Wirtschaft. Ferner gibt es Daten von zwei Arbeitssuchenden, einem Mann und einer Frau. Keine der Teilnehmerinnen hat leibliche oder adoptierte Kinder, acht der Männer sind ebenfalls kinderlos, und zwar alle Männer ohne Managementstatus und drei der Männer mit Managementstatus. Von weiteren Beschreibungen demografischer Merkmale, von Karrierewegen und Organisationen wird zwecks Anonymisierung abgesehen.

Tabelle 1: Sample der TeilnehmerInnen

	Interviewpartner	**Geschlecht**	**Alter**	**Position**
1	Fall 1	männlich	43	Executive Manager
2	Fall 3	männlich	51	Geschäftsführer
3	Fall 8	männlich	52	Geschäftsführer
4	Fall 15*	weiblich	50	Geschäftsführerin
5	Fall 7	männlich	52	Institutsleiter
6	Fall 31*	anonymisiert	-	CEO
7	Fall 2	weiblich	34	HR-Manager
8	Fall 5	weiblich	46	HR-Manager
9	Fall 6	weiblich	48	Personalchefin
10	Fall 4	weiblich	35	Diversity-Beauftragte
11	Fall 9	weiblich	45	Diversity-Beauftragte
12	Fall 17*	männlich	45	Inklusionsmanager

	Interviewpartner	Geschlecht	Alter	Position
13	Fall 20*	männlich	40	Beauftragter für Chancengleichheit
14	Fall 32* **	weiblich	45	HR-Managerin
15	Fall 25	männlich	38	Arbeitssuchender
16	Fall 26	weiblich	34	Arbeitssuchende
17	Fall 21	weiblich	31	Angestellte
18	Fall 27	männlich	37	Angestellter
19	Fall 28	weiblich	32	Angestellte
20	Fall 29	weiblich	26	Universitäts-Angestellte (Doktorandin)
21	Fall 30	weiblich	26	Angestellte
22	Fall 22	männlich	29	Student
23	Fall 23	männlich	31	Student
24	Fall 24	männlich	27	Student/Angestellter

* keine Freigabe des Volltranskripts. ** exploratives Interview im Nachgang der Untersuchung.

Die Nummerierung der Fälle verläuft wie bemerkt nicht chronologisch, da sie Teil eines größeren Samples mit insgesamt 75 Fällen sind. Für diese Arbeit liegen 24 Interviews vor, die für diese Arbeit geführt worden sind, die weiteren Interviews sind zwar als Teil des Projekts, sie sind aber nicht für diese Arbeit erhoben worden (stammen beispielsweise aus Thesisprojekten von Studierenden). Die Erweiterung des Samples verlief organisch, die Transkripte wurden während des Projekts fortlaufend angefertigt. Andere Interviews wurden von Studierenden und anderen Wissenschaftlern geführt und in andere Publikationen eingebunden.

5. Analyse: Subjektperspektiven als Typik

Zur Darstellung der Analyse werden hier zunächst die fünf Themenblöcke im Kapitel 5.1.1 beschrieben, die sich zur Bildung der Typformationen herauskristallisiert haben. Anhand der Themenbeschreibungen kann ein Überblick über die Datenlage und den relevanten Inhalten gewonnen werden. Im Anschluss werden einige Beispiele zur formulierenden und reflektierenden Interpretation dargestellt (5.1.2), gefolgt von der sinngenetischen Typformation (5.2) und dem Modus Operandi (5.3), sowie der soziogenetischen Typformation (5.4) und der Typformation der zweiten Dimension zu (5.5) der allgemeinen Orientierung in Bezug auf Gerechtigkeit.

5.1 Themen in der reflektierenden und formulierenden Interpretation

Bei der Analyse kristallisieren sich fünf Themenblöcke in Bezug zu Diversity Management heraus, wobei nicht alle Themen trennscharf sind. Entlang der Themen werden im Folgenden die Schritte der formulierenden und reflektierenden Interpretation anhand von Transkript-Sequenzen beispielhaft gezeigt. In Kapitel 5.2 werden die sinn- und soziogenetischen Typformationen und entlang dieser die Bedeutung der Themen dargelegt.

5.1.1 Die thematische Bestimmung von Diversity Management

Thema 1: Diversity Management in der Praxis

Bei diesem Themenbereich beziehen sich die ProbandInnen entweder in Form von Anekdoten oder mit bisweilen detaillierten Berichten auf die

Umsetzung in der Praxis. Dazu gehören die physische Verortung von Büroräumen, die hierarchische Ansiedlung in der Organisation, die Beschreibung von AkteurInnen – oft junge Frauen – sowie der Gegenstandsbereich, zum Beispiel HR, PR und Außendarstellung oder aber Kontrollfunktion, Prozessbegleitung (bei Personalprozessen), Strukturierung und Strategieentwicklung, ferner die Zielgruppe. Es geht hier vor allem um die Bestimmung des Gegenstandsbereiches, etwa *»originäre Beratung«* (Fall 4, Z. 6) oder *»Strategie Prozess«* (Fall 4, Z. 189), die Beschreibung der AkteurInnen und der Verortung in der Organisation. Die Perspektiven der Statusgruppen unterscheiden sich insofern, als dass aus Sicht des Managements diese Beschreibungen konkret sind, zum Beispiel, dass das Diversity Management Teil der HR und ein Kontrollgremium sein kann (Fall 8), in der HR aufgeht [auf Nachfrage, ob Diversity eine Rolle spielt:] »Nee, null. [...] Aber hier ist es [...] ehm wir haben auch keine Mobbingbeauftragten in dieser Hinsicht. Das ist alles also, wenn es da Probleme gibt, dann kommen die tatsächlich zu mir« (Fall 5, Z. 336–347) oder als eigene Abteilung bei der Geschäftsführung angesiedelt (Fall 2, Z. 182) ist. Die Perspektive der Angestellten wirkt tendenziell vermutend und diffus: »[D]a gibt es so jemanden, aber das ist in der Strategie, also der kennt die nicht oder weiß auch nicht genau« (Fall 26, Z. 40–41). Dabei zeigt sich ein breites heterogenes Feld der Umsetzung, sowohl in Bezug auf die Ansiedlung als Teilbereich, eigene Abteilung oder als Teilaufgabe eines Bereichs als auch bis hin zu eigenständigen Abteilungen in der Strategie und Unternehmensleitung auf Vorstandsebene oder als Kontrollorgan hierarchisch darüber. Ebenso heterogen wird der Gegenstand in Bezug auf Merkmale und Zielgruppe beschrieben, wobei die Gruppe der Geförderten ebenfalls als heterogen beschrieben wird: sozial Benachteiligte, Menschen mit Migrationshintergrund, Menschen mit Behinderung, ältere ArbeitnehmerInnen und am meisten genannt Frauen, aber auch Meinung/Gesinnung, Lebensstil, sexuelle Orientierung und Glaubensrichtung/Religion.

Thema 2: Funktionsweisen und Maßnahmen von Diversity Management

Bei diesem Thema ordnen sich Beschreibungen und Anekdoten von konkreten Abläufen und Maßnahmen ein, zum Beispiel die Begleitung von Personalprozessen, die Funktion als Rechtsschutz der Organisation gegen Ansprüche Dritter, Webinare, Beratung und Pflege von interner Kommunikation, beispielsweise durch Newsletter und die Organisation von Events. Zu den Funktionsweisen kommen Beschreibungen der Wirkkraft und Macht, also mit welchen Konsequenzen operiert wird und wodurch entweder Macht konstituiert oder eben nicht konstituiert wird. Es geht bei diesem Thema also ums praktische Agieren, die Wirkweise von Diversity Management. Dabei ergeben sich heterogene Perspektiven, die sich von originärer Beratung und strategischer Entwicklung über institutionalisierte Abteilungen für internes und externes Marketing bis hin zu *»Token«*, also einer Art Ersatz, als Darstellungs-AkteurInnen erstrecken. Die Aufgabenbereiche sind entsprechend heterogen in Form von Begleitung von Einstellungsprozessen und Vorauswahl von KandidatInnen, Kontroll- und Entscheidungsgremien zur Überwachung von Managerverhalten, juristischer Sicherung der Organisation, interner Weiterbildung oder als Art Gesinnung in Form einer mitgedachten Haltung unterschiedlicher Akteure. Die Maßnahmen und Wirkungen sind entsprechend dieser Funktionen different: Manche pflegen den Newsletter mit gendergerechtem Inhalt, greifen direkt funktional oder in Form eines Entscheidungen legitimierenden Organs in Einstellungsprozesse ein, kontrollieren faktische Entscheidungen, bieten Webinare an, organisieren Thementage und Aktionen und anonymisieren Bewerbungen. Dabei wird insgesamt angezweifelt, dass die Arbeit ihrem Gegenstand gerecht wird oder generell »richtige Vollzeit«-Arbeit ist. »Aber sie geht immer dahin und es ist also ein Vollzeitberuf« (Fall 25, Z. 24–25). Wiederholt wird spekuliert, was genau die konkrete Tätigkeit ausmacht, ob es das Dasein als solches ist und die Aktivität lediglich eine Alibifunktion erfüllt: »Die haben Lärm gemacht, also es gab Plakate über deren Arbeit, aber es ist mir nie aufgefallen, wozu die gearbeitet haben. Also theoretisch ist mir das klar, aber im Alltag habe ich es nie beobachtet« (Fall 25, Z. 17–19). Die Statusgruppen unterscheiden sich auch bei dieser Perspektive. Die Maßnahmen werden aus der Perspektive des Managements konkret beschrieben, wenn auch oft als nicht sinnvoll bewertet, wobei die Angestellten dahingehend eher vage Vermutungen anstellen und spekulieren, inwiefern es überhaupt einen Gegenstand und ›richtige Arbeit‹ gibt. Dabei wird überlegt, inwiefern dies überhaupt eine Arbeitsaufgabe darstellt oder nur eine Token- (also Darstellungs-)funktion erfüllt. Bei der Funktionsweise hingegen sind sich die Statusgruppen einig, dass es sich um eine diskursiv verankerte symbolische Macht handelt, die von außen in die Organisation hineinwirkt.

Thema 3: Subjektives und relationales Positionieren

Bei diesem Thema positionieren sich AkteurInnen auf zwei Arten zu Diversity Management, erstens zu den Idealen und Werten in Konfrontation mit dem eigenen inneren Kompass wie soziale Benachteiligung, Frauenförderung und Leistung, zweitens zur praktischen Umsetzung und den dazugehörigen AkteurInnen. Diese Unterscheidung ist erst in den Interviews erkennbar geworden. AkteurInnen unterscheiden explizit zwischen den Werten, die sich meist mit den originären Zielen von Diversity Management decken (u. a. soll soziale Ungleichheit abgebaut werden) und der Umsetzung sowie den dazugehörigen, als verursachend wahrgenommenen AkteurInnen von Diversity Management. Diese werden als kontraproduktiv, praxisfern, wirkungslos und dem originären Ziel und Werten widerstrebend beschrieben. Diversity Management tue somit nicht, was es sagt, und wirkt den erklärten Zielen durch ihre eigene Tätigkeit entgegen.

Diese abwertende Positionierung bezieht sich zum einen auf eine innere Haltung gegenüber Diversity Management, zum Beispiel die negative Attitüde gegenüber und die Relation mit den AkteurInnen – »[A]lso denen hab ich schon gesagt, dass ich ihre Arbeit scheiße finde« (Fall 2, Z. 227) – und genereller Abwertung der Arbeitsweise und Kompetenz: »Allerdings ist uns dann allen relativ schnell aufgefallen, dass unsere Abteilung im Personalbereich eigentlich mehr auf Diversity achtet als die Diversity-Abteilung selbst« (Fall 2, Z. 229–231); »[U]m 15 Uhr nach Hause gehen können die auf jeden Fall jeden Tag, freitags noch früher, arbeiten also circa die Hälfte« (Fall 31, Z. 611). Zum anderen beziehen sie sich auf ganz konkretes Verhalten, dass die Webinare inhaltlich unsinnig seien, die Maßnahmen eine stigmatisierende Konsequenz hätten, Hilfestellung ausbleibe und es unintendierte negative Wirkweisen gebe, die die originär intendierte Wirkung überschatteten, zum Beispiel Streit der sozial Benachteiligten untereinander um den »Raum[s] der Stille« (Fall 4, Z. 407). Auswahlkriterien und politische Tendenzen würden negativ beeinflusst, sodass sie gesamtgesellschaftlich, wirtschaftlich schädliche Auswirkungen hätten (Fall 8). Einstimmig positiv positionieren sich die AkteurInnen zu den Werten und originären Zielen. Soziale Benachteiligung solle keine Rolle spielen, niemand soll Ungleichheit reproduzieren und außer einem Vertreter der Diversity-Management-AkteurInnen (Typ 2.2) sehen alle die Lösung in einer strikten Leistungsorientierung, die unabhängig von Diversity-Merkmalen nach Outcome und Leistungsvermögen selektiert, sodass

Diversity eben keine Rolle mehr spielt. In Bezug auf Benachteiligung unterscheiden sich jedoch die Ansichten hinsichtlich Gerechtigkeit. Während diese Orientierung aus Sicht des oberen Managements bereits implementiert ist und es daher eines Diversity Managements gar nicht bedarf, sehen AkteurInnen auf den Hierarchieebenen der Angestellten eher soziale Diskriminierung, wobei Diversity Management aber als Verstärker oder zumindest nicht als Lösung gesehen wird. Subjekte müssten gefühlte Nachteile durch Leistungssteigerung zunächst kompensieren.

Thema 4: Konsequenzen und Wirkweisen von Diversity Management

Bei den Wirkweisen von Diversity Management geht es um Prozesse, (eingeschränkte) Handlungsfreiheit durch (Darstellungs-)Formalien, Darstellungsprozesse oder Kontrollinstanzen und Regularien, praxisferne Forderungen, ausbleibende, aber als notwendig erachtete Unterstützung, finanzielle Argumente und manchmal obskur wirkende Nicht-Wirksamkeit[29] sowie eine schädliche Wirkung[30] in Form von Machtreproduktion. Dabei wird mitunter minutiös beschrieben, inwiefern die Umsetzung nicht sinnig und nicht möglich ist, wenn zum Beispiel Belehrungen (so wird es wahrgenommen) lauten, in Einstellungsprozessen auf Migrationskriterien zu achten, es aber keine geeigneten KandidatInnen gibt, weil strukturelle Probleme dies verhindern. Dazu werden plakative Beispiele genannt: »[D]as Profil im Fachlichen, es zählt das Profil ehm im Menschlichen und dann ist es völlig egal, ob das eh-ehm jemand aus ehm Holland, Indien, ehm Timbuktu eh ist, ehm männlich, weiblich oder divers. Das ist [...] absolut [...] unerheblich« (Fall 8, Z. 367–370). »Für Frauen [muss] wirklich was getan werden, wir sind einfach viel zu konservativ hier, aber diese Maßnahmen tun eben noch eher was gegen Frauen und ich such eh schon manchmal Jahre nach einer passenden Person. Dann geht der Kandidat aber nicht, weil er nicht aus Spanien kommt, ja? Das ist doch Quatsch« (Fall 31, 98–101).

Auf der anderen Seite geht es um die angeführten Perspektiven der Subjekte aus allen Statusgruppen. Sie werden anhand von Erzählungen darge-

29 Zum Beispiel Modifizierung des »Girls' Days« für Technikberufe, damit es nicht ungerecht für die Jungen ist zu einem Tag für alle, siehe Fall 3, Z. 355.

30 Zum Beispiel Konflikte um einen Raum der Stille verschiedener benachteiligter Gruppen oder umgekehrte Diskriminierung (Fall 4).

stellt. Dabei gibt es zwei Formen: sekundäre und primäre. Die sekundären Erfahrungsberichte oder auch *Mythen* handeln von Diversity-Management-Erfahrungen und ihrer negativen oder ausbleibenden Wirkung, die bei anderen beobachtet wurden, oder die vom Hörensagen bekannt sind. Mythen werden hier sich ähnelnde Geschichten vom Hörensagen genannt. Diese zeichnen sich als eine Art urbane Erwachsenen-Märchen ab, die einen oftmals ähnlichen Plot haben: Benachteiligtes Subjekt mit oft rührender Geschichte sucht Hilfe und wird entweder abgewiesen, oft persönlich verletzend behandelt und erhält entweder keine Hilfe oder wird durch die Maßnahmen noch schlechter gestellt. Die primären Erfahrungen sind selbst erlebte Episoden, die sich inhaltlich größtenteils mit den sekundären und untereinander inhaltlich überlappen, aber deutlich detaillierter berichtet werden. Diversity Management wirkt auch hier auf allen Statusleveln negativ: »Ja, genau, also ein Formular heraussuchen ist ja nun nicht helfen und nicht erreichbar sein. Genau. Und unfreundlich sein, wenn jemand Hilfe braucht …« (Fall 26, Z. 28–29) »Es war schrecklich, schlimmer als alles, was ich bisher erlebt habe. Ich war extrem stigmatisiert« (Fall 21, Z. 33–34). In den Erzählungen zeichnen sich zwei unterschiedliche Bedeutungslevel ab: erstens das objektspezifische, individuelle Level, wobei die Wirkung das Leben schicksalhaft negativ verändert, und zweitens die generalisierte Perspektive, bei der schädliche Implikationen für die gesamte Gruppe herausgestellt wird. Auf dem individuellen Level geht es oftmals um konkrete Episoden, bei denen AkteurInnen als unfreundlich und Maßnahmen als stigmatisierend erlebt worden sind. Beim generalisierten Level geht es zum Beispiel um reproduzierte strukturelle Verstärkung von Diskriminierung, etwa aller Frauen durch Quoten.

Thema 5: Persönliche Werte, handlungsleitende Normen oder der innere Kompass

Das Thema Diversity Management ist verknüpft mit subjektiven, persönlichen Wertvorstellungen und Idealen, also dem inneren Kompass und den persönlichen handlungsleitenden Normen in Bezug auf Moral, Ethik, Gerechtigkeit und soziale Benachteiligung sowie Legitimierung und Rechtfertigung von Privilegien. Dabei werden die originären Ziele von Diversity Management daran gemessen, was die Subjekte persönlich als gerecht und legitim empfinden. Diese Bezüge sind oft erfahrungs- und weltbildbegründet. Es zeigen sich dabei drei themenspezifische Perspektiven: erstens inwiefern Subjekte soziale Ungleichheit erleben, zweitens, inwiefern sie sich selbst als zugehörig zu einer benachteiligten Gruppe fühlen und wie sie damit umgehen, sowie drittens, was als gerecht empfunden wird. Daraus ergeben sich verschiedene Urteile und unterschiedliches Verhalten, zum Beispiel die Förderung von sozial Benachteiligten, weil der innere Kompass anzeigt, dass Förderung gerecht ist, oder aber im Gegenteil das Bestreben, alle gleich zu beurteilen und dahingehend gerecht zu sein, eben niemanden zu fördern. Dadurch ergeben sich unterschiedliche Positionen zu Merkmalen, ob beispielsweise Frauen als benachteiligt erlebt werden und wie über diese Gruppen geurteilt wird: »[A]lso die, die man hier, also die, die auch klagen und dann eh nicht […] also ja, Migranten meine ich, die, die sind schwierig hier, also nicht menschlich, ich hab Freunde, aber bei der Arbeit ist es ein heißes Eisen, puh« (Fall 27, Z. 56–58). Gleichzeitig zeigt sich die Rechtfertigung der eigenen Handlungen, der Beurteilung von Diversity Management und der Maßnahmen, zum Beispiel deutet »Was auch immer für mich so ein Zeichen ist, dass im Diversity-Department kein einziger Mann arbeitet, auch niemand aus einer anderen Nationalität« (Fall 2, Z. 217–219) oder »irgendein weißes Mädchen mit Helfersyndrom« (Fall 25, Z. 57–58) auf den Anspruch hin, dass die, die sich für Diversity einsetzen, dem eigenen Anspruch auch genügen sollten. Deutlich wird zudem die Rechtfertigung der eigenen Position und etwaiger Privilegien als nicht zufällig und verdient[31] sowie der angeschlossenen Projektion auf die anderen: »[I]ch musste mich selber hochkämpfen, alles opfern, das ist das Spiel« (Fall 31, Z. 511) und »Nee, ich musste mir meinen Weg genauso erkämpfen, wie es jeder Kollege auch tun musste. Und genauso oft die Ellenbogen einsetzen oder auch nicht« (Fall 5, Z. 574–576). Diesbezüglich werden auch Werteorientierungen der anderen eingeordnet und als persönlicher Passungsgrad beschrieben: »[W]ir arbeiten hier ehm in einer Intensität. Das, das hast du wahrscheinlich schon gehört, ehm dass eh wir ehm eigentlich am Ende einen wichtigen Teil unserer Lebenszeit hier verbringen. Also bei mir ist die Woche selten unter sechzig, momentan in den letzten Monaten um die siebzig eh Stunden ehm und ehm damit ist, wenn du kreativ und erfolgreich sein willst, ehm das Teambuilding wichtig und damit die Wellenlänge« (Fall 8, Z. 189–194).

31 Dies erinnert an die Logik der protestantischen Arbeitsethik, wobei der Erfolg ein Zeichen für Gottes Gnade und Zuwendung sei und sich so gerade legitimiert. Eigentum und Erfolg sind dann nicht beschämend, sondern erhöhend.

Dementsprechend werden die Maßnahmen von Diversity Management in Bezug auf die Notwendigkeit beurteilt, ob etwas getan werden müsste, um die gesellschaftliche Ordnung zu verändern: »[D]as ist ja und diese ganzen Diskriminierungssachen gegenüber Ausländern und so weiter, dann frag ich mich, wo ich persönlich / ich habe es nie erlebt. Vielleicht ist aber auch mein Aussehen nicht so ausländisch genug. Ich weiß nicht, woran es liegt. Vielleicht wenn man dunklerer Typ ist und so, dann hat man wahrscheinlich mehr damit zu tun« (Fall 1, Z. 309–312) und »[J]a also, ich weiß, dass Frauen schlechter gestellt sind, aber ich fühle keine Förderung, also das Gegenteil, wir sind ja eben schlechter und nicht bessergestellt (lacht), genau. Nee, was soll man denn da machen? Also das hilft ja nicht, das weiß ja jeder, also das ist so, ist so, genau. Dann muss man halt das so hinnehmen [...]. Genau« (Fall 26, Z. 52–55). Damit wird Diversity Management als entweder völlig überflüssig bewertet oder als enttäuschend, gerade weil es notwendig wäre, aber als unwirksam erlebt wird. In den Fällen einflussreicher AkteurInnen wird die Handlungslogik mithin in den eigenen Verantwortungsbereich verlegt und Diversity Management damit obsolet: »Ehm, das Team hats im Bauch und entscheidet das. (A[32]: Mhmm) Das, das ist das Kriterium. Also [...] ehmmm, aber das sind die Menschen, die dann jeden Tag 8, 9, X Stunden arbeiten müssen. Und das ist- ich glaub, dass es auch legitim ist. Ehm, neee ich steh dazu! Ja! Ich finde es ist- es hat sich auch bewährt« (Fall 3, Z. 586–607).

5.1.2 Frau Siegfried, Herr Hamscher, Herr Herrmann und Frau Schustermann: Beispiele für Formulierungen und reflektierende Interpretation

Im Folgenden werden auszugsweise die ersten Analyseschritte der formulierenden und reflektierenden Interpretation beispielhaft für jedes Thema, aber nicht in umfassender Ausführung vorgestellt, wobei exemplarisch am Ende der ersten reflektierenden Interpretation zum Thema 1 ein Ausblick auf die weiterführende sequenzübergreifende Analyse als Darlegung für die Herausarbeitung der Bedeutung der Themen gegeben wird.

32 »A« ist in den Transkripten der Interviewer und »B« der Interviewte.

Thema 1: Diversity Management in der Praxis

Frau Siegfried[33] ist Mitte 30 und arbeitet seit vier Jahren in einer mittleren Management-Position im Bereich Personalwesen in einem Unternehmen in Deutschland mit internationaler Operationsweise. Sie steht zwei Level unter dem Vorstand und kommuniziert mit ihm in der Verlängerung zu ihrer Vorgesetzten.

B: [E]s [Diversity Management als Abteilung] [ist] für mich als Betriebswirtin einfach nur ein Faktor, den man nicht braucht.

A: … dass es so beibehalten wird. Wofür?

B: Bei uns wurde das Diversity-Department schon mal abgeschafft und dann wurde gesagt, dass das aber ein Rückschritt ist und dass jedes große Unternehmen ein Diversity-Department braucht, und jetzt haben wir wieder eins. Damals hatte ich dann die große Hoffnung irgendwie / Das alte Diversity-Department, die haben auch nichts gemacht, meiner Meinung nach. Und dann hatte ich die große Hoffnung, dass, wenn es schon mit so einer Ansage kommt – »Okay, es gibt jetzt ein neueres. Es wird auch direkt in der Geschäftsführung mit angehangen« –, ist das, die natürlich dann auch eine ganz klare Agenda haben. Aber irgendwie mit einer Fahne durch Großstädte zu laufen, ist halt keine Agenda (Fall 2, Z. 173–184).

Formulierende Interpretation

Diversity Management ist ein Kostenfaktor, der aus ökonomischer Perspektive in der Umsetzung nicht gebraucht wird. Auf die konfrontative Nachfrage, wofür es dann beibehalten werde, antwortet Frau Siegfried mit einer Erzählung aus der organisationalen Vergangenheit: Das Diversity Management sei schon einmal abgeschafft worden. Die Abteilung sei dann aufgrund der Bewertung der Abschaffung als Rückschritt und der Forderung, dass größere Unternehmen eine solche Abteilung haben müssten, wieder eingeführt. Die neue Abteilung sei hierarchisch der Geschäftsführung angegliedert. Die Hoffnung, dass die neue Abteilung eine Agenda habe und nicht nichts tue wie die vorherige Abteilung, werde enttäuscht.

33 Die Namen sind Pseudonyme und werden hier statt anderen Möglichkeiten wie »Fall« genutzt, um zu verdeutlichen, dass es sich einerseits um echte Subjekte und andererseits nicht um den Typus handelt.

Reflektierende Interpretation

Frau Siegfried begründet die von ihr beobachtete Fehlfunktion von Diversity Management mit zwei Argumenten, die sie mithilfe einer Erzählung über eine vorangegangene Entwicklung in der Organisation begründet: Diversity Management fördere nicht die Interessen von sozial benachteiligten Gruppen, sondern fungiere stattdessen als Token (Ersatzfunktion) in der Organisation mit unklarer organisationaler Agenda und einer Praxis, die sich vor allem um Image und PR drehe. Dies begründet sie mit der Abschaffung der Abteilung, wobei für sie auf ihrer Erfahrung basierend und praktisch deutlich wurde, dass Diversity Management in der Art der Umsetzung keine Relevanz hatte und danach nur aufgrund von diskursiv normativem Druck unbestimmter Dritte wieder institutionalisiert wurde. Zudem habe Diversity Management so, wie es ausgeübt werde, keine betriebswirtschaftlich relevante Agenda und sei daher aus ökonomischer Sicht ein ausschließlich negativer Kostenfaktor. Die Legitimität bezieht sie dabei aber nicht auf einen fehlenden Bedarf. Auch in anderen Sequenzen macht sie deutlich, dass es großen Bedarf gebe, zum Beispiel für die Förderung von Frauen und für wirklich diverse Teams in Form von unterschiedlichen Denkweisen und Einstellungen, aber dass das Diversity Management diese nicht erfülle, sondern stattdessen Ersatzaufgaben übernehme, »mit Fahnen durch Großstädte laufen« also als Token fungierten. Dies werde schon daran deutlich, dass sie über ihre persönliche Hoffnung spreche, die sie bei der Einführung der neuen Abteilung gehabt habe, die aber enttäuscht worden sei. Die Aufgabe, die dann tatsächlich ausgeführt wird, wird als öffentliche, eher gesamtgesellschaftlich und private Aktivität am Beispiel von Demonstrationen vergleichen. Diese Vorgehensweise bewertet sie als nicht betriebswirtschaftlich oder gegenstandsbezogen relevante Agenda.

Beispielsequenz für die sequenzübergreifende Interpretation

An anderer Stelle, beim Thema der Implikationen und Konsequenzen (Themenblock 4) der beschriebenen Praxis, erklärt sie die schädliche Wirkung und damit vertiefend die Bedeutung der Darstellungsfunktion: Frauen würden alibimäßig auf Bewerberlisten gesetzt und damit in ihrer Position und persönlich geschwächt. Sie stünden dann auf vielen Listen, bekämen aber nie die Position und wären ja auch dafür nie vorgesehen, was die Frauen generell schwäche, aber eben auch die Frau als Individuum. Die praktische Ausführung beschreibt sie mithilfe von Vergleichen mit

Demonstrationen und Basteln, denen eigentlich freizeitlicher Charakter anmutet, mit dem Schreiben der internen Mitarbeiterzeitschrift (Fall 2, Z. 74) und »bunte[n] Charts« (Fall 2, Z. 73) malen. Diese Beschreibungen muteten wie eine kindliche, freizeitbezogene Verhaltensweise an, bei der kein organisational relevanter Outcome gesehen wird. Die Verweise auf infantile Aktivitäten und damit auf mangelnde Ernsthaftigkeit und Einfluss finden sich auch in den AkteurInnenbeschreibungen wieder, in denen sie von »ganz jungen Frauen« (Fall 31, Z. 12), »gerade von der Uni kommen« (Fall 2, Z. 215) und Attitüde-Beschreibungen wie »immer sehr, sehr schnell, sehr, sehr stolz auf sich« (Fall 2, Z. 217) spricht, wodurch sie die AkteurInnen sowie ihre Arbeit und Bedeutung grundsätzlich abwertet und sich persönlich von dieser Arbeitsweise distanziert.

Beim Themenblock 3 ergänzt sie, dass die Arbeit des Diversity Managements dem Aufbau einer Fassade gleiche: »Ich hätte lieber kein Diversity Management, was mir zwischen drinnen sagt, was irgendwie alles ganz toll funktionieren könnte, und dann sehe ich aber, dass es das nicht tut« (Fall 2, Z. 136–138). Somit werde vom eigentlichen Problemgegenstand abgelenkt, was sie persönlich provoziere und zu Ablehnung führe. Insgesamt lehnt sie die Legitimität des Diversity Managements ab, mit dem Vorwurf, es tue nicht, was es vorgebe zu tun. Es sei schädlich für die benachteiligten Gruppen auf Gruppen- sowie individueller Ebene und verfehle damit auch den originären Gegenstand. Die tägliche Praxis hingegen wird bagatellisiert mit der Formulierung »mit Fahnen durch Großstädte laufen« und damit in den eigentlich eher privat verankerten Bereich von Aktivisten verlagert.[34]

Thema 2: Funktionsweisen und Maßnahmen von Diversity Management

Herr Hamscher ist Anfang 40 und arbeitete als Teamleiter in einem internationalen deutschen Unternehmen im oberen Management. Er operierte ein Level unter dem Vorstand und kommunizierte mit der Unternehmensführung direkt.

34 Bei der Fortführung der sequenzübergreifenden Kontrastierung folgt die zirkuläre fallübergreifende Konstatierung, zum Beispiel in Bezug auf die AkteurInnenabwertung aufgrund von Mangel an Bildung und mangelnder Erfahrung, woraus sich dann die Typologie und der Modus Operandi herauskristallisieren.

A: Aber putzig eigentlich, dass Sie sagen, Sie haben da eine ganze Abteilung und die machen auch ganz viel, aber innen würde man das jetzt nicht sehen. Aber spielt das denn eine Rolle für Prozesse?

B: Ich glaube im Inneren, ja. Ich glaube, das ist eher so intern, quasi jeder weiß es. Wir müssen ja so Online-Seminare ja auch machen, die wir dann quasi automatisch, Webinare dann auch bestätigen lassen. Und natürlich liest das keiner, klickt da sich jeder irgendwie auf die Schnelle durch. Somit ist uns allen bewusst, dass das Thema ja immer wichtig ist, ohne dass es jemand, glaub ich, wirklich richtig liest. Man versucht, es einfach nur schnell abzuhaken. Am Ende werden auch ein paar Fragen gestellt. Ich kann mich an keine einzige erinnern. Und wenn man das halt richtig beantwortet ... ich kann mich nicht mal auch erinnern, ob es in diesem Fall auch Tests gab. Manchmal sind sie halt ohne Tests. Man muss einfach die durchklicken, durchlesen. Manchmal gab es auch Tests. Das kann ich in diesem Fall gar nicht mehr sagen, ob das auch ein Test war. Aber man weiß auf jeden Fall, welche Themen halt wichtig sind. Man hat dann glaube ich ... man muss gar nicht mehr dazu sagen, weil jeder weiß, wenn es dazu so was gab, dann ist das das Thema irgendwie so, dass man damit vorsichtig umgeht und das ist halt wichtig.

A: Also wichtig, aber für Sie inhaltlich nicht wichtig? Wichtig, dass man richtig spricht?

B: Es ist wichtig im Sinne von: Man würde quasi nicht an Kollegen oder am Tisch so mit der HR-Abteilung sitzen und sagen: »Nee, du, die mit dem Kopftuch würde ich jetzt nicht einstellen.« Ich komme immer mit dem Kopftuch, weil ich einfach keine anderen Beispiele im Kopf habe.

A: Gibt es denn da Sanktionen?

B: NEIN, GAR NICHT (laut). Aber ich glaube, das ist so, man würde sehr unangebracht das so sagen, sagt man halt heute nicht. Also, das kannst du deinem besten Freund sagen oder ein ... bereits hatte, die ich sonst auch kenne, der auch zum Beispiel Ausländer war oder ursprünglich. Da kann ich das aus Spaß noch sagen: »Also noch einen Ausländer wollen wir jetzt nicht.« So was so untereinander, wenn man sich auch sehr gut kennt. Aber das würde man sonst nie im Leben sagen (Fall 1, Z. 159–186).

Formulierende Interpretation

Die einleitende Frage greift auf, dass Herr Hamscher im Vorlauf sagt, dass es ganz viel Diversity Management gäbe, dies aber nicht nach innen, sondern nach außen gerichtet sei. Daraufhin wird nachgehakt, ob es denn nach innen vielleicht doch eine Wirkung habe, zum Beispiel bei Prozessen. Daraufhin beschreibt er Maßnahmen, die nach innen gerichtet sind, und den Umgang mit den Maßnahmen. Maßnahmen gibt es in Form von Online-Seminaren. Von der Zielgruppe der ManagerInnen werden diese aber nicht durchgearbeitet, sondern lediglich durchgeklickt.[35] Dieses Vorgehen sei im Unternehmen völlig natürlich und gelte für alle. Die Aufgabe aber, die durch dieses Vorgehen erfüllt wird, sei, dass alle wissen, dass das Thema wichtig ist insofern, dass Angestellte im Umgang damit vorsichtig zu sein haben. Auf die zusammenfassende Frage, inwiefern es also thematisch für ihn nicht wichtig sei, aber wichtig zu verstehen, dass das Thema wichtig sei und korrekt gesprochen werde, beschreibt er anhand einer Anekdote, dass es wichtig sei, weder vor KollegInnen noch den Diversity-ManagerInnen zu sagen, dass er selbst eine Person mit Kopftuch nicht einstelle. Dabei unterscheidet er verschiedene Arten von Kollegen: Freunde, andere Kollegen und das Diversity Management. Das Kopftuchbeispiel verwendet er wiederholt im Interview, wofür er sich jedes Mal mit den Worten entschuldigt, ihm falle nichts anderes ein. Die Interviewerin hakt nach, ob es bei dem Thema für etwaiges falsches Verhalten beziehungsweise Sprechen Sanktionen gebe, was er verneint. Es sei aber sehr unangebracht, geradezu undenkbar, so etwas zu sagen.

Reflektierende Interpretation

Herr Hamscher beschreibt einen internen Umgang mit Diversity-Management-Maßnahmen, die er inhaltlich als so irrelevant wahrnimmt, dass er den Bedarf für ein explizites Diversity Management generell negiert. Auf Nachfrage beschreibt er dagegen konkrete Maßnahmen, Funktionen, Zusammenarbeit und Akteure, hier als interne verpflichtende Webinare und seinen persönlichen Umgang mit ihnen. Maßnahmen und Teilnahme sind dabei verpflichtend. Im Umgang mit diesem Zwang wird die Freiheit durch Ignoranz des Inhalts wiederhergestellt. Der Inhalt der Webinare und ihre Funktion werden umgedeutet zu einem symbolischen Akt der

35 An anderer Stelle vergleicht Fall 1 dieses Vorgehen mit dem Häkchensetzen an AGBs Z. 351.

Sensibilisierung für das Thema, welches er als hochfunktional beschreibt. Die Konsequenz solcher Maßnahmen beschreibt er als symbolisch, da es keine Sanktionen gibt. Stattdessen sind es diskursive Begrenzung der Sagbarkeistsspielräume scheinbar implizit, aber hochgradig wirkungsvoll, eine Abweichung undenkbar. In dieser Deutung der Maßnahmen geht es ihm nicht um faktisches Entscheidungsverhalten oder Prozessgestaltung, sondern um die Darstellung beziehungsweise Nichtdarstellung der persönlichen Meinung, was er gesamtgesellschaftlich dem Zeitgeist zuschreibt. Dies wird auch an anderer Stelle deutlich, wenn er Funktionen des Diversity Managements beschreibt wie Prozessbegleitung, mit denen formale Richtlinien eingehalten werden, um Entscheidung rechtlich abzusichern, die es nicht zu beeinflussen gilt. Ein anderes Verhalten wird als gesellschaftlich unmöglich beschrieben; die persönliche Haltung kann ungeniert nur mit engen Freunden geteilt werden. In diesem Zusammenhang nennt er ein Spannungsfeld zwischen Kollegen und Diversity Management, vor denen er, und andere generalisiert, nicht authentisch sein könne, und einer ihnen gegenüberstehenden In-Group – in seinem Fall auch anderen AusländerInnen, mit denen er sich austauschen könne, wenn auch hinter der Schutzfunktion des Humors. Das Thema Diversity und die entsprechenden Maßnahmen gehe weg von den Idealen und Handlungen hin zur Kontrolle der (halb-)öffentlichen Darstellung von Meinung.

Thema 3: Subjektives Positionieren (auch in Bezug auf Ideale) und soziale Dynamiken in Bezug auf Diversity Management

Herr Herrmann ist Anfang 50, CEO und Vorstandsmitglied, in einem international operierenden deutschen Unternehmen und hat mehrere Subunternehmen in verantwortungsführender Position im In- und Ausland gegründet. Er ist seit über zehn Jahren im Unternehmen in Führungspositionen tätig und mit seiner Position heute auch Vorstandsmitglied.

[Nachfrage nach Diversity-Kriterien im Einstellungsprozess]

B: Nein, es interessiert mich erst mal gar nicht und das Ergebnis zeigt, dass wir in der Struktur des Teams (A: Mhm.) ähm also ich, ich ahne ja ähm aufgrund der beruflichen Herkunft, äh von äh aufgrund der persönlichen Herkunft von Kollegen und Kolleginnen, ähm welche mögliche Religion die haben. Das interessiert mich nicht. Ähm und ich finde es falsch, äh wenn ich anfange, mich dafür zu interessieren, dann komme ich immerhin auch dahin, es sozusagen ähm auszubalancieren.

A: Mhm.

B: Ähm und ähm dann ist die Frage, wonach führen wir eigentlich? Führen wir nach politischer Korrektheit, äh die irgendjemand definiert, dass das jetzt korrekt ist? Und was sind dann die richtigen Kriterien dafür oder führen wir ein Unternehmen ähm im Ideal ohne falsche Vorurteile? Ähm jetzt muss man die Frage stellen: Gibt es falsche/richtige Vorurteile? Also ohne Vorurteile ähm, die ähm so führen wir ein Unternehmen [...] aus einer Unternehmenslogik ähm und sodass wir ein, ein faires Miteinander haben und kulturell auch akzeptabel aufgestellt sind. Das wäre meine Haltung. Ähm oder führen wir schlicht und einfach, wobei wir in Deutschland insgesamt mittlerweile auch politisch so unterwegs ist, nur noch nach irgendwelchem ähm vorgegebenen Kriterien, die ähm Korrektheit reflektieren? Ähm und ähm deswegen finde ich persönlich, geht äh die Deutschland AG auch so dramatisch den Bach runter, weil wesentliche Kriterien, die uns eigentlich ernähren, nicht mehr ausreichend berücksichtigt werden. Uns geht es einfach zu gut. Das wird in zehn Jahren wahrscheinlich überhaupt nicht mehr der Fall sein. Äh und dann haben wir wahrscheinlich die lange Republik in der Reflexion i-in 2.0-Variante. Insofern, ich glaube dieses Konstrukt, dass wir sozusagen, dass die Korrektheit äh qua Vorgabe definiert wird, ist sicherlich als Orientierung hilfreich, dass man sich nochmal reflektiert und sagt, ähm habe ich hier eigentlich nur Männer? Ähm ähm rechtsdenkende Natur und blaue Augen und blonde Haare – oder sind wir eigentlich ein diverses Team? (Fall 8, Z. 464–488).

Formulierende Interpretation

Das Thema Diversity-Kriterien bei Einstellungsprozessen wird am Beispiel der Religion und der eigenen Praxis erläutert. Die Religion kann zwar anhand des Lebenslaufs erahnt werden, allerdings zeigt er sich dafür explizit nicht interessiert, um etwaige Herausforderungen im Umgang damit zu vermeiden. Danach wird das Thema von Einstellungskriterien und Diversity-Merkmalen auf die generelle Frage der Führung und der Leitlinien gelenkt. Herr Hermann wirft die Frage auf, ob nach von außen definierter politischer Korrektheit und Kriterien geführt werden soll und ohne *»falsche Vorurteile«*, wobei er infrage stellt, was dies denn sei. Er legt für sein Unternehmen auf seiner persönlichen Haltung basierend fest, dass als Leitlinien faires Miteinander und kulturell akzeptable Aufstellung gelten. Dies sieht er als Kontrast zur Führungspraxis in anderen Unternehmen, die sich an vorgegebenen Kriterien orientiert. Es ist ein Verhalten, das als zerstörend beschrieben wird, und zwar auf nationaler Ebene- mit negativen und existenziell bedrohlichen Implikationen auf gesamtgesellschaftlicher Ebene. Die vorgegebenen Kriterien und die Orientierung daran begründeten dann den Untergang, da die Kriterien nicht standhielten, nicht ernährten. Diese Orientierung untermauert er argumentativ damit, dass es der Gesellschaft zu gut gehe. Die grundlegenden Kriterien aus den Vorgaben als generelle Orientierung zur eigenen Reflexion stuft er als hilfreich ein, um diverse Teams zu haben, die nicht nur aus Männern bestehen.

Reflektierende Interpretation
Die Auseinandersetzung mit Diversity-Kriterien und der entsprechenden Integration von Diversität im Unternehmen verläuft für Herrn Hermann entlang einer grundlegenden Unterscheidung der Führung durch die Führungsperson, ihrer persönlichen Werthaltung und dem Einfluss auf Führung durch Regularien unbestimmter Dritter. Diese sind für ihn diskursiv, gesamtgesellschaftlich und politisch verortet und nehmen Einfluss auf Organisationen. Dabei stellt er die Kompetenz der Vorgaben Dritter infrage, indem er sie als *»falsche Vorurteile«* bezeichnet. Im Idealfall sollte die Unternehmensführung ohne falsche Vorurteile geschehen, was er als Unternehmenslogik sieht und als faires Miteinander und kulturell akzeptabler Aufstellung beschreibt. Die vermeintliche Dichotomie, dass die Organisationslogik soziale Ungleichheit reproduziere und Diversity Management dies aufzulösen suche, wird damit abgelehnt und ins Gegenteil verkehrt.

Er charakterisiert das eigene Handeln und die Organisationslogik als fair und reflektiert. Positiv bewertet er dabei eine persönliche Auseinandersetzung mit Werten wie kultureller Vielfalt, Fairness und Gerechtigkeit durch ausdrückliche Nichtbeachtung von Unterschieden. Den Fokus auf Diversity bewertet er gerade als problemverursachend, als eine Tugend hingegen, sich dafür nicht zu interessieren, weil damit Leistung und persönliche Passung zum Unternehmen und den MitarbeiterInnen in den Vordergrund rücken. Die eigene Praxis zu reflektieren bewertet er dabei positiv, auch wenn dies von außen als Angebot initiiert ist. Eine Orientierung an vorgegebenen Kriterien, die den eigenen Reflexionsprozess ablösen oder verhindern, bezeichnet er zum einen als kollektiven Trend, zum anderen als so schädlich, dass es für die *»Deutschland AG«* den sicheren Untergang bedeutet. Dies liegt an der Orientierung an Kriterien, die Unternehmen nicht tragen *»ernähren«* – eine Einstellung, die durch die Wohlstandsgesellschaft verursacht werde, die den Blick für das Wesentliche verloren habe. Diversity Management werde somit zu einem oktroyierten Gegenstand von außen, von dem er sich abgrenze. Dabei grenzt er sich nicht von den Werten ab, will sie aber durch persönliches Führungsverhalten und Defokussieren von Unterschieden erreichen. Dabei versteht er Wirtschaftskriterien auf gesamtgesellschaftlicher Ebene als existenziell bedeutsam.

Thema 4: Konsequenzen und Wirkweisen von Diversity Management

Frau Schustermann ist Mitte 20 und arbeitet als Angestellte in einem internationalen Konzern mit Mutterstandort Deutschland. Die Episode, auf die sie sich bezieht, fand in einem anderen international operierenden Unternehmen in Deutschland statt, in dem sie in gleicher Position gearbeitet hatte. Dabei war sie als Akademikerin war sie in einer Karrierelaufbahn für Führungskräfte und hatte ein Trainee-Programm bereits erfolgreich durchlaufen.

A: Hatten Sie schon mal Kontakt mit einem Diversity-Manager, Benachteiligten-Ansprechpartner?

B: Ja, ja, ja hatte ich, jap.

A: Und darf ich fragen, wie war das so?

B: Tja, jap, also das ist eine kleine Story. Soll ich die erzählen?

A: Ja gerne, sehr gerne.

B: Ich hatte das Gefühl, sei's drum, ob das stimmt, ich wurde benachteiligt als Frau, also ich habe mich im Schatten gefühlt im Unternehmen. Und ich wollte da so eine bestimmte Position. Na ja, ich habe mich übersehen gefühlt und ich fühlte, dass es mir zum Nachteil ausgelegt wurde, dass ich voraussichtlich ein Baby wollte, also auch in Elternzeit gehen würde irgendwann. Also habe ich mich im Prozess an die Gleichstellung gewendet, oder Diversity-Managerin, also die Abteilung. Der Prozess war schon sehr unschön, ich habe mich dort als Störfaktor gefühlt, die waren erst etwas verwirrt von meiner Hinwendung und dann auch schwerfällig. Eigentlich wollten die nur mich laientherapeutisch bequatschen, wieso auch immer. Ich wollte kein Coaching und die sind auch keine Coaches. Also nach zwei Kommunikationstrainings ist man halt kein Therapeut, auch die Diversity-Damen eben nicht.

A: Hmhmm.

B: Ja, also und weiter, die haben sich dann letztendlich, nachdem ich immer wieder Druck gemacht habe, für mich eingesetzt. Die hatten zwar keine Argumente oder Mittel, aber irgendwie hat deren Anwesenheit und Präsenz was verändert, ich habe den Job bekommen.

A: Ah, okay.

B: Nee, nicht okay. Denn kurze Zeit später wussten das alle im Unternehmen, Line[36] hat sich in den Job geklagt. Der Chef wollte eben mich nicht, ich war nicht Wunschkandidat, keiner hat mich ernst genommen. Wenn überhaupt, hatten alle Angst vor mir, weil Line eskaliert ja gleich. Es war schrecklich, schlimmer als alles, was ich bisher erlebt habe. Ich war extrem stigmatisiert. Ich musste am Ende den Konzern verlassen, ich hatte keine Zukunft mehr, es war schon sehr schlimm für mich. Hätte ich das nur vorher gewusst! Ich hab halt viel gelernt, aber es hat mir sehr wehgetan und meine Karriere auch zurückgeworfen. Mir ist jetzt auch völlig klar, wieso diese Instanz lieber niemand nutzt. Ich habe mich dort und danach schlecht gefühlt, es war alles sehr unangenehm und obwohl mir sozusagen geholfen wurde, war ich am Ende schlimmer dran als vorher (Fall 21, Z. 8–39).

Formulierende Interpretation

Die Frage, ob sie schon mal Kontakt mit Diversity Management hatte, bejaht Frau Schustermann. Sie sagt, dass sie dazu eine konkrete kurze Geschichte erzählen könne. Dies wird von der Interviewerin begrüßt. Daraufhin erzählt sie eine zurückliegende eigene Erfahrung mit Diversity Management aus Perspektive der Hilfesuchenden aus ihrer eigenen Karriere. Sie hatte sich benachteiligt gefühlt, räumte gleichzeitig ein, dass das ihre persönliche Wahrnehmung war und es auch anders hätte sein können: »sei's drum, ob das stimmt«. Sie strebte eine höherrangige Position an, die sie für sich in Gefahr sah, weil sie im gebärfähigen Alter war und möglicherweise ein Kind wollte – ein Plan, der relativiert und als noch unkonkret beschrieben wird mit »irgendwann«.

Den Prozess beim Diversity Management beschreibt sie als »unschön«, sie habe sich dort nicht willkommen gefühlt. Außerdem seien die Personen zunächst von ihrem Anliegen verwirrt und dann in der Reaktion schwerfällig gewesen. Sie habe empfunden, dass sie dort »laientherapeutisch

36 Anonymisiert.

bequatscht« werden sollte. Damit hat sie zwei Probleme: Zum einen bewertet sie die AkteurInnen als nicht kompetent, zum anderen hat sie praktische Hilfe und keine emotionale Hilfe gesucht. Sie selbst habe dann den Druck ausgeübt, den es bedurfte, damit das Diversity Management aktiv wurde. Jedoch wurden dabei keine konkreten Maßnahmen vorgenommen. Diffus durch »die Anwesenheit« des Diversity Managements habe dies dazu geführt, dass sie die angestrebte Position bekommen habe.

Auf den Kommentar der Interviewerin, »Ah, okay« antwortet sie: »Nein, nicht okay.« Sodann berichtet sie von den Konsequenzen des Vorgehens. Sie erzählt in dritter Person über sich als »Line«, wie die Situation nach der Beförderung ausgesehen hat. Jeder im Unternehmen sei darüber informiert gewesen und dabei habe es vielerlei Bewertungen gegeben: ihr Verhalten sei als »in den Job geklagt« interpretiert worden, der Chef habe sie nicht wirklich gewollt, niemand habe sie mehr ernst genommen und sie sei danach gefürchtet gewesen, weil ihre Handlung als Eskalation verstanden worden sei. Für sie sei diese Situation schlimm gewesen, »schlimmer als alles, was ich bisher erlebt habe«. Sie erlebte diese Situation als stigmatisierend in einer solch starken Ausprägung, dass sie das Unternehmen verlassen musste, was mit negativem Einfluss auf ihre Karriere einherging.

Reflektierende Interpretation

Anhand der detailliert erzählten Episode macht Frau Schustermann drei Level von Wirkungen deutlich: das persönliche Level am Einzelfall, das organisationale intersubjektive Level der Wirkung und ein allgemeingültiges, gesamtgesellschaftliches Level über die Episode und die Organisation hinaus. Auf persönlicher Ebene wird deutlich, dass sie sich organisational als Frau diskriminiert fühlt. Dabei verweist ihre Erzählweise darauf, dass das öffentlich eine nicht unbedingt anerkannte Positionierung ist, indem sie betont, es sei nur ihre persönliche Wahrnehmung gewesen. Sie lässt an dieser somit selbst Platz für Zweifel. Damit, dass sie sich ans Diversity Management wendet und dies scheitert, wird deutlich, inwiefern sich diese selbst nicht in der Funktion der originären Hilfestellung für Benachteiligte verstehen. Auf die Hilfe suchende Person wird zunächst unfreundlich und abweisend reagiert und dann versucht, das Anliegen umzudeuten zu einer gewünschten Lösung durch Gespräche. Das Hilfe suchende Subjekt wird hier also auf multiple Arten auf sich selbst zurückgeworfen und damit in die eigene Verantwortung, in eine liberalisierte Logik des Selbst gedrängt. Das bedeutet, dass die als sozial etablierte, auch strukturell benachteiligende

Situation und vor allem die Lösung in die Verantwortung des Einzelnen zurückverlagert wird. Das Erleben der Subjekte wird infrage gestellt, ihre Anfrage unfreundlich behandelt, ihr wird praktische Hilfestellung verweigert und die Lösung ins Subjekt zurückverlagert. Auf persönlicher Ebene löst sie diese Dynamik, indem sie auf praktische Hilfestellung drängt. Die dann diffus stattfindende Hilfestellung löst auf organisationalem Level Stigmatisierung aus. Formell wird dem Eingriff Folge geleistet, informell wird aber die benachteiligte Person in die Verantwortung gezogen. Es herrscht keine Diskretion, sondern öffentliche Zurschaustellung. Das Narrativ um sie wird negativ in einem Ausmaß, das an konstruktive Kündigung erinnert (Kündigung durch Mobbing o. Ä.). Die Situation führt schließlich tatsächlich zur Kündigung und zu einer Konklusion auf allgemeiner, gesamtgesellschaftlicher Ebene. Das persönlich Erlebte wird in eine Wahrnehmung integriert, dass andere Diversity Management als konkrete Hilfestellung nicht wahrnehmen, denn die Stigmatisierung wird als allgemeine Regel, nicht Einzelfall, eingeordnet. Ihre Hinwendung versteht sie heute als Fehler ihrerseits. Es zeigt sich eine Dynamik, bei der sozial Benachteiligte über ihre Wahrnehmung alleingelassen werden, die Lösung in die benachteiligte Person verlagert und nur ungern praktische Hilfe geleistet wird, die sodann stigmatisiert wird, was die Benachteiligung noch verstärkt.

5.2 Wirtschaftskriterien, Etablierung und soziale Wirkkraft: die sinngenetische Typformation

Im Folgenden wird zunächst die sinngenetische, dann die soziogenetische Typformation beschrieben.

Die sinngenetische Typenbildung verläuft entlang der Analyse einleitend genannten übergeordneten Themenbereiche. Dabei geht es um die eigene *Identifikation, Werteorientierung, Positionierung* zum und *Verständnis* von *Diversity Management und den Akteuren, Erfahrungen* und beobachteten *Effekten, Strategien* im Umgang und der insgesamt resultierenden *Haltung*. Dabei zeigt sich eine Typformation, die sich direkt auf Diversity Management bezieht, und eine Typformation, die die damit verknüpfte allgemeine Orientierung (Thema 5) sowie Gerechtigkeits- und Legitimationslogik dahinter abbildet. Beide Orientierungen sind mehrdimensional insofern miteinander verwoben, als dass es zusammenhängt, wie das Subjekt die eigene Karriere erlebt, was als gerecht empfunden wird, wie in

Bezug dazu die Legitimation und Praxis von Diversity Management verstanden und als Tool in Beziehung zum Umgang mit sozialer Benachteiligung eingeordnet werden. Der jeweilige Typus wird zunächst anhand der kongruenten Aspekte beschrieben, danach folgt eine tabellarische Übersicht, die die Gemeinsamkeiten und Differenzierungen der Subtypen als Übersicht darstellt, worauf eine Beschreibung der Subtypen folgt. Dabei wird zu jedem Typus jeweils einleitend eine illustrierende und besonders typische Transkript-Sektion vorangestellt, die im Abschnitt Vorgehen und Textbezug veranschaulichend interpretativ einfließt. Bei besonders signifikanten Stellen finden sich innerhalb der Typbeschreibungen auch sequenz- und typübergreifende Transkript-Ausschnitte zur besseren Nachvollziehbarkeit der originären und an diesen Stellen besonders ausdrucksstarken Subjektäußerungen, die durch eine Paraphrasierung nur verzerrt wiederzugeben wären. Dieses Vorgehen ist nach Nohl (2008) eher bei der Paraphrasierung verortet. Da bei diesem Textumfang allerdings eine Paraphrasierung der relevanten Transkript-Sektionen nicht abzubilden ist, wird dies zur Veranschaulichung als eine Art Textanker in die Analyse verlagert. Die Subtypenbeschreibungen verlaufen entlang von zwei übergeordneten Perspektiven: erstens der persönlichen Perspektive, hier in Bezug auf Identifikation, Werte und Handlungslogik, zweitens aus der Perspektive der täglichen Praxis, als operierende Perspektive, und in direktem Bezug auf Diversity Management in der praktischen Umsetzung.

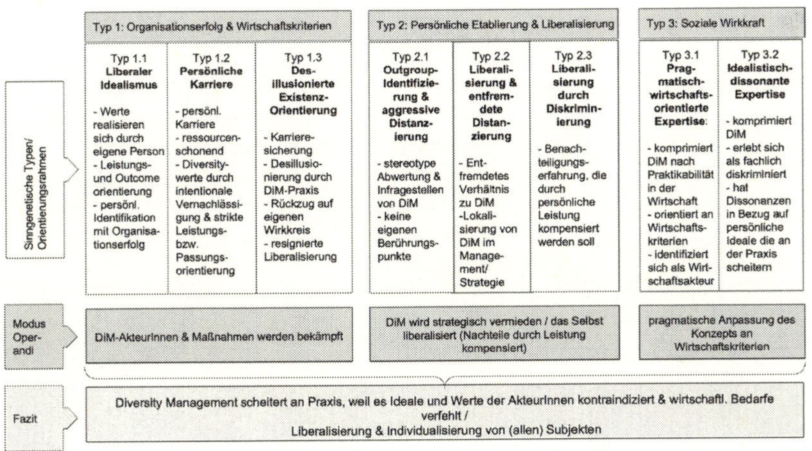

Abbildung 9: Sinngenetische Typenbildung

Typ 1: Orientierung an Organisationserfolg und Wirtschaftskriterien

Dem Typ 1 ist in der minimalen Kontrastierung eine ausgeprägte Orientierung an Wirtschaftskriterien und eine hohe Identifikation mit der Karriere gemein. Er orientiert sich an persönlich ausgeprägten Werten und strebt nach Gerechtigkeit durch strikte Leistungsorientierung. Die Wirtschaft erlebt er als Ort, an dem Leistung und Hingabe in der Regel belohnt werden. Liberalisierung der Subjekte und damit Output-Orientierung sowie bewusste Vernachlässigung von Unterschieden werden zur Lösung für soziale Probleme unter Vernachlässigung der Perspektive von Kapital und Chancen(-ungleichheit). Diversity Management gegenüber nimmt er eine abwertende Haltung ein. Maßnahmen wie AkteurInnen werden mit unterschiedlichen Strategien und unterschiedlichen Begründungen unterlaufen oder auch offensiv bekämpft, weil sie als die eigenen Werte kontraindizierend erlebt werden. Der Typ unterteilt sich in drei Subtypen, die sich in der maximalen Kontrastierung entlang der übergeordneten Themen unterscheiden, zum Beispiel in Bezug auf den Grad der Identifikation mit der Organisation und den Fokus auf organisationalen beziehungsweise persönlichen Erfolg sowie Erleben beziehungsweise Wahrnehmung von sozialer Ungleichheit und dem entsprechenden Verständnis der eigenen Rolle.

Tabelle 2: Übersicht Typ 1

Typ 1	**Organisationserfolg und Wirtschaftskriterien**
Gemeinsamkeit	identifiziert sich mit Erfolg in Bezug auf Wirtschaftskriterien (eigene Karriere oder Organisation), orientiert sich an Outcome und Funktionalität, hat eine ausgeprägte persönliche Werthaltung in Bezug auf soziale Benachteiligung, die von DiM (Diversity Management[37]) nicht gefördert wird, folgt einer liberalen Leistungslogik, worüber sich auch selbst legitimiert wird. Diversity ist im Diskurs größer als die Organisation verankert und wirkt auf Organisationen zurück.

37 In den Tabellen wird aufgrund der Darstellung DiM als Abkürzung für Diversity Management genutzt.

Subtypen	Liberaler Idealismus	Persönliche Karriere	Desillusionierte Existenzorientierung
Subtypenspezifika in Bezug auf Themen			
Thema 1: DiM in der Praxis	DiM ist obsolet und geht in eigenen Aufgaben und HR auf. Der Einfluss auf die Organisation wird verhindert.	DiM fungiert als Token, PR und Organisationsschutz vor Ansprüchen Dritter.	DiM hätte relevanten Gegenstand der sozialen Benachteiligung, kommt dem aber nicht nach, sondern schützt Missstände durch das Aufrechterhalten einer positiven (verzerrten) Fassade und als Token.
Thema 2: Funktionsweisen von DiM	DiM ist in der eigenen Organisation nicht vorhanden, bei anderen Organisationen wird es mit Skepsis betrachtet (als PR oder als Token).	DiM hat begleitende Funktionen in Personalprozessen zum Schutz der Entscheidenden, greift in den Arbeitsalltag symbolisch, aber nicht inhaltlich ein. DiM hat eine symbolische Definitionsmacht und kontrolliert Verhalten und Sagbarkeitsspielräume durch subtile Strategien.	DiM dient dazu, dem Druck von außen nachzugeben, wozu zum einen Imagepflege betrieben wird und zum anderen tokenhafte, mithin schädliche Prozesse nur symbolisch verändert werden, ohne real etwas zu verändern beziehungsweise die Benachteiligung mithin zu verstärken.
Thema 3: subjektive Positionierung	positioniert sich emotionslos ohne spezifische Bewertung der Akteure. Das Thema *»Soziale Benachteiligung«* ist als Wert in der eigenen Umsetzung wichtig.	positioniert sich ignorant und innerlich renitent, wertet Inhalte als obsolet und realitätsfern sowie AkteurInnen ab, folgt aber nach außen den Verhaltensregeln, um ungestört arbeiten zu können und die eigene Position zu schützen	Aufgrund der wahrgenommenen sozialen Benachteiligung von Gruppen und des persönlichen Erachtens der Notwendigkeit von einem wirksamen DiM werden Abteilung, Arbeitsweise und AkteurInnen emotional stark abgewertet. Der Typ zieht sich resigniert auf den eigenen Wirkkreis zurück und versucht, dort Veränderung auf Mikroebene zu etablieren, was er als relativ wirkungslos erlebt.

Subtypen	Liberaler Idealismus	Persönliche Karriere	Desillusionierte Existenzorientierung
Subtypenspezifika in Bezug auf Themen			
Thema 4: Konsequenzen und Wirkweisen von DiM	wird als gesellschaftlich und individuell schädigend und falsch verstanden	DiM irritiert die Leistungsträger, verlangsamt die Organisation und macht Kommunikation und damit Austausch und Problemlösung unmöglich.	DiM wirkt stigmatisierend, bedeutet betriebswirtschaftlichen Verlust und ist unwirksam.
Thema 5: übergeordnete Orientierung	Die Orientierung erfolgt entlang des Erfolgs der Organisation, mit der sich stark identifiziert wird, soziale Ungleichheit baut sich über Leistungsorientierung ab.	Die Orientierung ist auf die eigene Karriere bezogen. Soziale Benachteiligung wird eher als Mythos gesehen. Soziale Ungleichheit baut sich über Leistungsorientierung ab.	Es wird sich auf die eigene Aufgabenerfüllung und Sicherung der eigenen Etablierung zurückgezogen, wobei sich trotz empfundener Ungerechtigkeit an der Normgruppe orientiert wird.

Typ 1.1

Fall 3: CEO in einem international operierenden deutschen Unternehmen, Anfang 50:

»Das ist schon ein Schmelztiegel […] klingt schon nach Schmelztiegel (leiser werdend) ein kleiner lokaler. Ähm dann kam die nächste Welle ganz stark ehmm, Russland-Deutsche. Das weiß man an den Namen Egon, ähm ne und all dem, das hört man, Valdemar, ne. Es hört man an den Namen. Also die Welle von Russland-Deutschen, wurden nämlich fleißig engagiert, […] polnische Kollegen – Slitrosnavski und wie die heißen – das war die nächste Welle. Ähm und wir merken jetzt eben, dass so eine arabische Welle kommt. Also wir haben, das ist normal. Es spielt aber auch keine Rolle, haben wir auch eingestellt, das ist eigentlich kein Thema. Da ist die Leistung und das Engagement und ob er so in, in der- ob er eben in, ins Team so reinpasst, das ist eigentlich das Entscheidende. Und das prägt so, ne?« (Fall 3, Z. 166–175).

»Und ähm die Menschen passen dann dazu oder nicht. Ähm und ähm wenn jemand kommt: Mensch, ich möchte Kontinuität haben und ich möchte ähm entspannt eh arbeiten können und ich möchte diverse Dinge machen, sag ich: Das ist schön [...], das kann ich Ihnen bloß nicht versprechen, da werden Sie nicht glücklich [...] so, ne. Wenn jemand sagt: Ich möchte mich engagieren, aber ich möchte trotzdem flexibel arbeiten, mit Homeoffice, ich möchte Familie mit verbinden, denn sag ich: wunderbar, herzlich willkommen. Das kriegen wir hin. (I: Mhmm.)

Also so was ist, ähm das sind zum Beispiel Werte, die wir erleben, ne? Wie jeder, der sich engagiert, für den engagieren wir uns auch. Und machen Homeoffice, sagen Laptop, arbeitet doch von zu Hause, mir doch egal, macht doch irgendwo, Hauptsache, du machst deine Arbeit« (Fall 3, Z. 491–501).

Identifikation, Werte und persönliche Handlungslogik (persönliche Perspektive)

Die Orientierung *Liberaler Idealismus* ist gekennzeichnet einerseits durch eine ausgeprägte persönliche Werthaltung sowie einflussreiche und direkte Wirkung auf Unternehmensebene, auf der sich diese Werte realisieren, und andererseits durch eine gleichzeitig überlagernde Orientierung an Wirtschaftskriterien. Dieser Typ identifiziert sich stark mit der Organisation und ihrem Erfolg. Für diesen Typus bestimmen sich die (Arbeits-)Beziehungen entlang einer dichotomen Freund-Feind-Kennung, wobei in Verlängerung zur eigenen Hingabe für die eigene Karriere und Outcome-Orientierung eben dies von den Mitarbeitenden auch eingefordert wird. Wird die Beziehung als positiv und gewinnbringend verstanden, bedeutet das eine beiderseitige Loyalität. Diese Einstellung verläuft quer, also schneidend und nicht kongruent, zu Diversity-Kriterien, die neben Werthaltung, Loyalität, persönlicher Passung und ökonomischem Beitrag keine Rolle spielen. Dabei naturalisiert der Typus Diversity-Kriterien in Bezug auf Migration, welche in der Wirtschaft nichts Neues darstellen.[38] Sowohl seine Engagement als auch seine Identifikation und Bereitschaft, sich für Mitarbeitende einzusetzen und Verantwortung zu übernehmen, scheinen dabei Privat- und Organisationsebene gegenseitig zu durchmischen. Wer sich nach Wirtschaftskriterien bewiesen hat, wird zur Familie und persönliche Werthaltungen bestimmen die Arbeitsweise. Eine Unterscheidung

38 In diesem Fall kann diese Orientierung auch an der Branche liegen. Hier scheinen eher Alter und Geschlecht als neuere Kriterien wahrgenommen, aber dementsprechend auch gerne unter dem für den Typus normalisierten Nachlagern zu Mehrwert berücksichtigt zu werden.

von Person, Rolle und Verhalten wird in Abgrenzung zu manchen anderen Typen, die zum Beispiel beizeiten bewusst ein Verhalten abweichend von der eigenen Überzeugung wählen oder eine explizite Rolle spielen nicht vorgenommen.

Tägliche Praxis (operierende Perspektive)

Der Handlungsspielraum dieses Typs ist auf organisationaler Ebene im Prinzip uneingeschränkt. Verhalten und Haltung wirken sich durch die Position und Reichweite unternehmensweit aus. Umgekehrt wird Unternehmenserfolg auf das eigene Können attribuiert und wirkt dadurch verstärkend. Mit dem Argument der langjährigen persönlichen Erfahrung schätzt dieser Typ Diversity Management als einen vorübergehenden Trend ein, den er mit Skepsis beäugt. In der Praxis sind Arbeitnehmerwellen ein alltäglicher und wiederkehrender Gegenstand, mit dem in der Unternehmensführung umgegangen wird; ein gesonderter Aufgabenbereich wird damit obsolet.

Diversity Management wird von ihm als diskursiv, politisch, gesellschaftlich initiiert, entfremdet, befremdlich *(›alienated‹)* und von außen indiziert beschrieben. Dem Typus erschließt sich in seiner Handlungspraxis Diversity Management nicht als legitimer oder notweniger Gegenstand. Unternehmen, die sich darauf explizit berufen, beschreibt er als befremdlich. Ein solches Vorgehen bewertet er mit Skepsis, da Maßnahmen seiner Meinung nach am Gegenstand vorbeizielen und praxisfern sind. Den eigentlichen Gegenstandsbereich sieht er im Management der Vielfalt, die schon immer da gewesen ist, nicht in der Beleuchtung des Themas. Dabei sieht er aktuelle Maßnahmen mitunter als direkt schädlich an: »[D]eswegen finde ich es so schade, dass das Thema ehm Girls' Day, was ja mal war, ist ja völlig verwaschen. Es ging – und das ist total bekloppt – es ging darum, dass Mädchen mal in technische Berufe kommen [...] und schnuppern. Und das wurde so verwaschen, dann heißt es Boys' Day und Dings. Und jetzt laufen alle möglichen rum. Und das ist so schade« (Fall 3, Z. 355–358). – Dabei wird die vorher förderliche und begrüßenswerte Maßnahme ins Gegenteil verkehrt. Hier wird direkte Kritik explizit. Die persönlichen Werte Diversität und Integration realisiert er durch seine Person, die wiederum auf den Standort und sodann durch die Teams hindurch wirkt. Fall 3 beschreibt beispielsweise, er tue in der männlich dominierten Domäne viel dafür, mehr Frauen einzustellen, sei stolz auf einen weiblichen Technikvorstand und habe in den Migrationswellen wiederholt viele Migranten eingestellt, jedoch würden diese am Beitrag zum Unternehmen gemessen: Passen Leistung oder persönliche Passung nicht zum Unternehmen, werden sie wieder entlassen. Dabei wird diese Werteorientierung von wirtschaftlichen Kriterien überlagert, und diese wiederum als Werte produzierend dargestellt, eine florierende Wirtschaft wird so als größter *»Friedensbringer«* (Fall 3, Z. 629) bezeichnet.

Die Beziehung zum Diversity Management ist distanziert und kaum emotional, da der eigene Handlungsspielraum keine Konfrontation und keinen Umgang mit explizitem Diversity Management erfordert. Für diesen Typ sticht Funktionalität und Ausrichtung an Wirtschaftskriterien sowie Entscheidungs- und Handlungshoheit in Bezug auf eine Orientierung an seinen Werten wie Leistung, Loyalität und Hingabe hervor.

Typ 1.2

Fall 1: oberes Management mit eigenem großen Verantwortungsbereich, ein Level unter dem Vorstand, kommuniziert direkt mit der Unternehmensführung, Anfang 40:

> »Ohja, sehr viel [Diversity Management]. Und da machen wir auch sehr viel und ist auch sehr wichtig und ganze Abteilungen, in der PR. Also eher so nach außen, dass man verschieden, aber [...] mein Arbeitgeber hat den Vorteil, ist weltweit vertreten und man kann das halt quasi auch ein bisschen so da verkaufen, man kann halt auch in den USA [...] aber wo auch dunkle Menschen darstellen und alle und aus Asien und man kann die Diversity quasi an sich ja schon irgendwie da. Aber nicht in Deutschland, weil wer sagt denn, dass es halt in Deutschland stattfinden muss. Wir haben es quasi weltweit. Tausende von Mitarbeitern und da ergibt sich quasi diese Diversity von sich und das wird dann halt auch gespielt: ›Guck mal hier, wie viele verschiedene Gesichter wir haben‹« (Fall 1, Z. 122–130).

Identifikation, Werte und persönliche Handlungslogik (persönliche Perspektive)

Die Orientierung an der persönlichen Karriere ist gekennzeichnet durch das Sicherstellen des eigenen identitätsstiftenden Erfolgs innerhalb des eigenen Verantwortungsbereichs. Dahingehend werden Konflikte und Risiken minimiert, auch in Bezug auf Diversity Management. Dieser Typ unterscheidet dazu explizit zwischen persönlichen und professionellen

Überzeugungen und Verhalten und orientiert sich nach außen an dem, was politisch-öffentlich korrekt ist, ohne Meinung oder Entscheidungsverhalten davon beeinflussen zu lassen. Es ist sozusagen die nach außen angepasste aber innere Haltung der Renitenz, bei der Konflikte vermieden werden. Diversität und soziale Gerechtigkeit entlang überlagernder Orientierung an Wirtschaftskriterien realisiert sich für diesen Typ durch gezielte intentionale Vernachlässigung der Unterschiede – ein Vorgehen, das er als Wert und Tugend versteht. Eine größere Agenda verfolgt er dabei nicht.

In Abgrenzung zur Orientierung des Typus 1.1 identifiziert sich Typus 1.2 auch am Erfolg, allerdings in Bezug auf seine eigene Karriere sowie die Sicherung der Funktionalität und Performance der eigenen Abteilung beziehungsweise des eigenen Verantwortungsbereichs. Auch dieser Typ hat eine persönliche Werthaltung, die positiv gegenüber Diversität positioniert ist. Er möchte sie aber durch strikte Nicht-Orientierung an diesen Kriterien umsetzen: Diversity soll eben keine Rolle spielen. Stattdessen setzt er auf Leistungsorientierung. Er referiert negativ über einen von ihm als normativ, gesamtgesellschaftlich wahrgenommenen medialen Diskurs über Diversity Management, mit dem er inhaltlich nicht einverstanden ist. Nichtsdestoweniger bewertet er ihn als implizit machtvoll. Denn er strukturiert Sagbarkeitsspielräume und kommunikatives Verhalten: »eine Formulierung oder dass man eine falsche Formulierung benutzt, die dann später gegen einen verwendet werden könnte« (Fall 1, Z. 46–47). Dadurch entsteht eine Unterscheidung zwischen KollegInnen und Diversity-Akteuren, mit denen er nicht authentisch spricht, auf der einen und engen, privaten Vertrauten auf der anderen Seite.

Tägliche Praxis (operierende Perspektive)

Dieser Typus umgeht Diversity Management, mit deren Arbeit er sich nicht identifizieren kann, möglichst und hält den Energieaufwand bei strukturell notwendigen Konfrontationen strategisch gering. Die Orientierung bewegt sich zwischen der Negation eines Gegenstandsbereichs sowie der Abteilung und der Beschreibung von Omnipräsenz und Wichtigkeit, die in dem Fall allerdings nicht als inhaltlich wichtig, sondern diskurssteuernd mächtig beschrieben und aus dieser Machtposition heraus relevant wird. Diese Unterscheidung ist insofern relevant, als dass es für diesen Typus nicht der Inhalt ist, der Präsenz und Relevanz hat, sondern das Thema, das benutzt wird, um eine Machtposition und damit einhergehende Definitionsmacht zu beanspruchen, die sodann wirksam zur

Steuerung des Verhaltens aller ist. Dabei richtet er sich zur Sicherung von Erfolg und der eigenen Position nach außen danach aus, das Thema zu vermeiden. Und er empfiehlt, sich davor zu wahren die eigene Meinung kundzutun. Die Äußerung und den Austausch der eigenen Meinung verlagert dieser Typus ausschließlich in den privaten Bereich von Vertrauten, wobei reflexiv beklagt wird, dass so ein effektiver und ehrlicher Austausch innerhalb der Organisation unmöglich wird und somit das Gesamtproblem nicht zu besprechen ist. Eine Strategie ist es dabei, AkteurInnen und Maßnahmen zu ignorieren sowie notwendige formale Maßnahmen ohne Konfrontationen kleinzuhalten. Dabei haben die Maßnahmen eher eine Signalwirkung, dass das Thema mit Vorsicht zu behandeln ist, als eine inhaltliche Botschaft.

Hierbei gibt es zwei Strategien, das so weit wie mögliche Ignorieren von Maßnahmen und Akteuren: »möglichst nicht anmelden zu den Trainings oder wie die das nennen, und Kopf tief halten, dann hat man Ruhe« (Fall 31, Z. 138–139), Ressourcen zu nutzen, die dabei nützlich sein können »oder halt wenn es um Klagen geht, dann zeigen die, dass man abgesichert ist, dass die ein Auge drauf hatten« (Fall 31, Z. 145–146). Entsprechend lässt dieser Typ seine (Personal-)Prozesse begleiten und nutzt Diversity Management insofern, als dass er seine inhaltlich davon unberührten Entscheidungen formal absichern lässt. Dies empfindet er als Erleichterung in einem diskursiv moralisch aufgeladenen Setting rund ums Thema Diversity.

Diversity Management dient neben den internen Gegenständen wie Verhaltenssteuerung und der Aufrechterhaltung einer Fassade, sowohl nach innen als auch nach außen, wobei PR-Aufgaben übernommen werden, um sich als vielfältig auszugeben. Zu diesen Praktiken gehören Veranstaltungen (s. o.) oder auch die Pflege von Newslettern (Fall 2) und Website-Rubriken, wobei mitunter Stock-Bilder genutzt werden, um die dargestellte eigene Diversity auf der Website abzubilden »also mehr muss man ja nicht sagen, das sind Stockbilder, das sagt es dann wohl« (Fall 31, Z. 441). Dabei geht es nicht um Werte, die nach innen wirken, sondern um die Nutzung struktureller Gegebenheiten nach außen, wobei dies in doppelter Weise eine Fassade ist. Zum einen wolle sich die Organisation als divers präsentieren. Zum anderen ist diese Diversity aufs Äußere bezogen. In dieser Rolle nimmt er persönlich eine abwertende Haltung gegenüber Themen, Kompetenzen, Legitimität und Mehrwert der Maßnahmen sowie den AkteurInnen ein.

Typ 1.3

Fall 2: Angestellte im mittleren Management, ihre direkte Vorgesetzte operiert und kommuniziert mit dem Vorstand, dem sie (die Chefin) zwei Hierarchieebenen untergeordnet ist, Mitte 30

> »Also man ärgert sich halt, ne. Also ich / Bewusst / Für mich ganz ehrlich sagen. Ich hätte lieber kein Diversity-Management, was mir zwischendrin sagt, was irgendwie alles ganz toll funktionieren könnte, und dann sehe ich aber, dass es das nicht tut, und dass sich auch niemand dafür einsetzt. Also [...] ehrlicherweise, ich weiß nicht, wie man es komplett umsetzen kann, dass man als Führungskraft sich jemanden aussucht, wenn man eine Stelle besetzt zum Beispiel. Also die Besetzungsgeschichte ist ja immer das einfachste Beispiel da, mit dem man gerade gut kann. Das kann ich gut verstehen. Aber dass es da keine Richtlinien oder [ein] anderes Vier-Augen-Prinzip oder Ähnliches vielleicht noch gibt. [...] Also was eben nicht gelebte Praxis ist, beeinflusst es schon und [...] dementsprechend, wenn man das Ideal kennt, dann ist das schon sehr deprimierend manchmal« (Fall 2, Z. 135–145).

> »Die [Diversity-Akteure] kennen alle die Bilderbuchdefinition von den Surface-Level-Diversity, auf jeden Fall. Die wissen alle, dass es auch um Religion geht und kennen alle die bunten YouTube-Videos darüber, dass man Nationalitäten anders integrieren muss und dass alles eine Integrationsfrage ist und dass wir alle Freunde sein müssen« (Fall 2, Z. 240–243).

Identifikation, Werte und persönliche Handlungslogik (persönliche Perspektive)

Der Typus wird charakterisiert durch Existenzsicherung in Bezug auf die eigene Karriere, dem Nachlagern von persönlichen Werten in Bezug auf Diversität und soziale Ungleichheit hinter praktikablen, auf den Business Case orientiertem Handeln und dem resignierten Rückzug auf den persönlichen Wirkradius. Die Haltung resultiert aus als enttäuschend empfundenen Erfahrungen und Beobachtungen von Diversity Management bei als stark empfundener struktureller Diskriminierung und mündet in einer emotional abwertenden bis persönlich feindlichen Haltung gegenüber den AkteurInnen und Maßnahmen, wobei explizite eigene Handlungen am normgruppenorientiert Gewünschten und Möglichen ausgerichtet sind, um die eigene Position nicht zu gefährden. Auch Typ 1.3 orientiert sich an Wirtschaftskriterien und ist ähnlich wie Typ 1.2 am persönlichen Erfolg innerhalb der eigenen Reichweite ausgerichtet. Allerdings ist der Orientierungsrahmen anders gelagert. Die Aufgabenerfüllung erfolgt mit Dissonanzen, also unvereinbare Kognitionen die dann Unwohlsein hervorrufen (Festinger, 2012/1978) und resultierenden Widerständen, die eigene Handlungspraxis ist dabei nicht gänzlich zufriedenstellend. Das Weltbild ist geprägt von struktureller Diskriminierung, die als ungerecht, aber definitiv und kaum veränderbar erlebt wird. Dabei wird eine dem originären Konzeptgegenstand entsprechende Erwartungshaltung an Diversity Management herangetragen: Diversity Management solle sozialer, struktureller Ungleichstellung entgegenwirken. Dies wird aber in der Umsetzung als erfolglos, weil tokenhaft und einflusslos bewertet und darüber hinaus insbesondere für Frauen als schädlich erlebt. Daraus resultiert eine enttäuschte Haltung, die emotional, zynisch und abwertend ist.

Tägliche Praxis (operierende Perspektive)

Aus der Resignation der als unveränderbar erlebten Realität, geprägt durch Hierarchie und soziale sowie strukturelle Diskriminierung, und der Umsetzung von Diversity Management als Alibifunktion ohne nennenswerten oder gar mit negativem Effekt und Akteuren, die als inkompetent, ungebildet und unerfahren erlebt werden, entsteht ein Rückzug auf den eigenen Handlungsspielraum, der durch Orientierung an der Normgruppe und den Schutz der eigenen Karriere begrenzt wird, »weil man einfach die richtigen Leute nicht verärgern möchte« (Fall 2, Z. 155–156). Veränderungsbereitschaft wird weder strukturell noch persönlich bei AkteurInnen aus den Normgruppen wahrgenommen, sondern Struktur und Personen als rigide erlebt. Ausschließlich in informellen Eigeninitiativen werden Potenzial und Effektivität gesehen. Dazu werden positive Beispiele von Fraueninitiativen angeführt, die sich faktisch und praktisch helfen und als einflussreich erlebt werden.

Aktivitäten und Einflussbereich des Diversity Managements wird als tokenhaft beschrieben. Dabei würden formale Maßnahmen implementiert, die aber unzureichend und mitunter schädliche, diskriminierende beziehungsweise diskriminierungsverstärkende Effekte mit sich brächten, etwa wenn Frauen auf Listen gesetzt würden, die gar nicht für die Position vorgesehen seien, was sowohl die Frauen generell als auch die Individuen schwäche. Dabei wird allerdings Diversity Management nicht als neutral oder unwirksam erlebt, sondern als aktiv schädlich, weil die AkteurInnen zum einen verantworten, dass die Maßnahmen ineffektiv bleiben, weil sie beispielsweise als inkompetent, jung und ebenfalls der Normgruppe entstammend charakterisiert werden, und weil die Maßnahmen zum anderen benachteiligte Gruppen verstärkend schwächen. Dabei wird mit besonderer Härte gegen Diversity-Management-AkteurInnen vorgegangen, da diese gerade zum Gegenstand haben, solchen als vom Typus als signifikant wichtig angesehenen sozialen Schräglagen entgegenzuwirken, dahingehend aber enttäuschen. Dieses Versagen wird dabei nicht nur auf die verfehlenden Maßnahmen bezogen, sondern auch auf die Fassadenfunktion, wobei Diversity-Management-AkteurInnen dazu beitragen, eine Fassade aufrechtzuerhalten. Diese Fassadenfunktion betrifft zwei Ebenen: erstens die Ausrichtung auf die Kommunikation, wobei Sachlagen positiver dargestellt werden, als sie sind, und zweitens auf die inhaltliche Perspektive, wobei Inhalt und Kompetenz auf »bunte YouTube-Videos« und »surface level-Wissen« und darüber, dass alle »Freunde sein müsse«, reduziert wird. Dabei wird wiederholt dargelegt, dass die Inhalte als fassadenhaft, oberflächlich beziehungsweise unrealistisch eingeordnet werden, von der sich mit ironisch bis zynischer Distanzierung als Ausdruck der persönlichen Enttäuschung abgegrenzt wird.

Typ 2: Orientierung an persönlicher Leistung, Etablierung und Liberalisierung

Typus 2 orientiert sich übergeordnet an der wirtschaftsorientierten Leistung im Prozess der Etablierung in der Wirtschaft und einer Out-Group-Identifizierung mit einer liberalen Leistungsorientierung wie bei den ManagerInnen des Typs 1.1 und 1.2. Die Orientierung ist auf eine mögliche Karriere gerichtet, die diesem Typ als möglich, aber noch nicht sicher erscheint, wobei er leistungsbereit ist und sich den Bedingungen der Wirtschaft radikal anpasst. Diese Anpassung beinhaltet mitunter Verweise auf wahrgenommene strukturelle, soziale Ungleichheit, die aber als unveränderlich eingeschätzt wird. Die Lösung wird in der Liberalisierung der Subjekte gesehen: »[D]ann brauchen die eine Quote, aber dann gilt immer noch, dass man der Allerbeste sein muss« (Fall 25, Z. 45–46)/»[M]an muss es über Leistung regulieren, sonst nichts« (Fall 21, Z. 73). Der für Typ 2 resultierende Habitus ist durch Abwertung von Diversity Management und AkteurInnen geprägt. Sie basiert auf der Wahrnehmung von Diversity Management als Gegner, entweder aufgrund projizierter Benachteiligung der eigenen Gruppe, erfahrungsbezogener Benachteiligung der eigenen Person oder nahestehender Personen, dem Erleben von Diversity Management als entfremdetes Managementtool ohne relevanten Gegenstandsbereich oder als eine Tokenfunktion, die machtlos in Bezug auf die empfundenen Problemlagen ist. In der Konsequenz wird Diversity Management strategisch vermieden und das Selbst liberalisiert, wobei etwaige strukturelle oder persönliche Benachteiligung durch Leistung kompensiert werden (müssen). Insgesamt herrscht ein multiples Misstrauen gegenüber Diversity Management, das sich allerdings unterschiedlich begründet.

Tabelle 3: Übersicht Typ 2

Typ 2	**persönliche Etablierung und Liberalisierung des Subjekts**
Gemeinsamkeit	identifiziert sich mit Wirtschaftskriterien und strebt nach einer Etablierung und Erfolg in der Wirtschaft, liberalisiert das Subjekt und orientiert sich stringent an Leistung und Outcome

Subtypen	**Out-Group-Identifizierung und aggressive Distanzierung**	**Liberalisierung und befremdete Distanzierung**	**Liberalisierung durch Diskriminierung**
Subtypenspezifika in Bezug auf Themen			
Thema 1: DiM in der Praxis	wird als reverse Diskriminierung erlebt und als den falschen und homogenisierenden Kriterien folgend	sieht DiM lokalisiert im oberen Management und die Strategie in der Funktion für Organisationsinteressen ohne Relevanz für das Subjekt	diskriminiert benachteiligte Subjekte und verfolgt eigene Agenda, um Macht zu generieren, wozu es die Stimme der Benachteiligten instrumentalisiert und so Ansprüche von Benachteiligten absorbiert.
Thema 2: Funktionsweisen von DiM	DiM produziert einschränkenden Diskurs, folgt falscher Moral, ist hierarchisch und wird so als feindlich erlebt.	DiM soll nach ökonomischen Kriterien Mehrwert schaffen.	Alibimaßnahmen, um Subjekte mit Ansprüchen ruhigzustellen und Funktionalität der Organisation zu schützen, Probleme zurück in Subjekte zu verlagern, Abwiegeln von berechtigten Ansprüchen

Subtypen	Out-Group-Identifizierung und aggressive Distanzierung	Liberalisierung und befremdete Distanzierung	Liberalisierung durch Diskriminierung
Subtypenspezifika in Bezug auf Themen			
Thema 3: subjektive Positionierung	fühlt sich bedroht und provoziert, versteht die Logik von DiM nicht, reagiert aggressiv und sucht die Konfrontation und den Austausch, was aber von DiM-AkteurInnen abgelehnt wird	emotionslose Distanzierung, größte Kritik, dass DiM vorgibt, ein soziales Tool zu sein, obwohl es ein Managementtool ist, resigniert in Bezug auf soziale Benachteiligung, die DiM nicht lösen wird	Erfahrungsbasierte, emotionale verletzte Abwertung von DiM und Akteuren, resignierter Rückzug auf eigene Leistung, Funktion als Rufer, um vor Missständen im DiM zu warnen
Thema 4: Konsequenzen und Wirkweisen von DiM	erlebt Diskriminierung durch DiM als Mitglied der Normgruppe, negativer Einfluss auf Gesellschaft durch falsche und ungerechte Verteilung von Chancen und Zugängen von schwachen, nicht qualifizierten Personen aufgrund äußerer Merkmale	DiM hat keine anderen Effekte als die generelle Leistungsorientierung, bei der Subjekte auf sich selbst zurückgeworfen werden.	Diskriminierung, Stigmatisierung, Schwächung von Gruppen und Subjekten und persönliche Verletzung von Subjekten, die Hilfe suchen.
Thema 5: übergeordnete Orientierung	identifiziert sich mit der Out-Group des oberen Managements und sieht die Lösung für Diskriminierung in stringenter Leistungsorientierung und Abschaffung von DiM	resignierte Orientierung an Leistungsorientierung	resignierter Rückzug auf Leistungsorientierung und Kompensation von Nachteilen

Typ 2.1

Fall 23: BWL-Student, Anfang 30:

»Ja also, puh. Ich persönlich, ich spreche ja keine Geheimsprache, aber was so diese Feministen oder, oder eh Bolschewisten darunter verstehen, ist meistens so […] den geht's meistens so um Hautfarben, Hauttönungen oder Abstammungen. Die wollen möglichst viele Abstammungen irgendwie […]

irgendwo haben. Das meinen die meistens damit. Also divers ist ja nicht in dem Sinn gemeint, dass vielfältige Meinungen irgendwo sind, also […] um, um Werte geht's denen ja nicht, eigentlich, eigentlich ja nur ums Äußere« (Fall 23, Z. 23–28).

Identifikation, Werte und persönliche Handlungslogik (persönliche Perspektive)

Der Typus ist charakterisiert durch die Identifikation mit der Out-Group von Typ 1.1 und 1.2, also dem oberen Management, und starker Orientierung an Wirtschaftskriterien, während die eigene Etablierung in der Wirtschaft noch ansteht. Er positioniert sich durch eine skeptische und aggressive Distanzierung zum Diversity Management, wobei er Relevanz und Gegenstandsbereich infrage stellt. Diversity Management und Förderprogramme werden als ungerecht und der Normgruppe gegenüber, zu der er sich zählt, als revers diskriminierend erlebt. Er fühlt sich von Maßnahmen und AkteurInnen persönlich provoziert und sucht dahingehend die Konfrontation. Gerechtigkeit ergibt sich für diesen Typus allein aus der stringenten Leistungsorientierung, Förderung spricht dieser Logik entgegen. Das persönliche Erleben von sozialer Diskriminierung ist kaum vorhanden.

Auch von den originären Absichten, also nicht nur der faktischen Wirkung und der Werteorientierung von Diversity Management, distanziert sich Typ 2.1. Diversity Management wird als an falschen Werten orientiert wahrgenommen, die im Endeffekt ungerecht wirken. Dabei geht es um zwei Perspektiven. Zum einen wird es als Unrecht empfunden, Leistungsschwächere (wie die etwaigen Geförderten wahrgenommen werden) zu bevorzugen, was er als direkte Konkurrenz und Chancenminderung der eigenen Gruppe der Leistungsträger wahrnimmt. Zum anderen werden die Kriterien hinterfragt. Sie orientieren sich demnach nicht an einer Art innerer, individueller Unterschiedlichkeit, sondern an fassadenhafter Unterschiedlichkeit, etwa durch Aussehen und Hautfarbe. Gerade alternative Meinungen werden nicht akzeptiert (siehe Transkript-Sequenz oben). Es handelt sich demnach um eine mehrschichtige Kritik, die sowohl die Förderlogik als auch die praktische Operationalisierung von Heterogenität nach äußeren, oberflächlichen Merkmalen bei gleichzeitiger Homogenisierung in Bezug auf andere inhaltliche Merkmale betrifft. Diese Kritik wird zudem auf die AkteurInnen ausgedehnt, die als Gruppe, die Konflikte vermeidet, weil ihnen die Argumente fehlen, verstanden wird. Die Beziehung zum Diversity Management ist dementsprechend stark negativ und aggressiv ausgeprägt, wobei beschrieben wird, dass sich dieser Typus diskriminiert erlebt und die Stimme der Diversity-AkteurInnen nachahmt: Die Eigengruppe sei zu normal, zu heterosexuell, zu weiß. Der Typus erlebt sich damit als Feindbild des Diversity Managements: »[D]ie wollen mich ja eben [...] gerade raus haben irgendwo« (Fall 23, Z. 37–40).

Tägliche Praxis (operierende Perspektive)

Die tägliche Praxis gestaltet sich so, dass dieser Typus die Verantwortung für die eigene Karriere übernimmt, aber dabei das Ungerechtigkeitsempfinden in der Konfrontation kommuniziert. Dazu sucht er das Diversity Management, respektive die AkteurInnen mithin persönlich auf. Diese persönlichen Versuche auf Mikroebene werden von den AkteurInnen abgewiegelt und verlaufen nicht zufriedenstellend, wobei zudem unklar bleibt, was das Resultat sein sollte. Es wirkt eher wie eine Entlastung, die eigene Meinung mal »loszuwerden«. Denn dass diese einzelne Konfrontation das System nicht ändern wird, ist dem Typus bewusst. Die scheiternden Konfrontationen scheinen hingegen eher dazu beizutragen, dem Typus zu bestätigen, dass die AkteurInnen nur enttäuschen können. Somit resultieren eine feindliche Haltung, Vermeidung und weitestmögliches Ignorieren von Konzept und AkteurInnen, was jedoch mit einer Missbilligung beider einhergeht.

Typ 2.2

Fall 28: ausführende Angestellte im Unternehmen, Ende 20:

> »[A]uf Manager Level, die haben da irgendwie eine Schnittfläche, aber ich weiß das nur vage, also müssen die vielleicht dort was vorlegen wegen Beförderungen. Ja, vielleicht [...] nee, ich weiß es jetzt, die haben was mit den Geschäftsberichten zu tun, die schreiben, inwiefern wir divers sind oder sein sollen, in den Geschäftsbericht oder liefern eben die Informationen. Aber woher die die haben, ja wohl HR. Nein, also ich kenne niemanden, der jetzt da irgendwie arbeitet oder mit denen arbeitet« (Fall 28, Z. 15–20).

> [Sequenz zu einer Kollegin mit Behinderung] B: Äh (..) NEIN, wieso, NEIN. Nein, die kann eben rechnen. Also ob die einen Platz hat nur weil die taub ist? (lacht) Nee. Keine Charity« (Fall 28, Z. 35–36).

Identifikation, Werte und persönliche Handlungslogik (persönliche Perspektive)

Die Orientierung an Leistung und Liberalisierung ist überzeugungs- und handlungsleitend. Zwar werden soziale und strukturelle Ungleichheiten wahrgenommen, aber gleichwohl als nicht unmittelbar veränderbar. Vielmehr wird die Wirtschaft als Ort der absoluten und für alle geltenden Bewertung entlang von Wirtschaftskriterien erlebt. Daher spielt auch Diversity Management keine direkte Rolle, sondern wird fernab von der eigenen Relevanz in Management oder Strategie verortet, um dort ökonomischen Mehrwert zu erzeugen. Auf sich selbst bezieht dieser Typus Diversity nicht. Anders als Typ 2.1 sieht er sich dabei allerdings nicht revers diskriminiert, obwohl er sich als »mittig, normal« beschreibt und darin nur ein Problem in Bezug auf das Diversity Management sieht (Fall 24, Z. 38). Daher bleiben auch Positionierung, Anknüpfungspunkte und Emotionen aus. Es ist eine pragmatische Orientierung an einer stringenten liberalen Wirtschaftslogik: »Eine gerechte Welt wäre schön, aber ich möchte nicht der Hilfsbedürftige sein« (Fall 25, Z. 56–57)./»[A]ber ich war auch selber schuld, ich hätte das wissen müssen. Man muss es über Leistung regulieren, sonst nichts« (Fall 21, Z. 72–73). Der Typ inkorporiert eine ausgeprägt liberalisierte Wahrnehmung von Wirtschaft auch auf sozial Benachteiligte und sieht im Diversity Management keinen Gegenstand der Förderung etwaiger Benachteiligter sondern eher wie beschrieben eine strategische Aufgabe.

Tägliche Praxis (operierende Perspektive)

Die befremdende Distanzierung vom Diversity Management ist charakterisiert durch eine entfremdete Lokalisierung von Diversity Management in der Strategie oder im Management ohne direkte, förderliche Relevanz für Personen der eigenen Statusgruppe beziehungsweise jeglicher Statusgruppe unterhalb der Unternehmensführung. Sie werden nicht als Arbeits- oder Ansprechpartner wahrgenommen. Eigene Anliegen, die tägliche Praxis und Problemlagen werden nicht beim Diversity Management verortet. Es gibt keine Interaktion oder Schnittstellen. Dementsprechend wird der eigentliche Gegenstand diffus bis unbestimmt wahrgenommen, wobei nur vage Vorstellungen über die Funktion existieren beziehungsweise Vermutungen angestellt werden. Der vermutete Gegenstand ist dabei eindeutig der Business-Sicht zugeordnet, aus Diversität wirtschaftliche Vorteile, also ökonomischen Mehrwert in Form von PR, Geschäftsberichten und Stellungnahmen zu generieren. Dabei zeigt sich aber eine Hierarchie, denn der Gegenstandsbereich wird als über den Typus verfügend beschrieben – eine Stelle, die über die Adäquatheit der Merkmale der Angestellten berichtet und entscheidet, ohne dass diese einen anderen Anteil haben, als sie abzubilden, was dann wiederum anderen Zwecken dient. In der Praxis zählt ausschließlich der ökonomische Beitrag aller Personen. Am Beispiel Behinderung wird deutlich gemacht, dass dies ein erwünschtes Merkmal ist, aber dem ökonomischen Beitrag nachgelagert wird. Dieses Merkmal kann demnach die Leistungsminderung nicht ausgleichen oder einen alternativen Beitrag bedeuten. In der Praxis zählt aber ausschließlich der Business Case, die konkrete Mehrwertschaffung, wobei ein alternativer Beitrag durch andere Qualifikationen nicht zählt.

Ein klassisches Gegenargument des Diversity Managements würde hier lauten, dass Träger von Diversity-Merkmalen auch mit Kreativität oder anderen Vorteilen durch ihre Andersartigkeit beitragen. Dem widerspricht dieser Typus vehement.

Typ 2.3

Fall 26: Akademikerin, Arbeitssuchende, Anfang 30:

> »[A]lso ein Formular [für eine Studierende mit Behinderung] heraussuchen, ist ja nun nicht helfen und nicht erreichbar sein, genau, und unfreundlich sein, wenn jemand Hilfe braucht. Und ich weiß nicht, ob das so wahr war, genau. Aber die hat dann echt irgendwann wohl gesagt, ich muss auch noch was anderes machen hier, und da frag ich mich doch: Was denn?« (Fall 26, Z. 28–31).

Fall 25: Akademiker, hochspezialisiert, Arbeitssuchender mit mehrjähriger Unternehmenserfahrung, Ende 30:

> »Also ich bin davon ganz schön provoziert, nicht von Ihnen, aber der Frage allein. Nein, ich will keine Fürsorge, bevor ich im Altersheim bin. Eine gerechte Welt wäre schön, aber ich möchte nicht der Hilfsbedürftige sein, dem sich irgendein weißes Mädchen mit Helfersyndrom und Arroganz annimmt und dann am Ende Schokolade von mir will« (Fall 25, Z. 55–58).

> »[W]ie soll das denn gehen? Entweder ein Job ist da und ich kann alles erfüllen und den auch bekommen oder nicht. Oder wie soll das gehen?

> Ich rufe eine Diversity-Person an und sage, ich brauche einen Job und ich habe einen ausländischen Nachnamen und kann aber viel. Die sagt dann: Super, ich hab aber keine Stelle (lacht). Was, was sollen die machen? Es ist schlicht albern, ich komme richtig in Rage. Mir einen Job geben, wo mich der Chef dann nicht mag? Ja, das wäre auch sehr vorteilhaft« (Fall 25, Z. 76–81).

Fall 27: Angestellter im mittleren Management, ohne Kommunikation mit der Unternehmensführung, Mitte 30:

> »[D]ie laufen hier so über den Flur mit Tassen in der Hand, wir lachen dann ›Haferkakao-Tanten‹, die sagen dann Leuten, dass es halt ganz wichtig ist, dass wir verstehen, dass jetzt welche gekündigt werden und es nichts Persönliches ist (lacht abfällig). Aber, tja, ich würde denen gerne mal sagen, dass die gefeuert sind und es, aber hallo, was Persönliches ist und dann machen die immer so den Kopf schief beim Reden. Tja, die sitzen auch in Konferenzräumen und hören so ganz wichtig zu, aber die reden selber nie (lacht). Ich wüsste jetzt auch nicht worüber, vielleicht wie sich andere zu fühlen haben oder so« (Fall 27, 18–24).

Identifikation, Werte und persönliche Handlungslogik (persönliche Perspektive)

Dieser Typ ähnelt Typus 1.3 in seiner enttäuschten Haltung gegenüber Diversity Management, allerdings aus der Perspektive der direkten, indirekten oder sekundär beobachteten Stigmatisierung, persönlichen Verletzung und empfundenen Fehlbehandlung von Hilfesuchenden. Der Typus ist charakterisiert durch die Orientierung an liberaler Logik. Er nimmt Diskriminierung wahr, sieht aber die einzige gangbare Lösung darin, sie durch Leistung und persönliche Anstrengung zu erreichen. Dabei wird soziale Benachteiligung in der Wahrnehmung durch eigene Erfahrungen, aber auch Erfahrungen anderer mit Diskriminierung durch Diversity Management und argumentatives Infragestellen von Absichten, Menschlichkeit und der eigentlichen Agenda verstärkt. Maßnahmen erscheinen entweder ineffektiv oder absurd und im Endeffekt nicht hilfreich. Bei faktischen Problemlagen wird im Diversity Management keine Handlungsfähigkeit und Kompetenz gesehen. Dieses persönliche, aber verallgemeinernde Urteil betrifft nicht nur konkrete Maßnahmen, sondern auch die AkteurInnen, ihre Kompetenz, einen unterstellten fehlenden Gegenstandsbereich und vor allem die inhärente Hierarchie. Dieser Typus sieht in der strukturellen Hierarchisierung von Hilfestellung Diskriminierung und möchte nicht als förderungswürdig gelten. Dies gilt allerdings nicht nur für die strukturell immanente Hierarchie, sondern ebenso für die Intentionen und das Verhalten der AkteurInnen, sodass er auch auf menschlicher Ebene den Personen kritisch distanziert begegnet. Sowohl strukturell als auch persönlich ergibt Diversity Management für diesen Typus keinen Sinn, stattdessen wird die empfundene Diskriminierung relativiert und sich mit der Out-Group der ManagerInnen identifiziert. Ihr Entscheidungsverhalten wird als natürlich, verständlich und auch direkte Diskriminierung als verständlich dargestellt. Andere Menschen mit Migrationshintergrund werden teilweise als aggressiv und unterqualifiziert beschrieben, sodass die Normgruppe in Schutz genommen wird. Aus der persönlichen Erfahrung ergibt sich eine strategische Vermeidung von Diversity-AkteurInnen und -Maßnahmen. Für ihn gilt der stringente Business Case, die Qualifikation müsse zum Bedarf der Organisation passen und etwaige Nachteile durch Diversity-Merkmale in den Subjekten müssten kompensiert werden. Dies ist zwar aus ideeller Perspektive nicht ideal, aber realistisch und machbar. Aus dieser Position heraus, also der Wahrnehmung sozialer Benachteiligung sowie den Beobachtungen und Urteilen über Maßnahmen und AkteurInnen, entsteht eine emotional aufgeladene negative, provozierende Haltung gegenüber Konzept und AkteurInnen, wobei dem Typus bewusst ist, dass die Definitionsmacht beim Diversity Management liegt und die eigene Meinung beziehungsweise Einschätzung eigentlich Unsagbarkeiten darstellen, die als provokant erlebt werden.

Tägliche Praxis (operierende Perspektive)

Durch das Verhalten und die Maßnahmen von Diversity-ManagerInnen als AkteurInnen entstehen demnach Nachteile für benachteiligte Subjekte. Dies basiert entweder auf der strukturellen Problematik, dass es sich um Normgruppenangehörige in hilfegebender Position und mitunter mit eigenen persönlichen (Macht-)Intentionen handelt, oder auf der ausbleibenden Handlungsfähigkeit, die dem Business Case nichts entgegensetzen und mit den Maßnahmen entweder nichts ausrichten kann oder Nachteile generiert.

Dieser Typ greift auf detaillierte Erzählungen spezifischer Episoden und Anekdoten zurück, entlang derer die Dysfunktionalität argumentativ deutlich gemacht wird. Dabei zeigen sich strukturelle Probleme oder auch Erfahrungen, bei denen beispielsweise eine als hilfeberechtigt eingestufte Person Hilfe beim Diversity Management sucht und dort auf mindestens zwei Ebenen schlechte Erfahrung macht. Die erste Ebene ist das zwischenmenschlich negative verletzende Erleben beim Kontakt zum Diversity Management. Diese seien zum einen schwer zu erreichen, entzögen sich der Kontaktaufnahme und sähen sich als nicht zuständig. Wenn der Kontakt hergestellt ist, wird er zum anderen als zwischenmenschlich abweisend und verletzend (feindlich, unfreundlich, arrogant, abwertend, nicht empathisch) wahrgenommen (Fall 21, 22, 23, 26, 27, 28, 29 und 30). Sinnhafte und als wirksam empfundene Hilfe bleibt entweder aus oder die Hilfeleistung verbleibt symbolisch ohne faktischen Nachteilsausgleich. Daher wird Diversity Management als inkompetent, widerwillig und ohnmächtig erlebt.

In der zweiten Form, wenn eine Hilfestellung geleistet wird, wird die Lage des Hilfesuchenden durch die Aktivität des Diversity Managements verschlechtert, zum Beispiel durch resultierende Stigmatisierung. In der Konsequenz werden Diversity Management und die AkteurInnen erfahrungsbasiert verurteilt. Diese Erfahrungen resultieren in der Liberalisierung und Kompensation etwaiger struktureller, sozialer oder individueller Nachteile im Selbst durch Leistung und Stillschweigen, was als einziger Ausweg gesehen wird. Das Subjekt wird durch ausbleibende Maßnahmen auf sich zurückgeworfen. Das Verhältnis dieses Typs zu Diversity Management als Konzept und den AkteurInnen ist stark emotional geprägt. Er reagiert wütend, erregt, mit Tränen, wird rot während der Erzählung und mitunter laut. Dabei werden die AkteurInnen persönlich abgewertet, ihre Interessen und Werte infrage gestellt. Sie seien machtorientiert, hätten eine andere Agenda, seien selbst nicht divers, boshaft, nicht empathisch, desinteressiert, inkompetent und unengagiert.

Der Typ empfindet, dass die AkteurInnen intentional eine hierarchische Abhängigkeit konstruieren und Dankbarkeit erwarten, was als provokant erlebt wird. In der Folge werden Konzept und AkteurInnen für illegitim erklärt. Ein Sinn aus diesen negativen und konsequenzreichen Erfahrungen wird wiederhergestellt, indem versucht wird, andere vor ähnlichen Erfahrungen zu warnen und sich selbst und andere anzuhalten, Diversity Management zu meiden.

Typ 3: Orientierung an sozialer Wirkkraft

Typ 3 ist an der eigenen sozialen Wirkkraft orientiert. Er hat ein differenziertes Wissen über soziale, strukturelle und persönliche Diskriminierung und das Konzept Diversity aus theoretischer Perspektive sowie Praxiserfahrung mit der Anwendung des Konzeptes, wobei sich eine Praxis etabliert, die die Maßnahmen und Ideale von Diversity Management einer ökonomischen Logik nachlagern und am Business-Fall orientieren. Typ 3 passt sich pragmatisch an als unveränderbar empfundene wirtschaftliche Kriterien an. Subtypübergreifend wird in der Konsequenz Diversity Management entlang praktikabler, ausreichend wirtschaftskonformer Strategien und Maßnahmen analysiert. Dabei unterscheiden sie sich im Grad der Resignation und Dissonanz und damit der persönlichen Bedeutung.

Tabelle 4: Übersicht Typ 3

Typ 3	**soziale Wirkkraft**
Gemeinsamkeit	orientiert sich an der eigenen sozialen Wirkkraft, besitzt differenziertes Wissen über DiM aus theoretischer Perspektive und orientiert DiM in der Praxis an Wirtschaftskriterien

Subtypen	**pragmatisch-wirtschaftlich orientierte Expertise**	**idealistisch-dissonante Perspektive**
Subtypenspezifika in Bezug auf Themen		
Thema 1: DiM in der Praxis	funktionale Zuarbeit der Wirtschaft Abbau von Barrieren (z. B. Sprachförderung, Übersetzung/Anerkennung von Abschlüssen und Integrationsmaßnahmen Bereitstellen von Facharbeitern mit Diversity-Kriterien = Transferaufgaben	DiM ist einerseits Prozessveränderung, Konzept und somit strategisch und strukturell, aber auch ganz konkret zum Beispiel eine Beratungsfunktion als Art Anlaufstelle
Thema 2: Funktionsweisen von DiM	(Weiter-)Bildung Infrastruktur bilden Kommunikation zwischen Migranten und Unternehmen	Es wirkt manchmal tokenhaft, aber nicht aus sich heraus, sondern von außen begrenzt, dahingehend dann oft wirkungslos oder auch revers diskriminierend oder mit anderen negativen nicht intendierten Effekten begleitet, mithin wenig potent im wirtschaftlich dominierten Kontext.

Subtypen	pragmatisch-wirtschaftlich orientierte Expertise	idealistisch-dissonante Perspektive
Subtypenspezifika in Bezug auf Themen		
Thema 3: subjektive Positionierung	Persönliche Werte lassen sich durch Diversity Management realisieren, woraus Zufriedenheit entsteht. positive Beziehung zu Diversity Management und Wirtschaft	enttäuschte Haltung gegenüber Konzept, Politik, Organisation und anderen Stakeholdern Schuldzuweisung für soziale Ungleichheit und Veränderungsbereitschaft bei der Normgruppe Distanzierung und Rückzug Out-Group-Position
Thema 4: Konsequenzen und Wirkweisen von DiM	fördert Leistungsträger schafft (zweite) Chancen integriert Integrationswillige	Schaffung unvorhergesehener und unintendierter Dilemmata Veränderungstreiber, bei denen keine Veränderung gewünscht wird, wirkungslos, weil nicht angesprochen als Experte desillusionierend und frustrierend, Dissonanzen provozierend für DiM-Akteure
Thema 5: übergeordnete Orientierung	soziale Wirkkraft dem Business Case nachgelagert	soziale Wirkkraft am Justice Case orientiert

Typ 3.1

Fall 7: Leiter einer deutschen Institution mit langjähriger Erfahrung in der Wirtschaft und in Institutionen im In- und Ausland mit Vorstandsposition, Anfang 50:

> »Ich könnte mir nicht vorstellen, hier jemanden in einer vollen Stelle einzustellen, nur um jemanden einzustellen. Ich glaube, das würde nicht funktionieren und wäre ja auch für die Person unbefriedigend, ist auch dem Team gegenüber ja unfair. Weil die anderen dann ja eh quasi immer mitarbeiten müssten um jemanden durchzuziehen. Und dies und das ist der Anspruch, den ich also sowohl an, ich sage mal, das ist so ein blöder Begriff, Bio-Deutsche als auch äh Menschen mit Zuwanderungsgeschichte habe. An allererster Stelle muss jeder hier natürlich seinen Beitrag leisten. Und dann können wir gewisse Schwächen oder äh Sachen natürlich ausgleichen. Das ist überhaupt keine Frage« (Fall 7, Z. 324–332).

Identifikation, Werte und persönliche Handlungslogik (persönliche Perspektive)

Charakteristisch für diesen Typ ist die Orientierung an Wirtschaftskriterien und der Identifikation als erfolgreicher Wirtschaftsakteur. Er befindet sich somit in einer Doppelposition als Führungsperson mit wirtschaftlicher Verantwortung und Diversity-Experte. In der Konsequenz entwickelt er eine pragmatisch-wirtschaftsorientierte Expertise in Bezug auf Diversity. Aus dieser Doppelrolle heraus orientiert er mögliche Diversity-Maßnahmen und -Ziele an einer als realistisch empfundenen Umsetzbarkeit und Praktikabilität in der Wirtschaft und folgt der Logik des Business Cases und des ökonomischen Mehrwerts, den er inkorporiert und naturalisiert. Diese Naturalisierung funktioniert trotz unmittelbar scheinender Ambiguität mit einem Bewusstsein für strukturelle und soziale Diskriminierung. Diese Ambivalenz wird im Subjekt überwunden, indem es der Logik der protestantischen Arbeitsethik folgt. Benachteiligte Subjekte sollen demnach gefördert werden. »Also ich bin ein großer Fan davon, Möglichkeiten und Chancen zu geben« (Fall 7, Z. 342–343), allerdings nur dann, wenn es sich dabei um die Überwindung einer Barriere handelt und dahinter ein Leistungsträger steht.

Tägliche Praxis (operierende Perspektive)

Für seinen eigenen unternehmerischen Erfolg legt er dieselben Ansprüche an und setzt eine mehrwertgenerierende Diversität in der eigenen Umsetzung durch, woraus Zufriedenheit entsteht. Persönlich ist er erstens am eigenen Erfolg orientiert, zweitens daran, spezifischen Individuen zu helfen, und drittens das System etwa in Bezug auf Transfer zu verbessern und die Zukunft zu gestalten. In der Praxis orientiert er sich daran, als erfolgreicher Wirtschaftsakteur mit anderen WirtschaftsakteurInnen im Austausch zu stehen und dabei Win-win-Situationen zu schaffen, die qualifizierten Benachteiligten helfen. Das bedeutet, dass Typ 3.1 über erste Hürden hilft, wenn sich der danach in Aussicht gestellte Mehrwert einstellt, zum Beispiel in Form von sprachlicher, fachlicher, kultureller Kompetenz und hybrider Identität sowie hohem Bildungsgrad und leistungsbezogener Potenz und Motivation. Dabei entwickelt dieser Typ keine Dissonanzen. Mehr zu erwarten, ordnet er als »Sozialromantik« (Fall 3, Z. 642) ein. Eine Förderung von jemandem, der keinen Mehrwert leistet, sieht er als ungerecht und belastend für das Team und die Organisation.

Typ 3.2

Fall 9: Diversity-Beauftragte für Gleichstellung in einer deutschen Institution mit Wirtschaftsausrichtung, Mitte 40:

> »Ich habe da schon ein Unwohlsein. Aber ich versuche, das eben nicht so an mich persönlich herankommen zu lassen. Ich glaube, dieses Unwohlsein gehört zu diesem Job dazu (lacht)« (Fall 9, Z. 35–36).

> »[I]ch erfülle meine Aufgabe und ich achte darauf schon, dass wir inklusiv wirken, klar. Glücklich? Also ich dachte, ich könnte mehr an die Front. Ich bin hierhergekommen sozusagen in den Kampf für Frauen (lacht). Aber ich bin jetzt eher im Papierkrieg« (Fall 32, Z. 22–25).

Identifikation, Werte und persönliche Handlungslogik (persönliche Perspektive)

Dieser Typus charakterisiert sich durch Expertise sowie hohe persönliche Ideale und Ansprüche an die eigene Wirkung. Er wendet sich aufgrund persönlicher Ideale sowie mit dem Ziel und der Vision, die Organisation und die Gesellschaft zu verändern, dem Thema zu, ist im Themenbereich Diversity Management ausgebildet und erlebt die Umsetzung als problembehaftet und begrenzt, was zu Dissonanzen, Distanzierung, Zynismus und Resignation führt. Als Akteur ordnet er sich zu einer Out-Group innerhalb der Organisation, aber auch darüber hinaus in der Wirtschaft zu. Dies gilt physisch, kommunikativ und emotional. Als Diversity-AkteurIn empfindet sich dieser Typus als von allen anderen Stakeholdern außer der Eigengruppe ausgeschlossen.

Tägliche Praxis (operierende Perspektive)

Die Aufgabe, mit Diversity zu arbeiten, wird als ein persönliches Anliegen verstanden. Dabei zeigt sich ein Fokus auf spezifische persönlich gewichtete Kriterien, zum Beispiel Frauen (Fall 5 und 6) oder sozial Benachteiligte (Fall 4). Durch das eigene Handeln sollen insbesondere diese Personengruppen gefördert werden in der Organisation, Region und Gesellschaft. Dabei liegt eine hohe Sensibilität in Bezug auf soziale und strukturelle Diskriminierung vor. Bei der Umsetzung werden sodann strukturelle und interessengesteuerte Barrieren erlebt aufseiten der Organisation, des politischen Konzepts, dessen Maßnahmen und Stakeholdern. Diese werden sowohl durch die als homogen (»old boys networks ähm Schmidt sucht Schmidtchen, so, das ist, was ich so rekrutiere, dass ähm ich möglichst eine, eine homogene Masse habe und ähm [...] die großen Wirtschaftskatastrophen, glaub ich, wären anders verlaufen, hätte man mit diversen Teams gearbeitet« (Fall 4, Z. 113–116)/»ein alter weißer Mann« (Fall 4, Z. 152)) konstruierte Normgruppe als auch durch die Gruppe der zu Fördernden verurteilt. Beide werden als problemverursachend erlebt: Normgruppen, weil sie die Ordnung stabilisieren, die als ungerecht erlebt wird, und die zu Fördernden, weil sie Förderung nicht annehmen oder aber unintendierte Probleme verursachen. Organisationen werden als schwerfällig und Veränderung gegenüber schwerfällig erlebt, Maßnahmen als kaum umsetzbar oder mit unerwarteten anderen negativen Konsequenzen, die dann dilemmabehaftet wirken. Maßnahmen aus größeren Zusammenhängen in Verbänden und Politik werden als unwirksam, inkonsequent und insgesamt enttäuschend erlebt: »Entgelttransparenzgesetz. Diesen zahnlosen Tiger, der ja angeblich ehm für Frauen sein soll« (Fall 5, Z. 272). Die konstruierte Normgruppe, manchmal in Verbindung mit der Branche, wird als interessengesteuert, renitent und konservativ erlebt, die Veränderungen nicht voranbringt oder verhindert: »sind extrem konservativ [...] für diesen kleinen Betrieb, ehmm [...] als Juristin, eine Frau mit zwei Kindern in Teilzeit. Das ist für Verbände ganz ungewöhnlich, da werden wir auch schief für angeguckt« (Fall 6, Z. 357–360).

Daneben herrscht eine Enttäuschung gegenüber der Gruppe der Förderungswürdigen vor. Dahingehend wird detailliert beschrieben, welchen persönlichen Einsatz und welche Anstrengungen der Typus verfolgt hat, um beispielsweise einer Frau in eine Führungsposition zu verhelfen, dann aber keine findet, wodurch Frustrationen und Enttäuschung in Bezug auf die Gruppe, aber auch auf Normen und sozialen Kontext entstehen: »[I]ch glaube, ich habe mir mal meine Finger wund telefoniert, meine Zunge [...] schwabbelig geredet, ich habe nicht eine Frau überzeugt bekommen, sich überhaupt auf eine Position dieser Art zu bewerben« (Fall 5, Z. 582–585). Gleichzeitig fühlen sich einige Subjekte befremdet und nicht zugehörig zum Management. Sie ziehe sich auf ihre Peers und Vertrauten unter ihresgleichen, zum Beispiel in Verbänden und Vereinen (Fall 9 und 32). Diese Außenseiterposition zeigt sich dann mitunter in räumlicher Ansiedlung auf anderen Etagen als die, auf denen Organisationsführung und Personalabteilung sitzen, oder informeller, einhergehend mit dem Gefühl, beispielsweise in der Mensa nicht bei den Führungspersonen sitzen zu dürfen. Dies wird einerseits mit Stolz berichtet – »Allein schon meine Anwesenheit (lacht) lenkt Diskussionen manchmal in eine gewisse Richtung« (Fall 9, Z. 152–153) –, andererseits als unangenehm empfunden, nicht als Experte integriert und anerkannt zu sein. Dies und die Diskrepanz zwischen persönlichem Ideal und der multidimensional problembehafteten Umsetzung von Diversity Management führen dann zu Dissonanzen, Unwohlsein, Distanzierung von Zielen, Verringerung des Engagements und Identifikation mit dem Unternehmen. Es sind Probleme, die berufsbedingt entstehen.

5.3 Bekämpfung, Vermeidung und Komprimierung von Diversity Management: der Modus Operandi

Aus den unterschiedlichen Erfahrungsräumen, der eigenen Reichweite und Handlungsfreiheit, Weltsicht und Attributionsmustern und eben dem daraus resultierenden Habitus ergeben sich jeweils grundsätzliche Operationsweisen, die zwar subtypenspezifisch unterschiedlich begründet und qualitativ unterschiedlich gelagert sind, sich aber im Grundprinzip gleichen. Beim Typus 1 ist es das grundsätzliche *Bekämpfen von Maßnahmen und AkteurInnen* durch mehr oder weniger explizite Abwertung der AkteurInnen und eine skeptisch bis feindselige Einstellung gegenüber Thema und Akteuren. Beim Typus 2 ist der Modus Operandi die strategische *Vermeidung von Maßnahmen und AkteurInnen sowie eine Liberalisierung des (benachteiligten) Selbst*, wobei etwaige Nachteile selbstverantwortlich kompensiert werden. Dabei ist die persönliche Haltung mithin aggressiv, abwertend und persönlich geladen, insbesondere wenn Stigmatisierung, ausbleibende Hilfe und empfundene Unrechtbehandlung erfahren worden sind. Beim Typus 3 ist der Modus Operandi die *Komprimierung des Konzepts durch die Anpassung an Wirtschaftskriterien*, die entweder pragmatisch und dissonanzarm oder resigniert, emotional geladen und enttäuscht ausgeprägt ist.

Bei allen Typen zeigt sich eine grundlegende Regelhaftigkeit als eine Art geteiltes Fazit: Diversity Management in der originären Absicht, soziale Benachteiligung zu verhindern, scheitert an der Praxis, weil es Ideale und Werte der AkteurInnen kontraindiziert, wirtschaftliche Bedarfe verfehlt und sich dem Business Case komprimiert anpasst. Dies bedeutet in der Konsequenz Liberalisierung und Individualisierung von allen Subjekten.

Die zweite alle Typen betreffende Regelhaftigkeit ist bezogen auf den normativen Gehalt von Diversity. Alle ProbandInnen äußern, dass sie einen gesellschaftlichen Raum erleben, in dem über das Thema nicht kritisch gesprochen werden darf.

5.4 Zwischen Wirkkraft und sozialer Diskriminierung: die soziogenetische Typformation

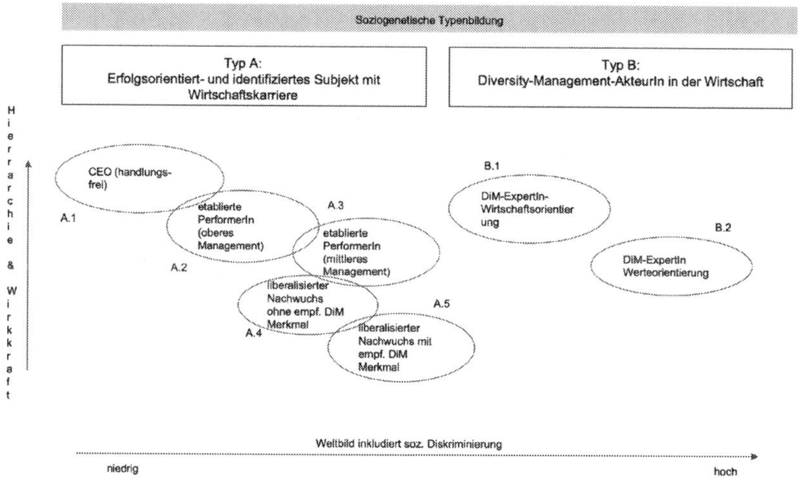

Abbildung 10: Soziogenetische Typformation

Die soziogenetische Typformation zeigt zwei übergeordnete Typen. Diesen Typen gemein ist eine generelle Verortung des Erfahrungsraumes in der Wirtschaft und eine dahingehende Orientierung an oder Beziehung auf Wirtschaftskriterien, die von allen als dominant und andere Kriterien wie soziale Gleichbehandlung überlagernd erlebt werden. Den beiden übergeordneten Typen A und B ist gemein, dass sie eine Karriere in der Wirtschaft oder einer Institution verfolgen oder anstreben. Sie sind also generell an Karrierekriterien und Leistung orientiert, haben alle ein Studium abgeschlossen oder streben den Abschluss in naher Zukunft an. Die Erfahrungsräume in Bezug auf die Karriere und damit die Wirkkraft auf soziale und strukturelle Diskriminierung und soziale Positionierung unterscheiden sich, wobei sich in diesem Sample eine Abhängigkeit von Geschlecht,

Alter und Migrationshintergrund lediglich insofern zeigt, als dass manche Subjekte diese Merkmale als Diversity-Kriterien und andere nicht oder nicht mehr einordnen. Diese Verteilung läuft allerdings nicht entlang zu den Typen, sind also nicht deckungsgleich und trennscharf, sondern haben Schnittmengen, und ist vor allem positions-, nicht subjektabhängig.

Dabei deutet sich an, dass Alter zwar eine Rolle spielen kann, aber aufgrund der Samplegröße und der Merkmale die die Alterskategorie schneiden, wie hierarchische Position, eher kein typenformierendes Merkmal ist. Beispielsweise ist Typus A.1 über 50, wohingegen die Nachwuchstypen A.4 und A.5 unter 40 sind. Dies scheint aber eher bedeutsam in Abhängigkeit zur Position zu sein, auch weil es typenschneidend zu diesen Tendenzen Out-Group-Identifizierungen gibt, wobei sich Jüngere auf Erfahrungsräume ähnlich von CEO Typ A.1 beziehen. Es scheint daher eher davon abzuhängen, was das Subjekt entweder durch eigene Erfahrung als möglich erachtet hat oder was sich innerhalb des Vorstellungsbereiches, also des Möglichen, befindet. Das heißt, es gibt Frauen, Ältere und Migrierte mit sich unterscheidenden Erfahrungsräumen und daraus resultierenden Orientierungen. ManagerInnen, die weiblich sind oder Migrationshintergrund haben, bewerten die Auswirkungen in diesem Status als geringer, wenn sie es bereits *geschafft* haben. Allerdings ist die Wahrnehmung sozialer Ungleichstellung desto niedriger, je höher die hierarchische Position und Etablierung sind (nach links in Abbildung 10 abnehmend).

Typ A ist das erfolgsorientierte und -identifizierte Subjekt mit Wirtschaftskarriere, bei dem zwar bei manchen Subtypen ein Erfahrungsraum gezeigt wird, der soziale und strukturelle Ungleichheit inkludiert, die aber jeweils durch Leistung kompensierbar verstanden wird. Der Problemgegenstand Diversity Management wird vor allem aus den habituellen Erfahrungen in der Praxis begriffen, die als ein Teil des Wirtschaftssystems erlebt wird. Typ B ist der Diversity-Management-Akteur in der Wirtschaft, der sich über soziale Wirkkraft und Erfolg sowie Einfluss identifiziert, wobei soziale und strukturelle Diskriminierung tendenziell deterministisch und als individuell schwer überwindbar verstanden wird. Zu diesem Erfahrungsraum gehören die explizite und theoretisch fundierte Auseinandersetzung mit dem Problemgegenstand von Diversity Management sowie darüber hinaus die praktischen Erfahrungen.

Zu diesen Typen gehören insgesamt sieben Subtypen entlang der ersten Achse *Hierarchie und Wirkkraft* und auf Achse zwei, *Wahrnehmung von sozialer Ungleichheit*. Die Erfahrungsräume der soziogenetischen Typen verlaufen vor allem entlang des persönlichen Status, dem damit zusammenhängenden Einfluss und Handlungsfreiheit sowie Sicherheit in Form von Etablierung. Sie sind zudem abhängig von der Perspektive auf Diversity Management als die eigene Profession betreffend oder nicht betreffend.

Generell leben Subjekte in einem Erfahrungsraum der Wirtschaft und der Liberalisierung des Selbst, also der Optimierung, Kompensation von etwaigen Nachteilen und Verantwortungsübernahme für Erfolg der jeweiligen Subjekte, auch autodirektiv, die unterschiedlich bewertet, aber von allen erlebt wird. Daneben gibt es Unterscheidungen in der Wahrnehmung sozialer Diskriminierung und dem Erleben, selbst betroffen sein zu können oder Erfahrung damit gemacht zu haben. Bei allen Subjekten spielt die Identifizierung mit Erfolg und Karriere eine Rolle, wobei die Motivation unterschiedlich ausgeprägt ist.

Für alle gleich ist allerdings das Verständnis der Karriere anhand der Frage *Was und wer bin ich?*. Dabei zeigt sich eine geschlossene Verneinung als Out-Group, als selbst divers kategorisiert werden zu wollen und dafür Förderung oder einen Nachteilsausgleich zu erhalten. Somit tritt vorzugsweise eine Out-Group-Identifizierung auf, wobei den Orientierungen von hierarchisch und lebenslaufbezogen weitaus etablierteren Typen gefolgt wird, eventuell in der Hoffnung, auf diese Weise Zugehörigkeit und Akzeptanz zu erreichen durch Liberalisierung und Vernachlässigung der vermeintlichen Diversität. Dabei wird von allen Typen die Klassifizierung durch Diversity-Management-Perspektiven kritisiert, auch vonseiten der Diversity-Manager, weil Diversität als komplexer und individueller erlebt wird, als vor allem äußere Merkmale und Unterscheidungskriterien abbilden könnten. Dementsprechend stehen sämtliche Typen Diversity Management kritisch gegenüber. Allen Typen gemein ist, dass sie durch ihr persönliches Wirken einen positiven Einfluss auf Werte innerhalb der Organisation und auf die Gesellschaft ausüben wollen sowie soziale und strukturelle Diskriminierung als negativ bewerten und abbauen möchten.

Typ A

Der übergeordnete Typus hat einen Erfahrungshintergrund in der Wirtschaft, ein Studium mit Master abgeschlossen oder steht kurz vor dem Abschluss. Ziel ist eine Karriere in der Wirtschaft. Der Erfahrungsraum lässt eine Aussicht auf eine erfolgreiche Etablierung in der Wirtschaft zu.

Typ A.1

Der Typus des CEO ist bereits auf hohem Hierarchielevel in der Wirtschaft etabliert und hat jahrzehntelange Erfahrung, während der er sich in der eigenen Karriere und der Funktion als Geschäftsführer als erfolgreich, durchsetzungsfähig und von Peers und Angestellten bestätigt sieht. Er erlebt sich als qualifiziert und erfahren mit Auslandsaufenthalten und Konzernwechseln und hat einen kaum eingeschränkten Handlungsspielraum. Oftmals werden der Standort oder der Konzern von ihm geführt oder er hat Erfahrung mit dem Aufbau von Standorten. Sein Erfahrungsraum ist geprägt dadurch, dass ein hohes Maß an persönlichem Engagement und Hingabe sowie langjähriges *Hochkämpfen* nötig gewesen sind, um sich zu behaupten, wodurch er den eigenen Erfolg als verdient und leistungsbasiert einordnet. Das Umfeld erlebt er als höchst kompetitiv, seine MitarbeiterInnen stellt er nach Leistungsvermögen, Engagement, Loyalität und zwischenmenschlicher Passung ein, gerade wenn sie direkt im eigenen Bereich arbeiten. Schließlich verbringt er sein *ganzes Leben* (Fall 3, 7 und 8) in der Organisation und also auch mit den MitarbeiterInnen. Er erlebt sich als kongruent handelnd in Bezug auf eigene Werte und Unternehmenswerte, die er als gemeinsame Werte interpretiert. Somit ist auch die Identifikation mit der Organisation hoch. Typ A.1 ist über 50 Jahre alt[39].

Typ A.2

Der etablierte Performer im oberen Management ähnelt dem Typ A.1, ist allerdings hierarchisch ein Level unter dem CEO angesiedelt. Er kommuniziert direkt mit Geschäftsführung und Vorstand, was er als identitätsstiftenden Erfolg erlebt. Auch dieser Typ hat eine Karriere in der Wirtschaft unter großem persönlichem Einsatz und Hingabe etabliert, ist qualifiziert, erfahren und arbeitet eigenverantwortlich mit mehreren Teams. Sein Handlungsspielraum ist im Vergleich zu Typ A.1 allerdings begrenzt, weil er zum Beispiel über Entscheidungen Bericht zu erstatten und er keine Prokura hat. Dies wird aber nicht in Form von Rechtfertigungen erlebt.

39 Das Alter wird hier basierend auf dem Sample angegeben, ist aber kein quantifizierbares Merkmal, Alter als Kriterium für die soziogenetische Typformation wird in Bezug auf andere eher bedeutsam wirkende sozialisierende Faktoren, wie Hierarchieebene, diskutiert.

Typ A.2 erlebt sich als wirksam und relativ autonom, seine Angestellten wählt er nach Leistungsvermögen, aber auch Hingabe und Loyalität aus, da sie zu seinem Erfolg beitragen und er viel Lebenszeit mit ihnen verbringt. Seinen Erfolg attribuiert er ähnlich wie Typ A.1 auf seine Leistung, persönliche Werte und Engagement, wobei er das Umfeld als hochkompetitiv erlebt. Typ A.2 ist 43 bis 52 Jahre alt.

Typ A.3

Die Orientierung dieses Typus ist charakterisiert als etablierter Performer im mittleren Management. Der Erfahrungsraum dieses Typs befindet sich noch in der Etablierungsphase, hat allerdings das Managementlevel bereits erreicht. Dabei ist auch dieser Typus durch ein Studium und bis zu zehn Jahre Erfahrung qualifiziert. Hierarchisch erlebt er sich jedoch als einer Abteilungsleitung untergeordnet. Er muss Vorgehen und Entscheidungen nicht nur retrospektiv berichten, sondern auch abstimmen, wobei es stets eine klare Aufgabe zu erfüllen gibt. Dabei erlebt er die Organisation und die Wirtschaft in der Gesamtheit als hochkompetitiv und ist auf sich allein gestellt. Dieser Typus ist daher im Handlungsspielraum eingeschränkt und erlebt Differenzen zwischen eigenem Ideal und Wirksamkeit einerseits sowie Handlungsmöglichkeiten andererseits, was als Dissonanz wahrgenommen wird. Die Identifikation mit der Organisation ist eher gering. Typ A.3 ist 34 bis 50 Jahre alt.

Typ A.4

Typ A.4 ist der liberalisierte Nachwuchs, der sich als nicht diskriminiert wahrnimmt. Für ihn spielt Benachteiligung und Förderung keine Rolle. Er ist durch ein Studium qualifiziert und identifiziert sich mit einer protestantischen Arbeitsethik, sodass sich Hingabe und Leistung für ihn voraussichtlich auszahlen werden. Dieser Typ identifiziert sich noch nicht besonders stark mit der Organisation. Dennoch folgt er der Logik der Out-Group der bereits etablierten Typen und trägt eine liberale Logik an alle Subjekte heran. Typ A.4 ist 26 bis 38 Jahre alt.

Typ A.5

Seine Positionierung als liberalisierter Nachwuchs, der sich als sozial benachteiligt erlebt, ähnelt Typus A.4. Typ A.5 sieht allerdings persönliche

Barrieren, die er durch Leistung zu kompensieren plant. Er hat bereits Diskriminierung erfahren. Sie ist in seinem Weltbild als unveränderbar inkludiert und pragmatisch akzeptiert. Maßnahmen, die dem entgegenwirken könnten, werden als unwirksam oder stigmatisierend eingeordnet. In der Konsequenz wird hier aus weniger optimistischer Sicht, sondern aus der Position, keine Wahl zu haben, das Subjekt liberalisiert. Etwaige Nachteile werden durch Leistung kompensiert in der Hoffnung und Erwartung, dass dies zu Erfolg führt. Dieser Typ ist 29 bis 37 Jahre alt.

Typ B

Der Typus ist charakterisiert als Diversity-ExpertIn in der Wirtschaft. Er hat eine themenspezifische Ausbildung in Form eines Studiums und weitere Qualifizierungen sowie mehr als fünfjährige praktische Erfahrungen im Bereich Inklusion, Diversity Management und/oder HR.

Typ B.1

Dieser Typus ist Diversity-Experte mit Wirtschaftsorientierung, selbst in der Wirtschaft etabliert und hat einen großen Handlungsspielraum, den er in Bezug auf (Diversity-)Ideale aufgrund von Wirtschaftskriterien als begrenzt erlebt. Diese Begrenzung hat er verinnerlicht, da er die eigene Karriere als leistungsbasiert und verdient erlebt. Für ihn gibt es eine natürliche Unterscheidung zwischen einem Ideal und realisierbarer Umsetzung. Er folgt dem Excellence-Fall, also der Schaffung von Chancen für Leistungsträger, hat Erfahrungen im Ausland gesammelt und erlebt die Chancen, die im Vergleich dazu in Deutschland geboten werden, als zwar nicht optimal, aber groß. In der Konsequenz lässt er Benachteiligten mehr Verantwortung als üblich. Er erlebt sich als In-Group, als karriereorientierter WirtschaftsakteurIn, der mit anderen ManagerInnen und der Wirtschaft zusammenarbeitet. Dieser Typ ist 40 bis 52 Jahre alt.

Typ B.2

Der Diversity-Experte mit Werteorientierung erlebt sich selbst als begrenzt handlungsfähig und das Diversity-Management-Konzept als in der Praxis gescheitert. Sein Erfahrungsraum ist davon geprägt, dass der Beruf einst angestrebt worden ist, um eigene Ideale und Werte zu leben sowie benachteiligten Menschen zu helfen. Die Herausforderungen in der Umsetzung werden problematisiert und als schwierig erlebt. Die erlebten Begrenzungen sowie das Feedback von Peers und anderen internen und externen Stakeholdern wird als negativ erlebt und führt zu einer Haltung von Enttäuschung, reduziertem Engagement, Identifikation und persönlichem Einsatz. Die eigene Karriere in der Wirtschaft wird nicht als Wirtschaftskarriere, sondern als alternative Profession erlebt, die lediglich an die Wirtschaft angegliedert ist. Er erlebt sich als Out-Group und diesen Status zwar als natürlich, aber als belastend. Der Out-Group-Status wird zum Beispiel durch eingeschränkte Kommunikationsmöglichkeiten beziehungsweise Gewohnheiten (»Darüber würden die nie mit mir reden«; Fall 32, Z. 611) und physische Orte der Zugehörigkeit (Etagen und Büroplätze, Mensaplätze) erlebt. Daraus folgt ein fortdauerndes Unwohlsein in der täglichen Praxis, wobei eine berufliche Alternative nicht denkbar ist. Zur Bewältigung identifiziert sich dieser Typ mit anderen Diversity-ManagerInnen, zum Beispiel durch private oder institutionalisierte Netzwerke, in denen er erlebt, dass die eigenen Probleme struktureller und nicht individueller Art sind, was wiederum stabilisierend wirkt. Dieser Typ ist 35 bis 45 Jahre alt.

5.5 Sinn- und soziogenetische Typformation und Fallzuordnung

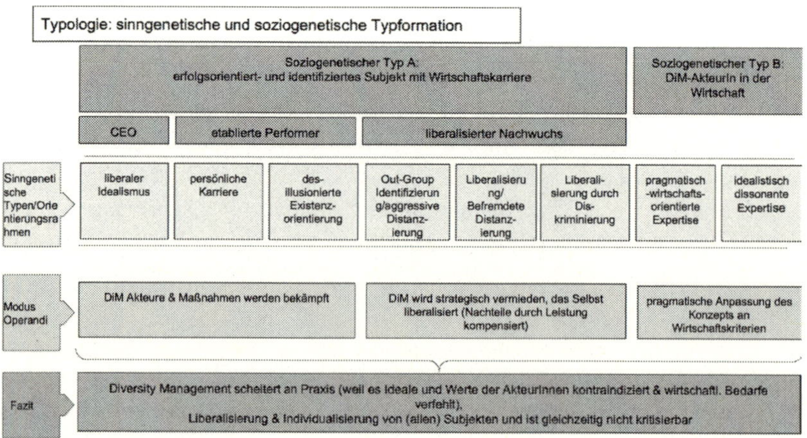

Abbildung 11: Sinn- und soziogenetische Typformation

Die Grafik zeigt die integrierte Typologie der sinn- und soziogenetischen Typen und den daraus resultierenden Habitus sowie den Modus Operandi. Tabelle 5 zeigt die Zuordnung der Fälle zu den Typen.

Tabelle 5: Fallzuordnung: sinngenetische Typologie

Sinngenetische Typen	Typ 1.1	Typ 1.2	Typ 1.3	Typ 2.1	Typ 2.2	Typ 2.3	Typ 3.1	Typ 3.2
Fall	3, 8, 31	1	2, 15	22, 23	24, 28	21, 25, 26, 27, 29, 30	5, 7, 17, 20	4, 6, 9, 32

Tabelle 6: Fallzuordnung: soziogenetische Typen

Soziogenetische Typen		**Typ 1: Erfolgsorientiert identifiziertes Subjekt mit Wirtschaftskarriere**				**Typ 2: DiM-AkteurIn in der Wirtschaft**	
	CEO	etabliert		Nachwuchs			
Typ	Typ A.1	Typ A.2	Typ A.3	Typ A.4	Typ A.5	Typ B.1	Typ B.2
Fall	3, 31	1, 8	2, 15	21, 24, 25, 26, 28, 29, 30	23, 22, 27	5, 6, 7, 17, 20	4, 9, 32

5.6 Sinngenetische Typformation II. Dimension: die Dimension der allgemeinen Gerechtigkeitslogik

Typformation und Analyse verlaufen hauptsächlich entlang des Diversity Managements. Davon nicht zu trennen ist die generelle Werteorientierung, da sie bei vielen Typen überlagernd ist und somit typübergreifend eine Rolle spielt. Dies ist in die dargestellte Typologie zum Teil bereits eingeflossen, jedoch ergibt sich eine eigene Dimension der Gerechtigkeitslogik, die zum Diversity Management relatiert ist. Aufgefallen ist die Ausrichtung an einer Hypermeritokratie als einer noch verstärkten Meritokratie, die Werte zu überlagern scheint, aber sich unterschiedlich begründet und auswirkt. Um diesen Aspekt greifbar zu machen, wird eine mehrdimensionale Typik, also eine diese Typik schneidend, nicht parallel verlaufende Typologie abgebildet. Erfahrungsräume beziehen sich mithin auf unterschiedliche Gegenstände und Lebensbereiche. Hier zeigen sich Unterscheidungen zwischen dem inneren Kompass in Bezug auf Werte, also den handlungsleitenden individuellen Normen und der Haltung zu Diversity Management. Diversity Management ist von der persönlichen Werthaltung zum Beispiel zu sozialer Diskriminierung und Gerechtigkeit, dem Bezug zum Selbst und der eigenen Karriere nicht zu trennen. Demzufolge kann die soziale und relationale Positionierung auch im Zusammenhang mit Diversity Management im Zusammenspiel mit generellen Orientierungsrahmen und Handlungslogik erfolgen.

Bei der generellen Handlungslogik zeigen sich vor allem Orientierungen an Hypermeritokratie und Liberalisierung der Subjekte. Dabei wird der Ausgleich etwaiger Benachteiligung sowie die Vernachlässigung der Bedeutung von sozialer und struktureller Ungleichheit in das Individuum und in dessen Verantwortungsbereich zurückverlagert, wobei sich die Positionen in Bezug hierauf entlang der Achsen Zuversicht auf eigene einflussreiche Zukunft und faktischer Einfluss, also Wirksamkeit, einerseits und Dissonanzen in Bezug zur Bewertung der eigenen Positionierung und der Wahrnehmung von sozialer und struktureller Ungleichbehandlung andererseits ordnen.

In der Liberalisierung ist Erfolg dann eindeutig von Vermögen, Leistung und Hingabe abhängig, in Abgrenzung beispielsweise zu Zufall, geografischer Lage, Privileg, Kapital und Netzwerk.

Innerhalb dieser übergreifenden Orientierung unterscheidet sich zum einen die Zuversicht, sich selbst hierarchisch oben zu positionieren, zum anderen aber auch die Ausprägung der Dissonanz. Diese Orientierungen in den Fokus zu stellen, kann dabei deutlicher aufzeigen, dass Alter und vor allem die hierarchische Position zur Werteorientierung und Gerechtigkeitslogik schneidend verlaufen, also gerade nicht durch eigenen Erfolg und Erfahrung von Diskriminierung geleitet werden. Die Wahrnehmung von sozialer Benachteiligung und der als Lösung antizipierte Umgang unterscheiden sich nicht in der Richtung, aber sowohl in der Ausprägung als auch der Qualität, ob als Ideal oder notgedrungene und systemdeterminierte Lösung sowie damit einhergehend die Bedeutung in Bezug auf Dissonanz beziehungsweise Wohlbefinden der Subjekte. Hier zeigt sich, dass sich die Ausrichtung ähneln mag. Es scheint dabei einer gemeinsamen dominierenden Haltung gefolgt zu werden, wobei sich die Unterscheidung daraus ergibt, wie damit umgegangen wird: sich völlig damit zu identifizieren, pragmatisch, kritisch zu sein oder Dissonanzen zu entwickeln. Dabei bilden sich vier Typen: hypermeritokrate Logik und Liberalisierung des Subjekts

a) als positives Ideal und Lösung für soziale Ungleichheit,
b) als pragmatische Anpassung an einen unmittelbar unveränderbaren Zustand
c) als resignierte Akzeptanz und
d) als ethisch nicht vertretbar, aber systemdeterminiert.

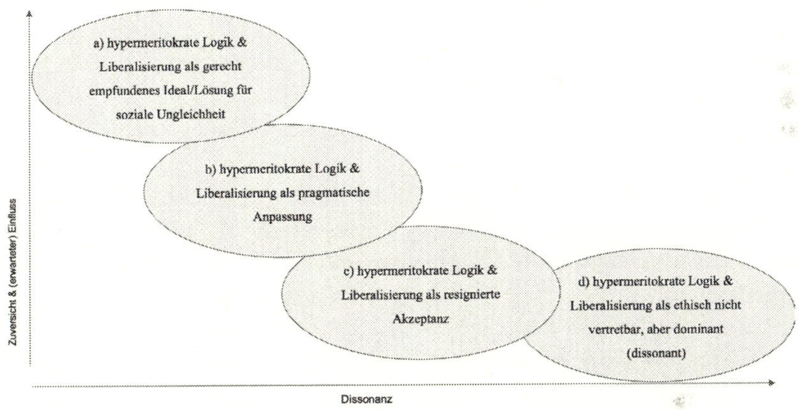

Abbildung 12: Hypermeritokrate Handlungslogik und Liberalisierung. Die Abbildung zeigt die Typformation zur Dimension: handlungsleitende Norm

Tabelle 7: Fallzuordnung: Dimension handlungsleitende Norm

a) hypermeritokrate Logik und Liberalisierung als gerecht empfundenes Ideal/Lösung für soziale Ungleichheit	Fall 1, 3, 8, 24, 23, 22, 28, 31, 15
b) hypermeritokrate Logik und Liberalisierung und pragmatische Anpassung	Fall 7, 5, 6, 27, 29
c) hypermeritokrate Logik und Liberalisierung als resignierte Akzeptanz	Fall 2, 21, 25, 26, 17, 20
d) hypermeritokrate Logik und Liberalisierung als ethisch nicht vertretbar, aber dominant (dissonant)	Fall 4, 9, 32, 54

5.7 Methodenreflexion

Zur Methodenreflexion der Dokumentarischen Methode nach Nohl lässt sich sagen, dass sich das Abweichen von der Methode durch Erstellung von Volltranskripten als überaus fruchtbar erwiesen hat. Viele Themengebiete werden vor der Analyse nicht eindeutig relatiert. Erst durch die Arbeit mit dem gesamten Material haben sich übergeordnete Zusammenhänge und neue Einblicke gezeigt, die am Anfang des Projektes noch wie Exkurse gewirkt hätten. Eine vorgelagerte Entscheidung über die Wichtigkeit von Sequenzen scheint somit retrospektiv Erkenntnisgewinn vermindernd. Als Beispiel seien die Berichte über die eigene Karriere genannt, die sich später als Grundlage für die verinnerlichte Gerechtigkeitslogik herauskristallisiert haben.

Zudem ist in der Darstellung davon abgewichen worden, dass üblicherweise in der Typformation keine Textanker benutzt werden. Dieser Arbeit liegen relativ große Mengen Text zugrunde, die in der Themenvorstellung und den Schritten der formulierenden Interpretation nicht hätten abgebildet werden können. Gleichzeitig erschließt sich die Schärfe mancher Aussagen nur im Originalton der Transkripte und kann nicht paraphrasiert werden.

Vertiefende Texte zur kritischen Auseinandersetzung der Dokumentarischen Methode generell und zwischen den Denkschulen finden sich unter anderem bei Bohnsack (2020) und Twardella (2010). In Bezug auf kritische Diskurse innerhalb der Dokumentarischen Methode zum Beispiel in Bezug auf die Dimensionalität werden hier nicht vergegenständlich, das hier angewendete Dimensionenverständnis orientiert sich dabei nicht nur an Nohl, sondern auch an Bohnsacks' Perspektiven (Bohnsack, 2020).

Inhaltlich zeigt sich, dass mit der gewählten Methode zwar die Bedeutungszusammenhänge und -zuweisungen durch die Subjekte herausgearbeitet werden können, aber eine Übersicht über den Gegenstand von Diversity Management, wie es eine inhaltsanalytische, textkomprimierende Methode bieten kann, findet sich darin nicht. Es zeigt sich aber, dass die Dokumentarische Methode für psychologische Perspektiven und gerade auch für sozialpsychologische Perspektiven sowie im Kontext von Machttheorie fruchtbare Einblicke nicht nur in inter- sondern auch intrasubjektive Wahrnehmungen und Logiken leisten kann. Dabei ist eine Stärke, dass Begründungsmuster mit der sozialen Position übereingebracht werden, es kristallisiert sich also nicht nur die Begründung des Subjekts heraus, sondern die Begründung des Subjekts in Abhängigkeit zum (nicht zufälligen) Werden und sozialer Position zu den anderen und bildet so – im Idealfall – den Gesamtfall an Orientierungen und Verhalten ab. Dabei werden Ambivalenzen und unterschiedliche Perspektiven auf die Welt der Typik immanent und integrieren so Unterschiedlichkeit in Bezug zueinander. Die Typik lässt sich so auf generalisierte soziale Dynamiken anwenden und entschlüsselt beide Dimensionen, die individuell-subjektive und die gruppendynamisch-subjektive, die sich wiederum bedingen. Über die so reproduzierten konjunktiven Erfahrungsräume lässt sich dadurch in mehreren Dimensionen aufzeigen, aus welchen Positionen welche Begründungsmuster hervorgehen und wie sie sich bedingen. Über die Typik zeigt sich dann auch, dass das einzelne Subjekt zwar individuell ist, aber sich die Orientierungen unzufällig überschneiden, Subjekte also weniger einzigartig sind, als im liberalen Diskurs angenommen werden könnte. Im weiteren Verlauf des Projektes zeigte sich dann auch, dass über die einmal entschlüsselten Modi sich die weiteren Fälle in die Muster einfügen, die Muster sozusagen im Einzelnen immer schneller sichtbar wurden. Das Potenzial hinter einer die individuelle Komplexität überwindenden Typik, bei der sich Orientierungen und Nöte überschneiden, liegt dabei nicht in der Klassifizierung – wozu auch – sondern darin, dass Lösungen, die diese intersubjektiv produzierten Problemlagen verursachen, möglicherweise auch eine Erlösung aller Subjekte über den Einzelfall hinaus bedeuten können.

Die Abwahl von der Subjektwissenschaft als Aktionsforschung mit dem Schritt der Rückführung ins Feld samt Veränderungsprozessen kann wie begründet sinnvoll sein: Ein Vorteil ist, dass kein fortwährender Lösungsfokus im Analysemodus mitschwingt und eine Problemlage als Problem herausgearbeitet werden kann, auch ohne eine Lösung finden zu müssen. Gerade auch bei den Aussagen in den Daten, die mithin sicherlich normative Unsagbarkeiten enthalten, ist anzuzweifeln, ob ProbandInnen diese weiter reflektieren und eine Konfrontation damit zielführend wäre, gerade weil eine normative Verengung und Verurteilung omnipräsent ist und Subjekte Unwohlsein, bereits bei Interview, ausgedrückt haben. Bei der Rückführung ins Feld müssten dann abstrakte Lösungsvorschläge dienen, auch weil in den Daten viele Abwertungen der anderen enthalten sind. Eine Verurteilung des Ausgedrückten würde sich aber im verengenden Diskurs einreihen und Schuldattributionen triggern und das Teilen der Ansichten würde die negativen Gruppendynamiken und Konfliktlinien befeuern. Allerdings wäre es retrospektiv interessant, die Ergebnisse ins Feld zurückzuführen, in Maßnahmen zu übersetzen und zu sehen, ob nicht doch Veränderung möglich ist. Die Ergebnisse dieser Arbeit sind im Nachgang einigen AkteurInnen vorgetragen worden. Bei AkteurInnen, die daraufhin signalisierten eine Veränderung versuchen zu wollen, handelt es sich um die Statusgruppe des Diversity Managements, die dann beispielsweise berichtet haben zu wissen, dass die Workshops und Zusammenarbeit so nicht funktionieren. Auf dieser Grundlage zeigt sich eventuell ein Winkel für eine zukünftige konsequent durchgeführte subjektwissenschaftliche Forschung.

6. Diskussion: *Wieso so?*

In diesem Kapitel werden zunächst die empirischen Ergebnisse der Analyse zusammengefasst und als *Typologie im Subjekt* kontextuiert, um danach die Bedeutung der Ergebnisse für Subjekte und Gesellschaft in Bezug zu sozialpsychologischer und kritischer Theorie zu diskutieren. Dabei wird gefragt: *Wieso ist es, wie es ist? Wen (be-)trifft es mit welcher Bedeutung?* Und *Welche prinzipiellen Mechanismen zeigen sich im Kontext gesellschaftlicher-wirtschaftlicher Ordnungen im neoliberalen Kapitalismus?*

6.1 Zusammenfassung und Kontextuierung der Ergebnisse: die Typologie im Subjekt

Die Analyse gibt Einblick in die Formierung sozialer Subjekte rund um das Thema Diversity Management in Bezug auf die tägliche Praxis, die Orientierungen der Subjekte und ihre handlungsleitenden Normen sowie den resultierenden Modus Operandi als inkorporierte Verhältnisse und inhärente Logik im Subjekt. Darüber hinaus zeigen sich auch die subjektiven Notlagen in den Begründungsmustern und Sinnzusammenhänge mit sozialen Gruppendynamiken, Macht und dem Diskursraum.

Bei der sinngenetischen Typformation zeigen sich drei übergeordnete Typen, die sich hinsichtlich der Orientierung am Organisationserfolg und an Wirtschaftskriterien (Typ 1), der persönlichen Etablierung und Liberalisierung der Subjekte (Typ 2) sowie in sozialer Wirkkraft (Typ 3) unterscheiden. Typ 1 bekämpft, Typ 2 vermeidet und Typ 3 komprimiert Diversity Management entlang von Wirtschaftskriterien; diese typischen Modi gelten den ausdifferenzierten als Subtypen übergreifend. Dabei zeigen sich im einzelnen Subjekt intrasubjektive Ambivalenzen und Widersprüche, die dann Spannungsfelder bilden. Dahingehend zeigt die persönliche Orientierung von Subjekten gerade keine Antihaltung gegenüber den *Idealen und originären Zielen* von Diversity Management. Die Abwertung bezieht sich hingegen allein auf die Praxis, das System und andere AkteurInnen, sowie die resultierende Handlungspraxis. Ein wichtiger Hinweis, denn die Kritik von Diversity Management wird (und intentional?) mit der Kritik an sozialer Gerechtigkeit vermischt.

Auf einer kritischen Haltung basierend wird Diversity Management generell und prinzipiell als dysfunktional und schädlich bewertet, auch und gerade in Bezug auf die Bekämpfung sozialer Ungleichheit und *deswegen* kritisiert. Der Abbau sozialer Ungleichheit und die Etablierung einer als gerecht empfundenen Praxis scheint hingegen allen Subjekten ein Anliegen zu sein. Gleichzeitig drücken alle Subjekte aus, dass es sich bei sozialer Ungleichheit um ein strukturelles, globales und für die subjektive Reichweite zu großes Problem handelt, was zu einer Überforderung in Bezug zum eigenen Anspruch an Verhalten und Wirkkraft führt. Entgegen der empfundenen strukturellen und systemischen Restriktionen und Einschätzung der eigenen Potenz werden trotzdem persönliche Maßnahmen aus den handlungsleitenden Normen im Umgang mit anderen mit größtmöglicher sozialer Gerechtigkeit abgeleitet und implementiert. Derlei Praxen sind individualisiert und von eigener Erfahrung und Weltsicht geprägt.

Gleichzeitig gilt aber eine übergeordnete Dimension von Orientierungen in Bezug zu Gerechtigkeit als Hypermeritokratie, bei welcher Bewertungen anderer und handlungsleitende Normen prädominant entlang von Leistungskriterien verlaufen und Unterschiedlichkeit intentional vernachlässigt wird. Dabei unterscheiden sich die hypermeritokraten Orientierungen entlang der eigenen Wirkkraft (Abbildung 12) und entlang der Wahrnehmung von Diskriminierung, wobei sich vier Typen ergeben: Typ a betrachtet die Hypermeritokratie als ideal für den positiven Umgang mit sozialer Ungleichheit. Typ b steht für eine pragmatische Anpassung an eine nicht unmittelbar optimierbare Umwelt, Typ c für eine resignierte Akzeptanz und Typ d für eine ethisch nicht vertretbare, aber einzig mögliche Lösung.

Subjekte empfinden also, dass soziale Gerechtigkeit herrschen soll und sie sich dafür einsetzen möchten, dass Diversity Management diese aber programmatisch verhindert und dysfunktional ist und dass die Herausforderungen hin zu sozialer Gerechtigkeit strukturell, global und zu groß für die eigene Wirkkraft sind, während gleichzeitig eine meritokrate Logik prädominant die sozialen Gerechtigkeitsambitionen überlagert. Dahingehen wünschen sich Subjekte funktionale Lösungen, die nicht nur strukturelle Restriktionen, sondern auch ihre persönliche Not und den eigenen Werdegang berücksichtigen.

Diese Orientierungen bilden dabei in der soziogenetischen Typformation (Abbildung 10 & 11) keine Dimensionen entlang von Geschlecht, Alter oder Herkunft ab, sondern verlaufen entlang von Hierarchieleveln einerseits sowie Expertiseausrichtung und professioneller Identität andererseits; Beispielsweise bei Typ A – als erfolgsorientiertem und -identifiziertem Subjekt mit einer Karriere in der Wirtschaft – und Typ B, – den WirtschaftsakteurInnen mit Diversity-Management-Profession. Beiden gemein ist, dass es sich um WirtschaftsakteurInnen mit Karriere(-ambitionen) handelt. Innerhalb der Typen differenzieren sich, entlang der ersten Achse ›Hierarchie und Wirkkraft‹ und auf der zweiten Achse entlang der ›Wahrnehmung sozialer Diskriminierung‹, Subtypen heraus. Es gilt: Je niedriger die hierarchische Position ist, desto höher ist die Dissonanz in Bezug auf die damit korrelierende verstärkt wahrgenommene soziale Diskriminierung sowie resultierenden Lebens(-Bedingungen). Das bedeutet umgekehrt, dass Subjekte, die sich als wirksam wahrnehmen, auch eine geringere Wahrnehmung von Diskriminierung anderer und von sich selbst konstituieren. Es fällt auf, dass sich die Orientierungen gerade nicht nur entlang von Hierarchie und vor allem nicht entlang von Diversity-Kriterien wie Alter und Geschlecht ordnen, obwohl gleichzeitig gilt, dass soziale Diskriminierung am ehesten in Bezug auf das Geschlecht wahrgenommen wird und andere potenziell diskriminierende Merkmale eher vernachlässigt bis hin als entfremdet eingeschätzt werden. Das bedeutet, Frauen wie Männer nehmen Diskriminierung unterschiedlich stark wahr, aber wenn sie sie wahrnehmen, dann vor allem in Bezug auf das Geschlecht – und nicht andere Dimensionen – mit der Ausnahme des Migrationshintergrundes, wenn er phänotypisch sichtbar oder durch Symbole eindeutig scheint (Kopftuch, Fall 1). Diese Orientierung gilt dabei gerade unabhängig der eigenen Diversity-Kriterien, also auch für ein Subjekt mit eigener Migrationserfahrung. Bei niedriger hierarchischer Stellung zeigt sich dabei eine elitenorientierte (zum Beispiel bei A.4 mit denen der CEOs) Einstellung, als Identifikation mit einer höher gestellten Fremdgruppe. Das bedeutet, ein Subjekt, welches selbst noch nicht etabliert ist und (noch) keine Aussage über mögliche zukünftige Zugangschancen machen kann, übernimmt trotzdem die Orientierungen der etablierten und weist Diskriminierung mithin zurück, wenn auch seltener als in der etablierten Gruppe.

Das bedeutet insgesamt, dass sich die typenspezifischen Orientierungen in der Bedeutung für die Subjekte unterscheiden. Orientierungen können mit den eigenen Merkmalen kongruent oder diesen entgegen verlaufen, und ebenso können sie kongruent zu den eigenen Lebensbedingungen oder den Lebensbedingungen der anderen verlaufen. Dabei spielen subjektive Erfahrungen, Attributionsmuster und Einstellungen eine Rolle, ob ich mich als Frau beispielsweise benachteiligt fühle und andere Frauen dementsprechend als benachteiligt erlebe. Aus derlei subjektivem Erleben leiten sich dann die handlungsleitenden Normen ab.

6.2 Handlungsleitende Prinzipien, Moral und Ideologie im Spannungsfeld von humanitären Werten und kapitalistischem Kontext

In diesem Kapitel werden die subjektiven Begründungsmuster und Strategien im Spannungsfeld von humanitären Werten und kapitalistischem Kontext entlang von Prinzipien, Moral und Ideologie herausgearbeitet.

6.2.1 Die hypermeritokrate (Gerechtigkeits-)Logik als Maxime

In den Orientierungen aus den handlungsleitenden Normen und dem damit verbundenen Verständnis von Gerechtigkeit zeigt sich in der sinngenetischen Typformation zweiter Ordnung eine überlagernde hypermeritokratische, also noch verstärkt meritokrate Haltung, die soziale Gerechtigkeit mit Leistung, Passungsgrad zur Wirtschaft und der Organisation und Hingabe kombiniert mit Leidensbereitschaft überschreibt. So wird soziale Gerechtigkeit zu kompetitiver Gleichheit und kompetitiver Gleichbehandlung umgedeutet. Damit ist gemeint, dass Subjekte eine konstituierte Leistungsorientierung als dominantes Wirtschaftskriterium noch verstärken und als Gerechtigkeit produzierend (um-)deuten. Dies geschieht in Form einer inkorporierten Logik in Bezug auf das Selbst und die anderen, die aber im sozialen Kontext mit gänzlich unterschiedlicher Bedeutung einhergeht.

In Bezug auf das Selbst kann Hypermeritokratie dazu dienen, die eigene Position und Handeln zu legitimieren: Im Fall von hoher Hierarchie wird so die eigene Höherstellung und Privilegien legitimiert, im Falle des Nachwuchses legitimiert sich die angestrebte Höherstellung, Privilegien und Konkurrenzverhalten und rationalisiert selbstausbeuterisches Verhalten, Selbstoptimierung, Risiko und Leidensdruck.

Derlei Funktionen befreien das Subjekt beispielsweise davon, wenn es privilegiert ist damit konfrontiert zu sein, dass der Status a) nicht verdient, sondern zufällig ist und b) einem dieser daher auch nicht zusteht und so wenig(er) identitätsstiftend interpretiert werden kann. »Man ist ja hier nicht für ungefähr gelandet, ich habe für diese Firma mehrere Standorte gebaut und da muss man schon unter den allerbesten sein und das muss der Nachwuchs halt auch lernen, wie man es so sagt: von nichts kommt nichts« (Fall 15, Z. 380–382).

Für den Nachwuchs bietet diese Logik vermeintliche Kontrolle und Rationalisierung des a) risikoreichen Daseins und b) der wiederholten Entscheidung für Leistung, Selbstoptimierung und Opferbereitschaft.

In Bezug auf ›die anderen‹ fungiert diese Logik als handlungs- und bewertungsleitende Prämisse, die Leistungsselektion ermöglicht. In der Konsequenz wirkt diese Logik dann wiederum (siehe auch oben) leistungstreibend und bringt den Nachwuchs zur Kompensation etwaiger Nachteile, Selbstoptimierung und Vernachlässigung von sozialer Ungleichheit und Ansprüchen für etwaigen Ausgleich.

Situativität, Ausgangslage, Kapital, Netzwerke und generell strukturelle Diskriminierung werden dann (notgedrungen) vernachlässigt. Weil die Lösung derlei globaler Probleme zu groß scheint, wird stattdessen eine Lösung als Eindämmung sozialer Ungleichheit auf Subjektebene gesucht. Auf dieser Ebene wird dann angestrebt, Gerechtigkeit über Gleichbehandlung von Subjekten, und zwar bemessen an Leistung und Outcome herzustellen. »Ich fände es anders auch schöner, wenn für alle genug da wäre, es ist aber nicht so, dann finde ich es nur gerecht, alle gleichzubehandeln, eben nach Output« (Fall 17, Z. 178–180).

Diese Logik bezieht sich neben der Überforderung (»das sind globale Probleme, was kann ich da machen?« (Fall 32, Z. 391)) auch auf den eigenen Werdegang. Das Subjekt erlebt den eigenen Karriereweg als erschöpfend, anstrengend und herausfordernd, »alles einfordernd« (Fall 31, Z. 508) und den Kontext als unbarmherzig und hochkompetitiv. Die Karriere wird nicht nur mit Engagement, sondern mit schmerzhaften persönlichen Opfern verbunden (70 Stunden die Woche zu arbeiten (u. a. Fall 15)/auf Kinder zu verzichten oder diese kaum zu sehen (u. a. Fall 3)). Damit geht im Umkehrschluss eine Weltsicht einher, dass diejenigen, die sich *(genug)* anstrengen, auch belohnt werden und es *nach oben* schaffen können. Trotz des eigenen harten Werdegangs zeigt sich im Umkehrschluss wenig Milde, sondern a) eine verallgemeinernde Generalisierung (es geht nur so) und b) Projektion auf die Zukunft und alle anderen (das wird so fortgeführt und gilt allen); dann gilt die wiederum selbst fortgeführte unbarmherzige Devise: ›*Wie das System mir, so ich den anderen.*‹

Die selbst erbrachten Opfer und erforderte Leidensfähigkeit rationalisieren so Einflussfaktoren wie Glück, Zufall und strukturelle Vorteile und werden als allgemeingültige Zugangs- und Bemessensgrundlage, wobei der Wert der anderen am Grad derer Aufopferung und Leidensfähigkeit gemessen wird, die nach Möglichkeit der eigenen ähneln soll: »Wir sind hier 9 Stunden am Tag zusammen, da muss das schon passen, man muss die gleichen Werte haben« (Fall 15, Z. 61). Leistungsselektionen wird dabei ebenfalls an derlei Kriterien orientiert und so legitimiert: »Woran soll man es sonst bemessen, jeder sieht es ja anders, bei Leistung weiß jeder was gemeint ist und das ist dann auch gerecht, hier die, die muss nicht so arbeiten, weil die hat drei Kinder und ist geschieden, ja wohl nicht, das würde niemand mitmachen und niemand wollen« (Fall 32, Z. 231–233).

Wenn sich Subjekte selbst als sozial benachteiligt erlebt haben, dann interpretieren sie (möglichen) Erfolg noch verstärkt als Leistungsfähigkeit und die erfolgreiche Überwindung von Hürden, als besondere Auszeichnung – dann war in liberaler Logik die Selbstoptimierung besonders erfolgreich und zeichnet das Subjekt im Gegenzug aus »ich hab es dann trotz Kind geschafft und ich bin megastolz auf mich, ich hab mich durchgesetzt gegen alle Hürden« (Fall 15, Z. 206–207). Zum generellen Optimierungsdruck addiert sich hier also ein positiver belohnender (spielerischer[40]) Sog der Distinktion.

Erleben sich Subjekte hingegen nicht als benachteiligt, wird auch Diskriminierung generell infrage gestellt, man hatte es sozusagen nicht besonders leicht und mögliche Vorteile werden so zurückgewiesen: »An diese ganzen Diskriminierungssachen gegenüber Ausländern und so weiter, dann frag ich mich wo ich persönlich / Ich habe es nie erlebt« (Fall 1, Z. 309–310).

Derlei Mechanismen erinnern an alt bekannte Moral, im Sinne protestantischer Arbeitsethik und amerikanische Aufstiegsmythen: »Ich habe

40 Im Sinne von Sport- und Konkurrenzgeist: Gewinnen macht dann Spaß, wenn auch jemand verliert.

mich auch kaputt gemacht, meine Familie geopfert, arbeite 70 Stunden die Woche und wer das macht, der schafft es auch« (Fall 15, Z. 591–592).

Das Prinzip der Gerechtigkeit durch Gleichbehandlung unterschiedlicher Subjekte unterscheidet sich jedoch in der Bedeutung für Subjekte in Abhängigkeit zur Ausgangslage, denn je niedriger das Statuslevel und je höher die subjektiv empfundene und faktische Diskriminierung des Subjekts ist, desto geringer sind Vorteile und subjektiver Sinn der Logik und desto höher sind respektive negative Konsequenzen und Risiken. In vielen Fällen ist dann auch die entstehende Dissonanz im Umgang mit den Bedingungen größer. Diese Dissonanz bezieht sich darauf, mit welcher inneren Haltung der Orientierung an Leistung begegnet wird, ob sie als ideelle oder schlechte, jedoch einzige Lösung gesehen wird.[41] Für die benachteiligten und wirtschaftlich (noch) nicht-etablierten Subjekte geht dies mit Out-Group-Identifizierung inklusive einer Abwertung der eigenen Gruppe, die mitunter zum eigenen Nachteil ausfallen – die Unbarmherzigkeit des (sozialen) Kontexts wird dann auch auf das Selbst angewendet – und in der Konsequenz ein Auf-sich-Nehmen von Kompensation sozialer und struktureller Nachteile. Dabei ist die Orientierung eine notwendige Reaktion und stellt damit keine ›freie‹ oder gar vorteilhafte Entscheidung dar, sondern ist die Unterordnung unter die herrschenden Bedingungen. Es ist also eine wahllose Entscheidung, die sozialisiert und von den Bedingungen und anderen oktroyiert wird, zum Beispiel durch die (ausbleibenden) Praktiken des Diversity Managements.

> »Ich rufe eine Diversity Person an und sage, ich brauche einen Job und ich habe einen ausländischen Nachnamen und kann aber viel. Die sagt dann, super ich hab aber trotzdem keine Stelle. (lacht). WAS WAS sollen die machen?« (Fall 25, Z. 77–80).

Der entscheidende Unterschied für Subjekte verschiedener Statusgruppen ist dabei also die Qualität der Orientierung: Ohne Beteiligung am Kapital besteht keine reale Wahlfreiheit (Marx, 1872). Das bedeutet, dass die Orientierungen als hypermeritokrate (Gerechtigkeits-)Logik als Maxime zwar intersubjektiv ähnlich sind, aber die Bedeutung und Konsequenzen

41 Dies zeigt sich entlang der Typformation II und zum Beispiel den Typen der resignierten Akzeptanz und der dissonanten Akzeptanz und deren kritischer Haltung gegenüber der dominant herrschenden meritokraten Logik und Liberalisierung.

unterschiedlich sind. Es bedeutet für ManagerInnen eine Legitimation ihrer Position ohne Risiko und Erleichterung der Selektion anderer – sie gewinnen auch etwas – für alle anderen eine risikobehaftete Out-Group-Identifizierung zum persönlichen Nachteil, mit negativen Konsequenzen in einer unbarmherzigen Logik für das Selbst, zum Beispiel durch die eigene Geißelung.

Nichtsdestotrotz handeln die jeweiligen Subjekte aus ihrer Perspektive aus einer begründeten und sinnvollen, immer am Einzelschicksal leicht nachvollziehbaren, Notlage. Hier wird daher nicht argumentiert, dass eine vermeintliche Normgruppe über derlei Mechanismen herrscht, sondern aufgezeigt, dass aus der *jeweiligen* (Not-)Lage Begründungsmuster entspringen, die das Agieren jeweils sinnhaft erklären und gerade daher tragisch wirken. Es deutet sich dabei an, dass alle Subjekte Dissonanzen ausgeliefert sind, die sich für das Leistungsprinzip und damit System auszahlen und dafür alle Subjekte in Notlagen bringen.

6.2.2 Die Moral der einen Chance

In derlei Bedingungen wird also Legitimation von Hierarchie, Erfolg und Teilhabe (an Kapital und Gesellschaft) an Leistung, Passungsgrad und Leidensfähigkeit geknüpft (hypermeritokrate Logik) und aus den eigenen Erfahrungen auf andere generalisiert und projiziert. Dabei zeigt sich eine Diskrepanz zwischen erlebten Bedingungen, Wirkkraft auf die Bedingungen Einfluss zu nehmen und humanitäre Werte der sozialen Gerechtigkeit. An dieser Stelle wird nun überlegt, welche Handlungsspielräume das originäre Ziel von sozialer Gerechtigkeit innerhalb der neoliberalen kapitalistischen Ordnung hat und was das für Subjekte bedeutet.

Diversity Management wurde als die einstigen Widerstandsbewegungen von benachteiligten Gruppen in der kapitalistischen Ordnung einverleibt und dort als Werkzeug integriert. Das bedeutete, dass Diversity Management systemkompatibel, systemerhaltend und systemverstärkend agieren muss, wenn machttheoretische Überlegungen zum Kapitalismus Recht behalten und sich Systeme niemals selbst abschaffen (Bourdieu, 1998; Foucault, 2008, Marx, 1963). Dabei ergibt sich die Frage nach der grundsätzlichen Möglichkeit von sozialer Gerechtigkeit innerhalb des bestehenden Systems und dazugehörigen Prinzipien. Der derzeitige wirtschaftliche Kontext, in dem Diversity Management untersucht wird, basiert auf dem

Grundprinzip des Utilisierens von Subjekten. Dabei ist der Logik inhärent, dass Subjekte (aus-)genutzt werden, um Gewinn zu bringen und Kapital zu kumulieren. Der Logik inhärent ist dabei die Konkurrenz um begrenzte Ressourcen und eben Kapital (Marx, 1963). Es geht also darum, für Teile der Gesellschaft Vorteile zu generieren und zu vermehren, und zwar auf der Grundlage der Arbeit(-skraft) anderer.

Innerhalb dieser Logik kann es demnach bei der Frage nach sozialer Gerechtigkeit nur noch um die Verschiebung von Utilisieren, nicht um die Auflösung vom Utilisieren gehen. Es kann dann, systemimmanent, nur darum gehen, wer zu welchem Zeitpunkt von wem (aus-)genutzt wird. Die Implementierung von sozialer Gerechtigkeit, oder Umverteilung von Privilegien, innerhalb eines kapitalistischen Systems kann folglich nur dann umgesetzt werden, wenn privilegierte Gruppen und privilegierte Subjekte Privilegien abgeben. Es können nicht alle gewinnen, wenn das System Verlierer braucht.

Innerhalb dieser systembegründeten Grenzen und den resultierenden subjektiven Motivlagen (i. d. R. die eigene Position zu halten oder zu verbessern und Abstieg zu vermeiden) konstituieren sich dementsprechende Ambivalenzen und die Not, handlungsleitende Normen abzuleiten, mit denen das Subjekt operieren (und mit sich selbst leben) kann. Die Subjekte sind dabei mit inkorporierten (humanistischen) Normen und Ansprüchen an soziale Gerechtigkeit, mit einem restriktiven System konfrontiert, in dem sie eine hypermeritokrate Logik erfahren und reproduzieren. Ein System also, in dem es Gewinner und Verlierer gibt und Ressourcen nicht für alle gleichermaßen vorhanden sind. Diese Diskrepanz ist den Subjekten bewusst und wird explizit auch als Ratlosigkeit geäußert.

> »Klar will ich helfen und ich gebe auch jedem eine Chance, aber es kann eben nicht für alle klappen und ich kann da jetzt auch nicht sozusagen meinen Kopf hinhalten, weil mein Kollege macht das nicht und am Ende bleibe halt nur ich auf der Strecke und dann ist wieder keinem geholfen, und aus der Logik kommt keiner von uns raus, auch nicht die Gutmenschen. [...] Was ist da besser, ich finde wenigstens zugeben, dass man ist was man ist, ein Kapitalist« (Fall 31, 641–645).

Dabei zeigen sich Dissonanzen im Subjekt im Spannungsfeld humanistischer Werte auf der einen Seite und den Grenzen eines rigiden Systems und (Leistungs- und konformitäts-)Druck auf der anderen Seite, wobei die Lösungsstrategie zum Beispiel mit der Funktion zur Aufrechterhaltung eigener Funktionalität und Reduktion von Dissonanzen in das Selbst verlagert wird. Diese Lösung wird im Ringen mit subjektiven Motiven und Werten im Subjekt und der (unbewussten) Angst um die eigene Position ausgehandelt und über das Einräumen von Chancen, also der Idee von Chancengleichheit als bekanntes Konzept im Diversity Management Diskurs gefunden.

Als *Moral der einen Chance* zeigt sich dann die Lösung als eine komprimierte Gerechtigkeitslogik, die das Leistungsprinzip der Hypermeritokratie um einen legitimierenden Zusatz erweitert und als Bindeglied zwischen den als rigide wahrgenommenen Bedingungen des Kontexts und humanistischen Ansprüchen im Subjekt fungiert.

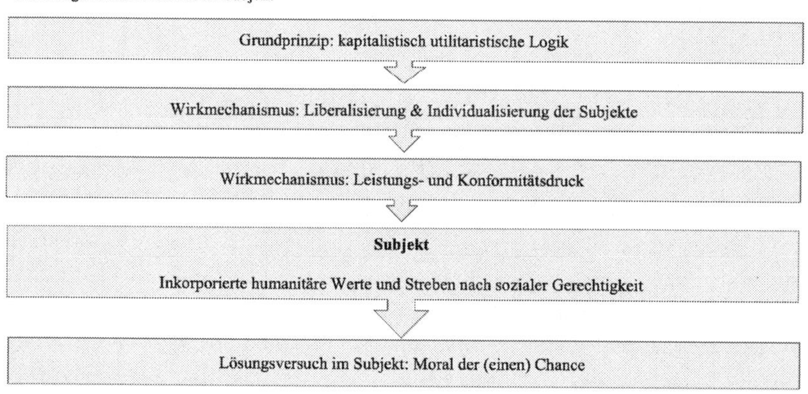

Abbildung 13: Die Moral der (einen) Chance

Subjekte sollen nach diesem Gerechtigkeitsprinzip *eine* Chance bekommen, bei der sie sich dann über Leistung und persönliche (An-)Passung in der Wirtschaft etablieren können (und müssen). Diese *eine* Chance beinhaltet dann im Gegenzug auch die Absolution aller Beteiligten (Reproduzierenden) der Bedingtheitslage. Diese eine Chance ist dabei aus Perspektive der privilegierten AkteurInnen (realistisch) abbildbar und zumindest leichter abbildbar als dauerhafte Lösungen. »Mein Anspruch ist dann, jeder bekommt die Chance sich zu beweisen, wenn es dann nicht klappt, habe ich getan was man konnte und das ist eben mein Anspruch. Mehr kann man halt auch nicht machen« (Fall 20, Z. 201–203).

Eine das System überwindende Kritik wird nur als Utopie und in ironisch, zynischer Abgrenzung verhandelt.

> »Klar wäre das schöner, eine Welt, in der für alle alles da ist, das wünschen wir uns alle, aber es ist halt ein Traum und es bleibt ein Traum. Und das kann ich auch nicht auflösen, auch nicht, wenn mir der einzelne leidtut« (Fall 32, Z. 245–247).

6.2.3 Entkoppelung von Ideologie und Praxis und die Auflösung des Subjekts

Wie oben gezeigt wird die Ideologie[42] in den WirtschaftsakteurInnen im Streben nach Integration in die Praxis durch prädominierende Wirtschaftskriterien und konkreten eigenen generalisierten Erfahrungen komprimiert und umgedeutet und so von Wirtschaftskriterien überschrieben, sie ist quasi (zu) stark praxisbezogen. Bei der Ideologie des Diversity Managements gilt der umgekehrte Fall, dort wird die Ideologie von der Praxis gelöst und resultierende Praxen wirken dann in-praktikabel, befremdlich und mithin obskur. Wie erklärt sich, dass Diversity Management überdauert, wenn sich alle AkteurInnen einig sind, dass es nicht im originären Sinn funktional ist? Wenn Diversity Management und die Orientierungen der AkteurInnen als praxisfern, Maßnahmen als in-praktikabel, Implikationen und Konsequenzen als revers wirken, Abteilungen als entkoppelt und entfremdet, sie AkteurInnen physisch delokalisiert und Bedarfe verfehlt werden? Worauf fußt dann die Orientierung?

> »Und die Ideen der Gerechtigkeit, Freiheit und Humanität werden dann auf dem einzigen Boden zu einer Wahrheit und Sache des guten Gewissens, auf dem sie überhaupt Wahrheit sein und ein gutes Gewissen haben könnten – als Befriedigung der materiellen Bedürfnisse des Menschen, als die vernünftige Organisation des Reichs der Notwendigkeit« (Marcuse, 1994, S. 245–246).

Laut Marcuse ordnet sich individuelle Positionierung in *»überindividuellen Systemen und Werten«* (Marcuse, 1994, S. 211) und der Gesellschaft

42 Ideologie wird hier nach Marcuse (1994) als von Gruppen geteilte Weltanschauung und Haltung verstanden.

ein, die so wiederum individuelle und überindividuelle Entwürfe vereinigt, aber auch durch die Sprache, die soziale Bedeutungszuweisung durchsetzt (Marcuse, 1994). In der Loslösung von der Praxis wird dann die Sprache selbst zu moralisch politischen Akten (Marcuse, 1994). Dabei sichert die verinnerlichte Ideologie einen Glauben an die eigene Handlung als Produktivität, die um jeden Preis aufrechterhalten werden muss, und zwar durch die ständige Wiederholung der Praxis. Die Produktivität wird so selbst zur Ideologie (Marcuse, 1994), und Alternativen scheinen dem Subjekt *»utopisch«* (Marcuse, 1994, S. 160). Marcuse meint damit, dass die Produktivität (im Wortsinn von Wachstum Herstellung) zur Ideologie wird. Hier wird der Gedanke um ›moralisches‹ Handeln erweitert, was sich in den empirischen Daten im Prinzip der Handlung statt Wirkung zeigt. Dabei wird die Ideologie im fortwährenden Tun konstituiert, nicht mehr im Sinn und den Effekten des Tuns. Das Tun gilt dann, auch wenn es nicht zielführend ist, weiterhin als sinnvoll, eventuell weil Alternativen fehlen und der Gegenstand losgelöst von der Wirkung als fortwährend legitim gilt.

> »Man kann uns ja gar nicht abschaffen, nein ich denke, dass das nie passieren wird, ich hatte auch nie das Gefühl auch nicht, wenn die Dinge nicht gut laufen, man kann ja gar nicht die Vertreter für soziale Gerechtigkeit abschaffen, was wäre dann?« (Fall 17, Z. 367–369).

Eine interessante Frage, die auch auf einer Konferenz in 2019 nach einem Vortrag entlang der Daten (Degen, 2019a) gestellt wurde: *›Sollen wir Diversity Management jetzt etwa abschaffen?‹*

Gerade Marcuses Argument der Sprache zeigt sich im Diversity Diskurs, in dem über Sprachpolitik und verengte Diskursräume bestimmt wird, was überhaupt (noch) ausdrückbar ist. In den Daten wird dahingehend wiederholt betont, dass der sprachliche Umgang mit dem Thema als existenziell risikobehaftet beschrieben und Themen und Praktiken über die Mechanismen von Angst vor Diskreditierung tabuisiert werden und dass es scheint, als würde es hauptsächlich um die ›politisch korrekte‹ Sprechweise gehen.[43]

43 Seit der Durchführung der Interviews rund eineinhalb bis ein Jahr vor Fertigstellung dieser Arbeit scheint sich dabei der Diskurs aus Subjektperspektive weiter verschärft zu haben. Die Autorin wurde im Nachgang mehrmals kontaktiert, mit der Bitte, das Interview unter den sich verschärfenden Umständen nicht als Volltranskript freizugeben aus Angst vor Diskreditierung. Dies gilt für Fall 8 und 1.

Dabei liegt dem Diversity Management das Streben zugrunde, eine universelle Moral zu erstellen. So wird (wie auch über standardisierte Diversity Dimensionen) versucht, den Gegenstand Diversity und auch die Zuwendungen unter Kontrolle zu bekommen. »Ja und dann muss ich das reglementieren, wo soll es sonst hinführen [wenn jemand benachteiligtes zu viel Ausgleich erhalten würde], und dann ist das so, ich such eben raus [aus Formularen und Fonds], was machbar ist, sonst wird es ja wieder ungerecht« (Fall 32, Z. 326–328). Dabei scheint eine subtile Angst zu herrschen, es könnte ein (benachteiligtes) Subjekt zu viel bekommen. Hier dreht sich die Richtung des Diversity Akteurs: Er/sie ist dann nicht die Vertretung des benachteiligten Subjekts, sondern überwacht das Ausmaß des Ausgleichs, sozusagen im Entgegenwirken möglicher reverser Diskriminierung.

Dabei wird über Verallgemeinerung und universell gültige Kriterien versucht, überprüfbare Gerechtigkeit und kontrollierte Ansprüche zu generalisieren und eigene Verantwortung und damit Risiken gering zu halten. Dies dient dann über Regularien (Verhaltens-)Sicherheit für Diversity-Management-AkteurInnen, bedeutet aber auch, dass die Maßnahmen nicht mehr situativ ausgehandelt werden. Diversity AkteurInnen treten dann (wieder) nicht als ExpertInnen auf, die in einer Sachlage verantwortungsvoll und im Sinne des Subjekts handeln, sondern treten hinter den Formalien und Handlungsgrenzen in den Hintergrund; es wird so Expertise und Verantwortung gegen Absicherung eingetauscht.

Es gilt also, dass im Versuch des Nachteilsausgleichs, die Suche nach universeller Gerechtigkeit und Kontrolle die Handlungsfähigkeit so weit eingrenzt wird, dass im Grunde die Subjekte auf beiden Seiten obsolet werden. Das benachteiligte Subjekt bekommt nicht, was es braucht und das helfende Subjekt verschwindet hinter den Regularien und der Begrenztheit. »Ich kann mich nicht um jeden kümmern, auch nicht, wenn ich es möchte« (Fall 20, Z. 421). So werden Diversity-Management-AkteurInnen zu symbolischen Figuren, die die Ideologie der Gerechtigkeit symbolisieren, aber nicht für Subjekte einstehen – sie werden abstrakt und damit praxis- und subjektfern.

So entsteht eine universelle, die Situativität und das soziale Subjekt vernachlässigende Ideologie, die sich in der Sprache als Machtmittel konstituiert. Eine intersubjektive und situative Aushandlung wäre aber laut Gergen (2011) für (ethische/moralische) Problemaushandlungen entscheidend. In der Vernachlässigung von Situativität und einer Ethik der Aushandlung zwischen Subjekten ist dann nicht mehr absehbar, welche Konsequenzen Maßnahmen und Entscheidungen haben, und können so die Bedarfe (programmatisch) verfehlen. Dabei scheitert die Praxis dann nicht an der Intention, sondern am Streben nach Kontrolle und Universalität. Eine reverse Logik könnte lauten: Wir vertrauen den ExpertInnen und geben ihnen große Handlungsspielräume, in denen sie autonom agieren können. Die Notwendigkeit einer situativen Aushandlung begründet sich darin, dass moralische Handlungen oft gleichzeitig negative Wirkungen haben kann und das Abwägen des Enzelfalls so unumgänglich wird. Die Ideologie des Diversity Managements verhindert situative Aushandlungen von ethischen Problemen durch Tabuisierung und Universalismus.

6.3 Überwachen und Strafen: die individualisierenden Erziehungspraktiken des Diversity Managements in der Organisation

Nun scheinen innerhalb einer kapitalistischen Ordnung im globalen Westen die beschriebenen prädominanten Orientierungen und Wirtschaftskriterien wenig überraschend. Unmittelbar obskur wirkt dahingegen, dass die Bewegung des Diversity Managements prinzipiell genau der sozialen Ungleichheit und Diskriminierung entgegenwirken soll, aber wie gezeigt tatsächlich eine reverse Wirkung hat. Dabei stellt sich die Frage: *Wie wirkt Diversity Management auf Subjekte? Welche unterdrückenden und produktiven Machtmechanismen machen eine Fortsetzung der Praxis möglich?* Um das zu beantworten, werden in diesem Kapitel die Wirkmechanismen von Diversity Management als Erziehungspraktiken innerhalb der Organisationen – als Ort der Erziehung – in Bezug auf die unterschiedlichen Statusgruppen, dem benachteiligten Subjekt, den ManagerInnen und den Diversity-Management-AkteurInnen diskutiert.

Auf Organisationsebene spielt sich die Institutionalisierung der Macht in der Form von Routinen und Traditionen ab und vollzieht dort die Erziehung des Subjekts. In der Organisation erlernen Subjekte durch (dort im Vergleich zum privaten Umfeld legitime) Sanktionen und Traditionen normkonformes Verhalten und werden so reguliert. Diese in der Organisation erlernten Praxen übertragen Subjekte dann in inkorporierter Form auf andere und auch private Lebensbereiche. Bourdieu beschreibt diese erziehenden Mechanismen als Unterdrückung, während Foucault eine produktive Macht entwirft. Beide Formen zeigen sich in den Ergebnissen dieser Studie, sowohl unterdrückende Maßnahmen als auch produktive Macht.

Auf der Ebene der (benachteiligten) Subjekte gibt es drei erziehende unterdrückende Strategien des Diversity Managements: a) ausbleibende oder bis zur Bedeutungslosigkeit geringe Hilfe, b) Abwertung und Feindseligkeit beim persönlichen Kontakt und c) die (öffentliche oder drohende) Stigmatisierung. Diversity Management übt dabei Erziehungsmaßnahmen als normativer Hüter von Markt-Mechanismen konformem Verhalten aus. Gänzlich ähnlich wie bei Marvakis (2019) beschrieben, der die Umdeutung von vermeintlich subjektiver Freiheit zu tatsächlichen Organisationsvorteilen und Nachteilen für Subjekte beschreibt, scheint hier eine Umdeutung von Schutz und Förderung zu marktkonformer Erziehung stattzufinden, und zwar mit Vorteilen für die Organisationen.

> »Naja, es [Diversity Management] zu nutzen um sich durchzusetzen ist generell nicht zu empfehlen, eventuell um Abfindungen zu bekommen, allerdings sind die ja eben auch auf der Seite des Konzerns. Pfüh. Ja, also im Grunde: Finger weg, das Stigma wird man nie mehr los« (Fall 21, Z. 44–47).

Subtile Mechanismen, die von Diversity-Management-AkteurInnen ausgehen, sind dabei unter anderem passive Aggressivität wie schlechte Erreichbarkeit, unfreundliche Atmosphäre, langsame Prozesse und Inaktivität sowie Darstellungsleistungen: »Der Prozess war schon sehr unschön, ich habe mich DORT als Störfaktor gefühlt« (Fall 21, Z. 19–20). Explizite Mechanismen sind auf relationaler Ebene die Abweisung von Subjekten, Erniedrigung und Infragestellen der Anliegen und Sachlagen, Versetzungen, öffentliche Ablehnung des Anspruchs und die Verbreitung der Anliegen, die zur Stigmatisierung des Subjekts und als Warnung an alle anderen AkteurInnen wirksam sind (Goffman, 1963/2010). Derlei Erziehungstechniken sorgen dafür, dass benachteiligte Subjekte (legitime) Ansprüche zurückstellen, und dass alle Subjekte Diversity Management und Maßnahmen fürchten und sich in das bestehende System einpassen. Positive Machtproduktion ist der Reiz, sich trotz Widrigkeiten, auf sich allein gestellt, ohne Hilfe nach oben zu schaffen und sich so als wirksam zu erleben, inklusive der vorteilhaften Distinktionsfunktion (siehe auch Kapitel 6.1.1). Für wenig erfolgreiche Subjekte kann fortgeschriebene Ungleichbehandlung als positive Funktion zur Entlastung bei der Attribution von Misserfolg dienen.

Die vom Diversity Management ausgehenden unterdrückenden Erziehungspraktiken der ManagerInnen basieren auf a) Überwachung, b) Eingriff in Verantwortungsbereiche, Kontrolle und (öffentliche) Zurechtweisung und c) generalisierter Abwertung als (intentionale) ReproduzentInnen von sozialer Ungleichheit als ›weiße‹ Normgruppe. »Es ist halt nun mal wie es ist, die Entscheidungsträger sind älter, weiß und sehen die Dinge aus ihrer Brille« (Fall 17, Z. 311–312). ManagerInnen werden dabei im Foucaultschen Sinne (un-)regelmäßig überwacht und finden sich in einer Rechtfertigungsposition. Gleichzeitig erleben sie, dass entgegen ihrer inneren Werthaltungen und der Wahrnehmung eines strukturellen Ungleichheitsproblems, die Zuweisung der Reproduktion eben dieser Verhältnisse auf sie projiziert werden, und erfahren explizite Erziehungsmaßnahmen zur öffentlichen Korrektur ihrer (Gesinnungs-)Fehler, zum Beispiel durch Trainings und formalen Protokollen von (Entscheidungs-) Verhalten. Derlei Bedingungen gehen mit den von Foucault beschriebenen Konsequenzen von Unsicherheit, Angst vor Diskreditierung und (äußerlicher) Anpassung, sowie verengten Diskursräumen einher.

Auch werden ManagerInnen als ExpertInnen und Führungskräfte oder als Subjekte mit persönlicher Werthaltung beim Thema sozialer Ungleichheit und Diversity Management nicht miteinbezogen: »Es wäre schön, wenn sich die 8 Jahre Ausbildung ausgezahlt hätten, aber ich fühle mich nicht ernst genommen, ich wurde noch NIE (laut) etwas gefragt« (Fall 20, Z. 411–412), stattdessen co-existieren die Statusgruppen in uneindeutiger Hierarchie und mit subtilen Wirkmechanismen. Während die ManagerInnen Weisungsbefugnis haben (müssten), sind sie diskursiv und zum Teil formal Diversity AkteurInnen und Vorgaben unterstellt eine Uneindeutigkeit, die dann zu subtilen Konterstrategien und impliziten Machtkämpfen führt.

Als produktive Macht zeigt sich die Abwertung einer klar definierten Gegengruppe, die mit positiven Konsequenzen für die Positionierung des Selbst einhergeht, sowie das Umfunktionieren von Praktiken, zum Beispiel zum (rechtlichen und formalen) Selbstschutz und die Erleichterung von Verantwortung (zum Beispiel, dass es an den Diversity-Management-AkteurInnen sei, diversere KandidatInnen zu rekrutieren).

Aufseiten der Diversity-Management-AkteurInnen zeigt sich die Erziehung in der a) Begrenzung der Umsetzung von Idealen und b) generalisierten Abwertung der Personen und Profession als Out-Group. So weisen diese durch die Praktiken und den organisationalen und diskursiven Kontext verursachte Dissonanzen auf und werden in ihrer Wirkung durch begrenzte Handlungsspielräume, Ersatzhandlungen und struktureller wie gruppenspezifischer Begrenzung ermüdet, sodass auch sie sich in die restriktiven Handlungsspielräume ergeben. Im produktiven Sinne können auch sie von der klar definierten Gegengruppe im sozialen Raum profitieren, nutzen diese für Schuldzuweisungen und Attribution von Misserfolgen und erleichtern sich so vor der Verantwortung etwaigen Misserfolgs sowohl in Bezug auf die eigenen Ideale als auch auf messbare Wirkungen.

Es zeigt sich folglich, dass Diversity Management Subjekte auf allen Ebenen überwacht, sanktioniert, Gruppen bildet und so subtil steuert, wobei die Mechanismen die Begrenzung von Autonomie und Wirksamkeit sowie Erhöhung von Unsicherheit und Misstrauen zwischen Subjekten und Gruppen darstellen. Macht etabliert sich hier im ständig wiederholten subjektivem (Entscheidungs-)Verhalten, als inkorporierte Praktiken, die sich sowohl als Habitus entlang der organisationalen Statusgruppen, als auch als Techniken des Selbst im Subjekt konstituieren.[44, 45]

Dabei sind insgesamt die eindeutigen Verlierer die benachteiligten und wenig(er) erfolgreichen Subjekte, bei denen neben der Verarbeitung des Abstiegs beziehungsweise ausbleibenden Aufstiegs über Attributionen keine produktive Macht ist und keine Vorteile erkennbar sind. In Bezug zu Machttheorie zeigt sich, dass unterdrückende und produktive Macht gleichzeitig und integrativ wirken können.

6.4 Die diskursive Machtkonstitution von Diversity Management

Neben den erzieherischen Wirkmechanismen auf Subjektebene konstituiert sich die Macht des Diversity Managements im gesamtgesellschaftlichen

44 Um dies abschließend untersuchen zu können, ist ein Fokus auf die Sozialisation und den Werdegang der ProbandInnen notwendig, so besteht doch die Möglichkeit, dass sich das Sample um ein zu stark überschneidendes Milieu von Akademikern mit Studium und Wirtschaftskarriere handelt. Allerdings handelt es sich um Subjekte mit Migrationshintergrund und von Familien ohne akademischen Hintergrund sowie geflüchtete Menschen. Dass es sich daher um ein ursprungsbegründetes homogenes Milieu handelt, ist zwar nicht auszuschließen, aber auch nicht wahrscheinlich.

45 Entgegen dieser Perspektive auf soziale Positionen statuieren sich Normgruppen allerdings entlang von traditionellen Klassen im Sinne Bourdieus. So wird die Normgruppe fortwährend als weiß, mittelalt und männlich konstruiert.

und globalen Diskurs, in der Organisation und zwischen Gruppen. Dabei kann die Richtung der Wirkmechanismen über die Frage: *Welche Interessen gewinnen und was gibt es zu gewinnen?* weiter herausgearbeitet werden.

Diversity Management ist ein gesamtgesellschaftliches Phänomen, das größer als die Organisation ist, in diese hineinwirkt und dort gleichzeitig aus dieser (re-)produziert wird. Diversity Management entkoppelt sich also (trotz des Management Begriffs) vom organisationalen Kontext. In dieser *Größer-als-die-Organisation*-Sphäre entwickeln die, die ihre Logik in die Organisationen hineinträgt und dort die Organisation, die organisationsinternen Hierarchien vernachlässigend, verändert. Dies zeigt sich zum Beispiel entlang vorgegebener Auswahlkriterien, der Legitimation von Entscheidungen und der sich verändernden Organisationsstruktur und Kommunikation. Die Mechanismen sind dabei symbolisch, verändern beispielsweise die Art des Sprechens und der Begrenzung der Themen und Meinungen und formal und faktisch in der Gestalt von Gesetzen und Richtlinien, Institutionen (wie Kontrollgremien) sowie abgeleiteten Handlungsspielräumen.

In der Organisation positioniert sich Diversity Management quer zu regulären Hierarchien, bildet neue dichotome Gruppen (zum Beispiel Diversity Befürworter und Gegner, und Marginalisierte und Normgruppe) und reproduziert altbekannte Gruppen (Leistungsträger und Benachteiligte). Die Gruppenbildung orientiert sich dabei nicht an Hierarchieebenen oder Diversity-Kriterien, beziehungsweise Merkmalen. Der Normgruppe zugehörig empfinden sich auch ManagerInnen mit Migrationshintergrund, und diese werden ebenso von anderen Statusgruppen als Normgruppe klassifiziert. Gleichzeitig zählen zur Gruppe, die sich gegen Diversity Management positionieren, auch benachteiligte Subjekte und nicht etablierter Nachwuchs, die sich somit in die Identifizierung mit der Out-Group begeben und damit einhergehend beispielsweise aus ihrer Warte kritikwürdiges ManagerInnenverhalten, wie die Abwahl von Personen mit Migrationshintergrund bei Einstellungsprozessen, verteidigen. Dabei wird das Stigma der Eigengruppe selbst verstärkt und die Out-Group-Identifizierung konstituiert, motiviert durch Aufstiegshoffnung und dem Streben, nicht als (förderungswürdiger) Sonderfall klassifiziert zu werden. Diversity Management bildet also hierarchieüberlagernde Orientierungen und Gruppen in Organisationen.

Der Diversity Management legitimierende und konstituierende Mechanismus dahinter – *wieso ist Diversity Management (noch) genauso da?*

– ist dabei die Entlehnung der a) Empörung und b) des (unanfechtbar legitimen) Anspruchs der Benachteiligten. Das bedeutet, Diversity Management zu kritisieren, wird gleichgestellt mit der Kritik an sozialer Gerechtigkeit; die Logik ist dann, wer gegen Diversity Management ist, ist für Diskriminierung. Damit entkoppelt sich aber die Legitimation vom (mess- und evaluierbaren) Beitrag, und Diversity Management misst sich nicht an dem, was es tut und bewirkt, sondern an seinem historischen Ursprung. Wie schon Köllen (2016) argumentiert, wird so eine moralisch nicht antastbare Position eingenommen, die ein Infragestellen diskursiv verunmöglicht. Ein Mechanismus ist dabei die Polarisierung. Es geht nicht um die Auseinandersetzung mit dem Thema, die Konsequenzen der Praktiken oder inhaltliche Gegenstandsbereiche (u.a. soziale Ungleichheit abbauen, Vielfalt fördern, Benachteiligten helfen), sondern darum, dafür oder dagegen zu sein. Wer dagegen ist, fällt in Ungnade und diskreditiert sich selbst. Foucault (2008) beschreibt dies als Dichotomie des In-Gnade- oder In-Ungnade-Fallens und den Mechanismus der fortwährenden Unwissenheit über das eigene Schicksal, welches in der Konsequenz konformes Verhalten aus Angst heraus produziert. Dabei zeigen sich in den empirischen Daten Hinweise auf beides, zum einen den Diskurs, der größer ist als die Organisation und zum Beispiel in den diffus generalisierten Medien und der Politik verortet wird und zum anderen die generalisierte Angst, es ›nur falsch machen zu können‹ und Aussagen daher gänzlich zu vermeiden.

Die treibenden Interessen und die gewinnenden Interessengruppen bleiben dabei im Foucaultschen Sinne zunächst unspezifisch und diffus. *Global* im *gesamtgesellschaftlichen* Diskurs lässt sich aber sagen, dass sich im Größer-als-die-Organisation Kontext etablierte Hierarchien reproduzieren und Organisationen gesteuert werden können. Auf *organisationaler Ebene* gibt es dabei einen weiteren, subtilen Gewinner und das ist die Organisation selbst. Diese nutzt Diversity Management zum rechtlichen Schutz, als Leistungsselektion möglichmachend, Subjekte erziehend und als Wettbewerbsvorteil zur Imageaufwertung. Die Gewinner auf *Gruppenebene* sind einerseits die Diversity-Management-AkteurInnen. Sie sichern ihre Stellung und mitunter (dies gilt nicht allen Fällen) vorteilhafte Arbeitsbedingungen, wie geringere Arbeitsbelastung und reproduzieren sich in einer Machtstellung mit Weisungsbefugnis. Andererseits gewinnen *ManagerInnen* rechtlichen Schutz und eine formale Legitimierung leistungsorientierter Selektion durch die Anwesenheit des Diversity Managements als Verantwortungsorgan (auch oder vor allem dann, wenn es lediglich oder vor allem als Darstellungsorgan fungiert). Und wer verliert? Wie auf Subjektebene sind es vor allem die benachteiligten Gruppen und Subjekte, sowie alle die, die noch wenig etabliert sind. Für alle anderen Gruppierungen sind manche Dynamiken und Praxen zwar unmittelbar unangenehm, aber nicht existenziell bedrohlich und bringen immer auch Vorteile mit sich.

6.5 Soziale Dynamiken und gruppenspezifische Konsequenzen

Wie im Kapitel zum Überwachen und Strafen gezeigt, verorten sich Machtmechanismen intersubjektiv und auf Gruppen bezogen. Dabei ergeben sich nicht nur Wirkmechanismen, die die Subjekte erziehen, sondern es konstituieren sich auch Gruppendynamiken, die sich sowohl auf organisationaler (6.5.1) als auch diskursiver (6.5.2) Ebene auswirken und so (Un-)Möglichkeitsräume schaffen.

6.5.1 Der negative Zirkelschluss des Diversity Managements

Die empirisch aufgezeigten Dynamiken in Bezug auf die Macht des Diversity Managements ergeben mit dem Modi Operandi und den Positionierungen der Subjekte eine Wechselwirkung, die sich als gruppendynamischer negativer Zirkelschluss des Diversity Managements im organisationalen Kontext abbilden lässt.

Dabei etablieren sich Wechselwirkungen und Gruppendynamiken zwischen den Statusgruppen entlang gegenseitiger Annahmen, Positionierungen, Bewertungen und wechselwirkenden (Re-)Aktionen, die sich jeweils gegenseitig bedingen und die hier in *Verhalten* und *Erleben* von Welt als Zirkelschluss geordnet sind und unten beispielhaft erläutert werden.

Beim negativen Zirkelschluss des Diversity Management wird deutlich, wie jeweils das subjektive Verhalten nachvollziehbar und sinnhaft wird, wenn das subjektive Erleben der Bedingungen miteinbezogen wird. Der hier dargestellte Zirkelschluss bildet daher die zwei dynamisch aufeinander bezogene Dimensionen *Verhalten* und *Erleben* und macht entlang dieser Dimensionen die Dynamik zwischen den Gruppen deutlich.

Auf der Seite des *Verhaltens* des Diversity Managements zeigt sich, dass Diversity Management eine Praxis etabliert, die unter anderem alternative

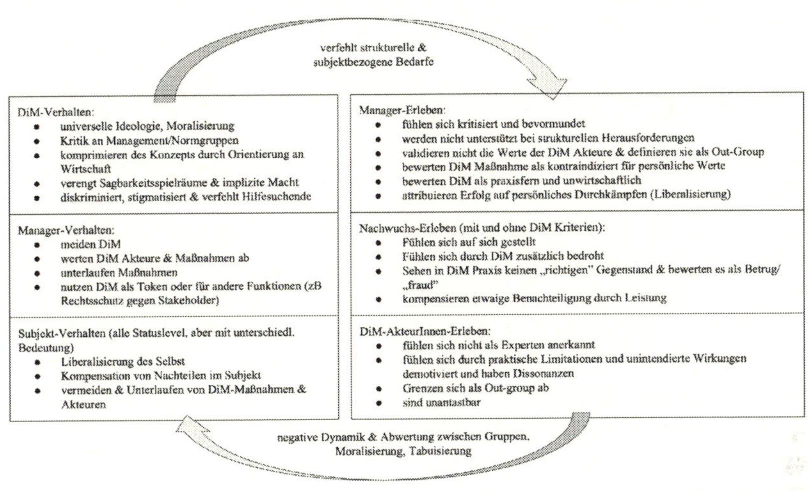

Abbildung 14: Der negative Zirkelschluss von Diversity Management[46]

Gegenstände bedient (z. B. PR) und an organisationalen Interessen orientiert ist, dabei eine feindliche (als weiße und meist auch schwerpunktmäßig männliche, homogen orientierte Gruppe beschriebene) Normgruppe konstruiert und die Bedarfe von Subjekten auf allen Statusleveln verfehlt, zum Beispiel benachteiligte Subjekte diskriminiert, ManagerInnen kritisiert und nicht vermag, strukturellen Ungleichheiten entgegenzuwirken, wie zum Beispiel heterogene Bewerberlagen zu etablieren.

Aus dieser Praxis resultiert das *Erleben* von Diversity Management aus der Perspektive der ManagerInnen: Sie werden für Probleme kritisiert, die sie aus ihrer Perspektive nicht verursachen und erleben sich als homogenisiert und generalisiert abgewertet. Sie erleben bewusst, dass ihre persönliche Werthaltung dabei übersehen beziehungsweise vernachlässigt wird. Bei strukturellen Herausforderungen und den persönlichen Visionen der ManagerInnen wird keine Hilfestellung geleistet und der als herausfordernd erlebte Arbeitsalltag generell noch erschwert. Sie erleben das Diversity Management als an anderen Werten orientiert als die AkteurInnen, die sie respektieren, also als illoyal, wenig dediziert (»kurze Arbeitstage« (Fall 32, Z. 191)), wenig leistungsstark und inkompetent insofern, als dass Maßnahmen zum Beispiel praxisfern und Werteorientierungen als erfolgs-

46 Die hier dargestellte Dynamik ist zirkulär dynamisch, nicht kausal.

gefährdend verstanden werden. Ihren persönlichen Erfolg schreiben sie hingegen der eigenen Leistung und Engagement zu – eine Weltsicht, die sie in der Folge auf Subjekte projizieren. Sie verbleiben auf der Ebene: *Würden die Diversity-ManagerInnen wirksam gegen strukturelle Probleme arbeiten, könnte ich mit dem Problem auch besser umgehen, und das würde ich auch gerne.*

Das Management begegnet diesem Erleben auf Ebene des *Verhaltens* im Gegenzug mit Widerstand gegenüber Maßnahmen und AkteurInnen. Der Widerstand drückt sich im Unterlaufen von Maßnahmen, Abwertung der AkteurInnen und Profession und Umfunktionialisierung der AkteurInnen und der Institution Diversity Management aus.

Der Nachwuchs *erlebt* Diversity Management als nicht in ihrem Interesse handelnd. Sie bemerken den Rückwurf auf das Selbst, die Diskriminierung und Stigmatisierung bewusst. Dies hat eine negative Wirkung auf persönlicher und intersubjektiver Ebene. Subjekte stellen dabei die Legitimation und Maßnahmen des Diversity Managements infrage. Dies führt zu starker Ablehnung sowie Vermeidung und Bekämpfung von Diversity Management, zum Beispiel durch Meinungsmache oder auch offenen Konflikt. Sie verbleiben auf der Ebene: *Würden die ManagerInnen nicht diskriminieren, würde mein Gerechtigkeitsanspruch durchsetzbar und meine Maßnahmen wirksam sein.*

Das *Erleben* auf der Seite des Diversity Managements ist geprägt davon, dass sie als Profession, ExpertInnen und Personen abgewertet und ihre Maßnahmen unterlaufen werden. Sie stehen im Dauerkonflikt mit dem sozialen Umfeld und verorten sich bewusst als Out-group. Gleichzeitig sind sie oftmals von der eigenen Wirkkraft enttäuscht und fühlen sich gezwungen, ihre persönlichen Werte zu unterlaufen. Dieses Erleben führt bei Diversity-Management-AkteurInnen wiederum zur Abwertung der anderen Gruppen (auch der benachteiligten, siehe Fall 5 und 6) und wiederum zu spezifischem *Verhalten* (siehe auch oben), zum Beispiel der Abwertung der anderen, unfreundlichem zwischenmenschlichem Verhalten und Abgrenzung, sowie innerer Kündigung und Aufgabe und Diskursverengung, auch zum Schutz des Selbst und der Existenz.

So wird ein Zirkelschluss von negativen Dynamiken, Abwertung, Kritik, unmöglich gemachter Kommunikation, Konfliktlinien, Tabus und impliziter Machtausübung auf allen Level beschrieben. Dieser Zirkel ist sozial dynamisch und spiegelt dabei nicht die subjektive Intention wider. Insgesamt zeigen sich soziale Gruppendynamiken, die auf Ebene der jeweiligen

Subjekte und Gruppen nachvollziehbar und in sich konsistent sind, aber zu programmatischer Verhinderung von Zielen, sowie negativen Konsequenzen auf persönlicher, professioneller und gesamtgesellschaftlicher Ebene führen. Innovation, Kreativität und Lösungsfindung werden in einem derlei verengten Diskursraum unwahrscheinlich.

Diversity Management wird in dieser Dynamik also zur programmatischen Verhinderung sozialer Gleichbehandlung, indem sich soziale gruppendynamische (Abwertungs-)Prozesse vor den inhaltlichen Gegenstand schieben. Das Resultat dieses Kräftemessens zwischen den Gruppen ist dann wieder Benachteiligung der schon benachteiligten Subjekte.

6.5.2 Diskursive Verschleierung des Problemgegenstandes und abwehrende Gruppendynamiken

Gruppendynamiken entwickeln im Kontext kapitalistischer Wirkmechanismen nicht nur spezifische Dynamiken, die hier weiter erläutert werden, diese Dynamiken haben auch Konsequenzen in Bezug auf ihre Wirkweise auf das System, und Subjekte und erfüllen so ganz spezifische Funktionen. Das Grundprinzip in kapitalistischer Logik, wie oben dargelegt, ist das Utilisieren des Subjekts mit dem Wirkmechanismus der Liberalisierung und Individualisierung. Subjekte lösen dabei die Diskrepanz zwischen humanitären Werten und rigidem System durch die Umdeutung von a) sozialer Gerechtigkeit zu Gleichheit und dem dazugehörigen Bewertungsmaßstab der Hypermeritokratie, b) der Chancengleichheit über die *Moral der einen Chance* und c) der Projektion von Verantwortung auf andere Gruppen.

Dabei zeigt sich, wie sich Gruppendynamiken vor den originären Gegenstandsbereich schieben und so als Verleugnungsmechanismen ablenken und diesen in Bereiche des reflexiv nicht zugänglichen, quasi Unbewussten, verschieben. Diese Mechanismen schützen dann zum einen die Subjekte vor Verantwortungsübernahme (soziale Ungleichheit abzubauen) und zum anderen vor der Konfrontation mit größeren (zum Beispiel globalen, strukturellen) Problemlagen (die in der Konsequenz bedeuten können, eigene Privilegien abgeben zu müssen).

Dabei bilden sich am Beispiel Diversity Management zwei Lager (siehe Abbildung 15), zwischen denen sich die Gruppendynamiken abspielen: Die der ManagerInnen und der Nachwuchs auf der einen Seite und die der

Diversity-Management-AkteurInnen auf der anderen Seite. Die ManagerInnen verfolgen die Logik, sich selbst nach außen und innen zu legitimieren, erfolgreich zu sein und funktional zu bleiben (mit sich leben zu können) und für die Organisation Erfolg zu generieren. Der Nachwuchs ist durch Aufstiegsstreben, Angst vor Abstieg sowie Angst vor Stigmatisierung durch Diversity Maßnahmen motiviert, kompensiert in der Konsequenz Nachteile im Subjekt und identifiziert sich mit der Gruppe der ManagerInnen. Diversity-Management-AkteurInnen sind durch Angst vor sozialem Abstieg, Out-Group-Positionierung und dem Innehalten der Definitionsmacht motiviert. Zwischen diesen Gruppen konstituieren sich gruppendynamische *Abwertungsprozesse, ›Othering‹* und *Projektionen*. Dazu gehören unterstellte Differenzen in Bezug zu Einstellungen, Verhaltensweisen, Werten und Intentionen.

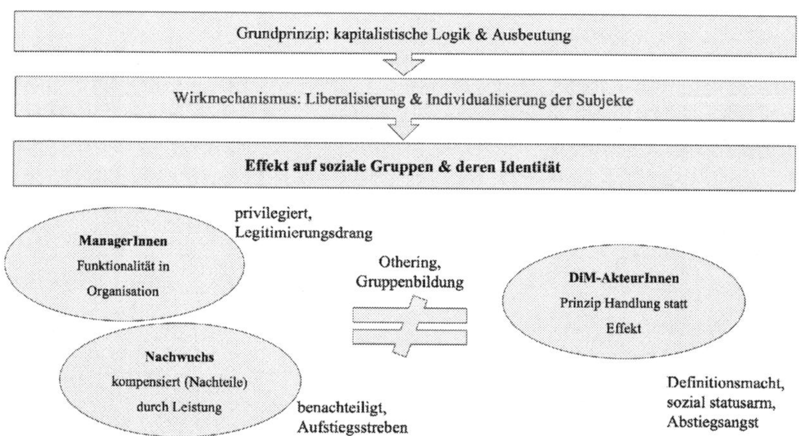

Abbildung 15: Gruppen- und Identitätsbildung im kapitalistischen Kontext und Diversity Management

Abbildung 16 beschreibt diese Lagerbildung unter Einbezug der Abwehrmechanismen und resultierenden (Verhaltens-)Strategien. Derlei meist unbewusste Abwehrmechanismen im psychoanalytischen Sinne (Freud, S, 1894; Freud, A., 1936) beinhalten unter anderem Verdrängung, wobei die Wahrnehmung und Bewertung einer Situation auf andere Situationen verlagert wird, Vermeidung, wenn einer potenziell bedrohlichen Situation aus dem Weg gegangen wird, und Verzerrung, wenn die Wahrnehmung und

Bewertung der Situation derart verändert wird, dass sie nicht mehr bedrohlich erscheint (Freud, S., 1894).[47]

Dabei wird deutlich, dass die aus den – den originären Problemgegenstand abwehrenden – Gruppendynamiken resultierenden Strategien, zum Beispiel das gegenseitige Konterkarieren von Maßnahmen und Konflikten, vor allem den Nachwuchs negativ betreffen. Dabei richten sich, wie oben gezeigt, die Maßnahmen von Diversity Management vor allem auf das Management, um dort einzugreifen. Das Management wiederum entzieht sich und entwickelt Gegenstrategien und Widerstand. Dabei wirken von derlei gruppendynamischen Prozessen die bekannten Wirkmechanismen Liberalisierung und Individualisierung auf den Nachwuchs, der dann Diversity Management meidet und sich mit der Out-Group des Managements identifiziert.

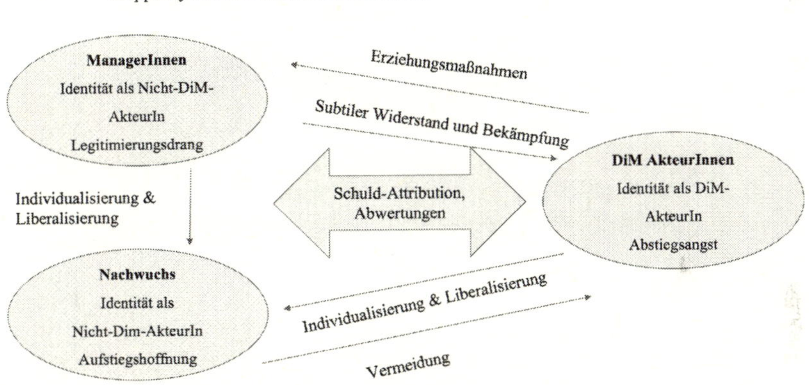

Abbildung 16: Gruppendynamische Lagerbildung

Wird dann der größere Kontext des Kapitalismus miteinbezogen, zeigt sich, dass die sprachliche Macht (zum Beispiel Tabuisierung) auf die Gruppendynamiken einwirkt und sich wie ein schützender Vorhang vor den Problemgegenstand des Kapitalismus als Produzent und Verursacher sozialer Ungleichheit und die abgeleiteten handlungsleitenden Normen und Moral schiebt. Indem der Problemgegenstand nicht (mehr) verhandelt werden kann, werden auch die verursachenden Mechanismen in den

47 Dazu vertiefende Beispiele bei Dewanger (2019).

Raum des Unsagbaren verschoben und dort geschützt und verbleiben unentdeckt, sodass sich Intentionen und Wertorientierungen der Subjekte gänzlich ähneln. Reflexiv und intersubjektiv zugänglich ist dann lediglich die Ebene der Gruppendynamiken, die sich um Polarisierung und Abwertung drehen. Subjekte und Gruppen fokussieren so einander und erkennen dadurch die größere Bedingtheit nicht. Erkenntnisse werden also so durch Gruppendynamiken verhindert.

Statt zu fragen: *Was tun wir und was wollen wir tun?* bleibt die handlungsleitende Frage: *Wer macht es schlechter?* Dabei geht als Gewinner die Systemlogik hervor (Abbildung 17).

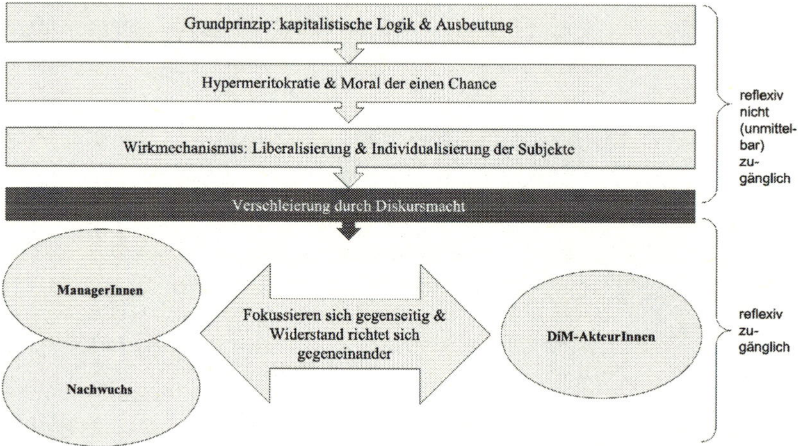

Abbildung 17: Die Verschleierung der Ursache

Abbildung 18 beschreibt die herausgearbeiteten Reflexionslevel in Bezug auf Gruppendynamiken, die Erkenntnisstufen sowie dem Potenzial und Wirkweisen vom Begreifen aus kritisch theoretischer Perspektive.

Die unterste Stufe (sozusagen Null) der unreflektierten Hinnahme des Status quo ist dabei im Fall aller Subjekte überwunden. Stattdessen befindet sich das Begreifen der Subjekte auf dem Erkenntnislevel 1. Es herrscht intersubjektiv die Überzeugung, dass es so, wie es ist, nicht funktioniert. Subjekte sind sich bewusst, dass sie ihre Ideale und Werte komprimieren, dass strukturelle Ungleichheit herrscht und sie dieser in ihren Handlungsmöglichkeiten nicht effektiv entgegenwirken können. Dabei herrscht Einigkeit, dass Diversity Management nicht die Lösung bietet und so ›nicht funktioniert‹.

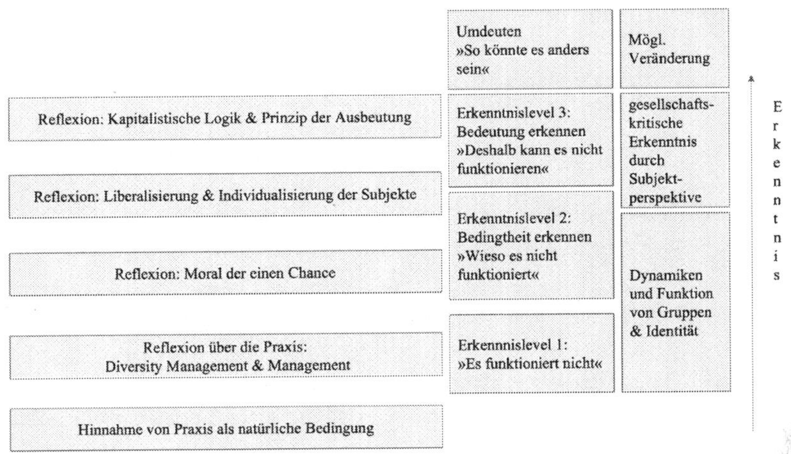

Abbildung 18: Erkenntnislevel

Dahinterliegend unterscheiden sich allerdings die Überzeugungen in Bezug auf die Begründungen, also die Perspektive wieso es nicht funktioniert und die Fokussierung der Praxis der Anderen als Verursacher, und sodann schieben sich die oben beschriebenen Gruppenprozesse vor mögliche weitere Erkenntnislevel. Beim Ergründen von Erkenntnislevel 2 ›wieso es nicht funktioniert‹ verharren die Subjekte auf Attributionen zwischen den Gruppen und projizieren die Schuld jeweils auf die anderen. Statt die Bedingtheit aller zu erkennen, wird so der Fokus gruppendynamisch aufeinander gerichtet und Lösungen und Strategien im Umgang mit der Bedingtheit nicht in Aushandlung mit den Bedingungen, sondern kompensierend und selbstwertdienlich im Subjekt gesucht. Damit lösen die Subjekte die Probleme mit der Bedingtheit in sich und handeln die Dissonanzen in Abwehrmechanismen und Projektionen mit konstruierten Gegengruppen ab. Damit verbleiben die Subjekte auf der Ebene von Identität und Gruppe.

Weitere Erkenntnislevel würden beinhalten zu erkennen und zu integrieren, welche Probleme, Widersprüche und unethischen Bedingungen die Lebensbedingungen bedeuten und in den Aushandlungsprozess aus gesellschaftlich kritischer Perspektive und dann aus vereinter humanistischer Perspektive zu treten, um zu erkennen, dass es nicht funktionieren kann, statt zu befinden, dass es wegen den anderen nicht funktioniert. Damit würden sich dann die gruppenspezifischen Abwertungsprozesse auflösen und das Begreifen der Lage möglich werden.

Auf eben dieser potenziellen Erkenntnis basierend würde dann nach Holzkamp das Potenzial entstehen, die Handlungsmöglichkeiten zu erweitern und mit gewisser Sprengkraft umzudenken: »Wie könnte es anders gehen?«

6.6 Die Wiederholung altbekannter Muster: *Why we hate HR Diversity Management*

Die generalisierte Abwertung einer spezifischen Gruppe und auch die um Diversity Management beschriebenen Arbeitsweisen sind nichts grundsätzliches Neues. Wird nach einer (historischen) Regelhaftigkeit gesucht, zeigt sich vor allem (und mindestens) ein augenscheinlicher Vergleichsfall, bei dem ein gänzlich ähnliches Phänomen im Wirtschaftskontext gezeigt wurde. Hammonds veröffentlicht in 2005 einen Artikel über HR-Praktiken (Human Ressource Management, also Personalwesen) unter dem Titel »*Why we hate HR*«. Hammonds beschreibt darin ein Paradox um das Personalwesen, welches sich trotz der wichtigen Schlüsselfunktion vor allem durch Wirkungslosigkeit und als Sammelbecken wenig qualifizierter und erfolgreicher Subjekte und daraus resultierender Unbeliebtheit auszeichnet:

> »HR people are, for most practical purposes, neither strategic nor leaders. [...] And if it's not clear already, I don't like HR, either, which is why I'm here. The human-resources trade long ago proved itself, at best, a necessary evil — and at worst, a dark bureaucratic force that blindly enforces nonsensical rules, resists creativity, and impedes constructive change. HR is the corporate function with the greatest potential — the key driver, in theory, of business performance — and also the one that most consistently underdelivers« (Hammonds, 2005, S. 42).

Hammonds kritisiert Personalabteilungen und respektive AkteurInnen – in ähnlicher Weise wie sich in den empirischen Daten dieser Schrift Diversity Management hier zeigt – dahingehend, dass ihr Vokabular entfremdet (was bedeutet eigentlich: ›agil, veränderungsbereit, flexibel und individuell‹), anschlusslos und unverständlich sei, der Gegenstand verwaschen werde, der Beitrag des Personalwesens nicht nach Leistungskriterien bemessen und leistungsschwache AkteurInnen in diesen Positionen geparkt würden oder dorthin gravitieren. Gerade bei Personalprozessen steht dabei die moralische Abwägung von Entscheidungen im Zentrum, wobei Hammonds (2005) anmerkt: »HR does not tend to hire a lot of independent thinkers who stand up as moral compasses« (S. 43). Dies sei insgesamt eine negativ verstärkende Dynamik, die einflussreiche und laut Hammonds intelligente KandidatInnen abzuschrecken vermag und deswegen besonders bedauerlich sei, weil es sich beim Personalwesen im Grunde um eine inhaltlich essenzielle Schlüsselposition handelt.

Die Parallelen zum Diversity Management drängen sich dabei förmlich auf. Oftmals in der Personalabteilung angegliedert, scheint es sich aus Sicht der anderen AkteurInnengruppen bei ihnen auch um so betitelte Underperformer zu handeln. Auch die Kritik am wenig konkreten Gegenstand findet sich in Bezug zum Diversity Management wieder, wobei die Frage aufkommt, ob und inwiefern es sich überhaupt um einen ›Vollzeit-Beruf‹ handele und daher spekuliert wird, womit sich die Abteilungen und AkteurInnen eigentlich beschäftigen. Worthülsen und Arbeitsgegenstand werden ähnlich wie im Personalwesen als Ersatzhandlungen und Entkopplung der tatsächlichen Wirkung infrage gestellt. Hammonds bringt das Beispiel, dass so beispielsweise eine 40-Stunden-Weiterbildung veranstaltet werde, aber nicht evaluiert wird, ob sie eine und welche Wirkung diese gehabt hat, ein Vorgehen, das sich beim Diversity Management fortsetzt. Diese Kritik wird begleitet von ähnlich zynischem Hinterfragen, Abwertungen und Ausgrenzung.

Auf seiner Kritik entwickelt Hammonds eine einfach scheinende Umkehrung des Prinzips Handlung statt Wirkung: *»Make value not activity«* (S. 46)[48].

Diversity Management könnte dahingehend ebenfalls als Schlüsselposition, bei der Moral und Humanismus als Entscheidungsgegenstand eine noch ausschlaggebendere Rolle spielen dürften, oft hoch angesiedelt in den Organisationen, verstanden und die Expertise in Bezug auf soziale Benachteiligung als entscheidender Beitrag gesehen werden, wenn nur die Arbeitsweise von Handlung zu Beitrag und die Sinnhaftigkeit der Handlungen in Bezug auf ihre Konsequenzen bemessen würden. So kann spekuliert werden, ob die soziale Rolle und die demografische Besetzung einer Gruppe Personen nicht unzufällig derart ausfällt.

48 Hammonds meint damit ökonomischen Mehrwert, im Fall von Diversity Management müssten Werten aber in ethischer Form und aus Subjektperspektive verstanden werden.

6.7 Subjektiver Widerstand

In der Tradition der kritischen Psychologie und Holzkamp verstehen sich die Handlungsstrategien der Subjekte als widerständig (verallgemeinert) und angepasst (restriktiv)[49]. Dies geschieht in Abhängigkeit zum Begreifen, welche in Abbildung 18 unter ›Was nun‹ aufgegriffen wird, und zeigt sich in eben angepassten und widerständigen Verhaltensweisen. Dabei ist es zu kurz gegriffen, die vermeintlich widerständigen Strategien wie das Konterkarieren von Maßnahmen widerständig zu bezeichnen, da diese, wie sich hier wiederholt gezeigt hat, das System aufrechterhalten und so letztlich gerade keine erweiterte Handlungsmöglichkeit darstellen. So ist beispielsweise das Vermeiden von Diversity Management eine inkorporierte und autodirektive Aneignung der Leistungslogik als restriktive Handlungsfähigkeit und letztlich das Gegenteil von Widerstand gegenüber den Lebensbedingungen.

6.7.1 Konforme (restriktive) und widerständige (verallgemeinerte) Strategien der ManagerInnen und des Nachwuchses

Diversity Management wird als die Redefreiheit beschränkend erlebt. Dieser Beschränkung folgen die Subjekte. Diversity-sensible Themen im organisationalen und öffentlichen Raum sind zu meiden. Zu dieser Zensur zählen auch das Entscheidungsverhalten und die Haltung zu den AkteurInnen. Dabei sind sich Subjekte unsicher, wie die Einstellung der anderen gelagert ist und wem die subjektive Einstellung anvertraut werden kann. Oftmals wird das nur im Privaten möglich. Während mit dieser Zensur kokettiert wird und sicherlich eine diskreditierende Gefahr darin gesehen wird, derlei Einstellungen zu äußern, scheint es doch gleichzeitig erlaubt und gängig zu sein, sich dahingehend zu äußern. In allen Interviews wird schlussendlich einstimmig und mitunter plakativ bis beschimpfend abwertend über AkteurInnen und Praxis gesprochen, was auf eine zumindest implizite Norm hinweist, dass auf diese Art über diese AkteurInnen und Praxen gesprochen werden *darf*. Dies zählt im größeren Kontext allerdings fortwährend zu restriktiven Strategien, da die Handlungsfähigkeit so nicht erweitert wird. Stattdessen wirkt es eher wie ein verbaler Kanal, um sich

49 Der einfacheren Nachvollziehbarkeit halber wird hier auch mit den Begriffen konform und widerständig fortgefahren.

Erleichterung zu schaffen und dient so auch zur Rechtfertigung der (nicht soziale Gerechtigkeit schaffenden) Praktiken.

Darüber hinaus werden Regularien, Formalien und Maßnahmen explizit und zur Darstellung befolgt. ManagerInnen absolvieren die Webinare, verändern und passen formale Abläufe an, erfüllen die entwickelten Kriterien wie Quoten bei Bewerberlisten, rechtfertigen vorgabenorientiert Entscheidungen und akzeptieren sich selbst als Zielgruppe von Maßnahmen. Insgesamt werden Praktiken also trotz der vordergründigen Kritik in den meisten Fällen geduldet. Der Widerstand der sich beispielsweise im nur vordergründigen Absolvieren der Maßnahmen und Fortbildungen zeigt, gilt dabei als restriktive Strategie, da gerade dadurch das System aufrechterhalten wird. Das, was also von den Subjekten oftmals als Freiheit wiederherstellende Strategie auf Subjektebene erlebt wird, ist aus systemischer Perspektive konformes, also restriktives, Verhalten.

Ähnliches zeigt sich im subjektiv als Widerstand berichteten Verhalten in Bezug auf Selektionskriterien. Das Hinwegsetzen über Diversity Kriterien und Strategien wie Moral der einen Chance und hypermeritokrate Logik fungieren genau im Sinne von kapitalistischer Logik und unterwerfen das Selbst und die anderen der Systemlogik.

Eine verallgemeinerte Strategie aus Managementperspektive zeigt sich bei Fall 3 und Typ 1.1 (CEO), der für seine Organisation Diversity Management zurückweist und nicht implementiert hat. Dabei berichtet Typ 1.1 von diskursivem Druck außerhalb seiner Organisation, dem er zwar im Kontext außerhalb der Organisation ausgesetzt ist (Aufweichen des Girlsdays), den er aber innerhalb der Organisation zurückweist und das Thema Diversity in der Personalabteilung inkludiert und dort nach seinen Maßstäben verhandelt. Dabei allerdings zeigt sich zwar widerständiges Verhalten gegenüber der Implementierung von Diversity Management, aber im Entscheidungsverhalten und der Handlungslogik die generelle hypermeritokrate Orientierung.

Beim Nachwuchs wird Widerstand als die Vermeidung von Diversity Management und Rückzug auf das Selbst dargestellt, mit gleichen Konsequenzen, nämlich der Reproduktion der Systemlogik. Auch der Nachwuchs gliedert sich in den diskursiven begrenzten Räumen ein und nimmt Verengungen der Sagbarkeiten wahr, obgleich es dort größere Sagbarkeitsspielräume aufgrund der geringeren Sichtbarkeit der einzelnen Subjekte gibt. So wird Kritik am Diversity Management auch mal halböffentlich und auf organisationaler Ebene geäußert und negative Erfahrungsberichte sogar verbreitet. Hier zeigt sich zwar ein Widerstand und eine Erweiterung des Handlungsspielraumes im Bezug zum Diskurs, allerdings ist die Konsequenz wieder Systemlogik verstärkend. Andere Subjekte sollen dahingehend vor Stigmatisierung und negativen Wirkungen gewarnt werden, womit allerdings die Macht des Diversity Managements durch diffuse Angst verstärkt und das Statuieren von Exempeln wirksam wird und Reichweite gewinnt. Dabei ist der Nachwuchs mit dem Dilemma konfrontiert, dass zwar geäußert werden kann, dass Diversity Management nicht für sie wirksam ist, zugleich schwächt sich durch die Verbreitung aber auch das Ansehen der Diversity-Management-AkteurInnen und damit eben derer, die für sie eintreten könnten [wobei fraglich bleibt, ob diese Logik greifen würde, es ist schlussendlich nur *eine* Facette].

Insgesamt zeigt sich, dass sowohl konforme, als auch widerständige Strategien in Bezug zum Diversity Management im größeren Sinne in jedem Fall zum Systemerhalt beitragen, weil sie sich zwischen den Gruppen abspielen (siehe Kapitel 6.5.2).

6.7.2 Konforme (restriktive) und widerständige (verallgemeinerte) Strategien von Diversity-Management-AkteurInnen

Verengte Sagbarkeitsspielräume gelten auch für die Diversity-Management-AkteurInnen. Dort gelten die Verengungen aber nicht dem Thema Diversity und der Angst, als Diversity-feindlich zu gelten, sondern der eigenen Rolle und reflexiver Kritik des Konzepts. Sie beschreiben, dass sie sich über persönliche Meinungen, Erfahrungen, Wohlbefinden und der Kritik, der sie sich ausgesetzt fühlen, nur im geschützten Raum austauschen können und dass ihr erlebtes Unwohlsein, zum Beispiel basierend auf dem Scheitern des Konzepts gemessen am eigenen Anspruch, eine Angelegenheit ist, die nicht im organisationalen Kontext besprochen werden kann. Das Tabu der Problematisierung des Gegenstandes gilt also auch autodirektiv. Gleichwohl akzeptieren Diversity-Management-AkteurInnen die Beschränkungen ihrer Handlungsfähigkeit formal und passen Maßnahmen und Verhalten den Möglichkeiten innerhalb der Wirtschaft an, auch entgegen ihrer Ideale. Die negativen Auswirkungen, die damit einhergehen, werden als persönliches Problem akzeptiert. Außerdem werden die Abwertung der Eigengruppe und die Ausgrenzung durch die anderen Stakeholder wahr- aber hingenommen.

In restriktiver Logik wird dann innerhalb der Handlungsfähigkeit quasi

›das Beste draus gemacht‹, auch dann, wenn es zu Komprimierung der Ideale, auch dann, wenn es zu dauerhaften Dissonanzen führt und auch, wenn reverse Dynamiken wahrgenommen werden.

In Bezug zu anderen zeigen sich widerständige Strategien über Abgrenzung der Werte und Arbeitsweise der anderen, die Konzepten wie innerer Kündigung ähneln, beispielsweise Verantwortungsabgabe und Reduzierung des persönlichen Engagements. Dabei zeigt sich aber auch hier, dass die vermeintlich widerständigen Strategien auf die anderen Gruppen gerichtet sind und so zwar auf Subjektebene Handlungsspielräume erweitern und beispielsweise als Bewältigungsstrategie fungieren mögen, aber auf die Systematik konform wirken. Mithin werden Diversity-Management-AkteurInnen sogar für direkten Systemerhalt umfunktioniert und schützen dann formal gerade die Normgruppe, die sie selbst kritisieren.

Zusammenfassung

Insgesamt zeigt sich, dass sowohl die restriktiven (konformen) als auch die verallgemeinerten (widerständigen) Strategien die neoliberale kapitalistische Ordnung beschleunigen und verstärken. Sowohl die Anpassung an die Formalien als auch das Unterlaufen der Maßnahmen spielen sich zwischen den Gruppen ab und schützen die Interessen der Organisationen und dem System. Sowohl Diversity-Management-Maßnahmen als auch ihr Unterlaufen fördern die Selektion der leistungsstärksten Subjekte und erzeugen deren Liberalisierung und Individualisierung. Dabei scheinen die Subjekte außerstande, diese Dynamik zu überwinden.

6.8 Der Perspektivwechsel: »*Was fehlt?*«

Bisher zeigt die Diskussion vor allem auf, was nicht funktioniert und wieso es nicht funktioniert, hier wird die Perspektive gewechselt, um im positiven Sinne zu formulieren: *Was fehlt?*

Es fehlt ein *kritischer Diskurs*, der Praxis und Ideologie der Fragen der Humanität, Freiheit und Gerechtigkeit als vernünftige und humane Ordnung (Marcuse, 1994) in den Blick nimmt und der frei ist von Tabuisierung, Polarisierung, Diskreditierung und Umdeutung. Dieser fehlt auf gesamtgesellschaftlicher, organisationaler und subjektiver Ebene.

Was fehlt, sind zudem *situative Aushandlungen* ethisch-moralischer Fragen und Entscheidungen im gegenseitigen Austausch, die die Ideologie, die *jeweilige* Praxis und das individuell konkrete Subjekt zum Gegenstand nehmen. Damit einhergehend fehlt der Ausgangspunkt für die tägliche Praxis, die den Standpunkt des verallgemeinerten Subjekts berücksichtigt in Bezug auf Bedarfe, Wirklichkeitswahrnehmung und Ernstnehmen der Subjekte als ExpertInnen und der ExpertInnen, die für das konkrete individuelle und verallgemeinerte Subjekt eintreten (statt beispielsweise für die eigene Interessensgruppe).

Dabei fehlen im Diskurs die *Stimme der sozial benachteiligten Gruppen und originärer Aktivismus* und VertreterInnen aus der Eigengruppe. Diversity-Management-AkteurInnen sind in diesem Sample alle kinderlos, phänotypisch weiß und bestreiten Wirtschaftskarrieren, bilden daher zumindest nach eigenen Kriterien eine recht spezifische Gruppe, wobei der fehlende Einbezug eben dieser Reflexion auch von anderen AkteurInnen vorgeworfen wird. Damit einhergehend fehlt die *Reflexivität* und Anwendung der ideellen Ansprüche an die Eigengruppe der AkteurInnen.

Es fehlt die *Zuwendung zum originären Problemgegenstand über Erkenntnis (Begreifen)* sozialer Ungleichheit, struktureller Diskriminierung und den übergeordneten Restriktionen des neoliberalen kapitalistischen Systems, die hinter den Gruppendynamiken und der Logik ›wer macht es schlechter‹ und ›wer macht sich mehr schuldig‹, sowie dem Erkenntnislevel ›es funktioniert nicht‹ zurückbleibt. So rückt der Gegenstandsbereich zwischen Abwehrmechanismen und Projektionen in den Hintergrund.

Was fehlt, ist der *Handlungsspielraum für integres (Entscheidungs-)Verhalten*, bei dem Subjekte kongruent zu ihren subjektiven Werthaltungen handeln können und so dissonanzarm, integrativ und psychisch gesund in der Arbeitswelt handeln und wirken können.

7. Das ist Diversity Management: die Einverleibung von Subjekt, Widerstand und Moral

In diesem Kapitel wird die Forschungsfrage beantwortet, die Ergebnisse und ihre Bedeutung zusammengefasst und in Bezug auf ihre verallgemeinerbare Bedeutung der Einverleibung von menschlichem Widerstand im Kapitalismus diskutiert (7.1.). Danach wird die Frage nach Veränderung und Hoffnung – »*Was nun?*« – erläutert (7.2) und abschließend die Bedeutung für das Subjekt – als die Not des Subjekts – herausgestellt (7.3).

7.1 Die neoliberal kapitalistische Einverleibung von Subjekt, Widerstand und Moral als Programmatik

Diese Forschungsarbeit begann mit dem initiierenden Moment der obskur wirkenden visuellen Darstellungen von Diversity Management, wobei sich in der folgenden theoretischen Annäherung an das Thema zeigte, dass sich der Gegenstand kaum eindeutig bestimmen ließ. Diese Vagheit liegt mitunter an der Beliebigkeit des Gegenstandes, der in seiner Komplexität aus verschiedenen Perspektiven ganz verschiedene Masken aufsetzen kann: Die positivistische Maske des messbare Mehrwerts und wirtschaftlichen Vorteils, die subtil versteckte ökonomische Maske der Imageaufwertung und Vermarktung von Werten (wobei Werte für ökonomische Zwecke umgedeutet werden), die Maske der Förderung mit den bekannten negativen Effekten.

Auf Basis dieser widersprüchlichen Bedeutungs- und Gegenstandslage wurde die Frage gestellt: *Was und wie ist Diversity Management aus Subjektperspektive?* Darauf aufbauend entwickelten sich folgende Leitfragen: *Wie erleben Subjekte die tägliche Praxis von Diversity Management?*, *Wie positionieren sich Subjekte im Kontext von Diversity Management (in Bezug auf die Praxis sowie persönliche Werthaltung und Ideale)?* und *Welche Kon-*

sequenzen ergeben sich aus eben dieser Praxis (1 und 2) auf Subjekte, intersubjektive Relationen und relationale Dynamik?

Die Beantwortung der Forschungsfrage verlief über einen explorativen Zugang, bei dem aus Subjektperspektive rekonstruiert wurde, welche Bedeutungszuweisungen Subjekte aus der täglichen Praxis im praktischen Umgang mit Diversity Management konstituieren. Dieser Zugang wurde gewählt, um die diskursive, normative Ladung des Themas, sowie politische und eigene Vorannahmen so weit wie möglich zu überwinden und einen neuen Blick auf die Praxis und den Problemgegenstand zu gewinnen. Die Umsetzung erfolgte entlang von 24 ExpertInneninterviews, aus der theoretischen Perspektive der kritischen (sozial-, arbeits- und organisations-)Psychologie und der Integration der Dokumentarischen Methode zur Erarbeitung von Typiken aus Subjektperspektive, die Zugang zu sozialen Positionen und Dynamiken liefern kann.

In der Durchführung zeigte sich, dass das Thema untrennbar ist von Gesellschaftstheorie, Historizität und Kapitalismus sowie ethischen Fragen wie Gleichheit, Humanität und Moral. In der Einbettung in die kritische Psychologie und gesellschaftskritische Perspektiven konnten die Daten dann ihre situative Bedeutung entfalten. Dabei zeigt sich, dass restriktive Handlungsspielräume, subjektiver Leidensdruck in neoliberaler kapitalistischer Logik, sozialpsychologische Gruppendynamiken, die Dichotomien zwischen Ideologie, subjektiver Moral und Praxis eine systemerhaltende Funktion von Diversity Management innerhalb einer kapitalistischen Ordnung, mit negativen Konsequenzen der Praxis auf alle Subjekte aufzeigen und *eine beispielhafte Einverleibung von Subjekt, Widerstand und Moral in eine neoliberale kapitalistische Ordnung* darstellt.

Um die (mögliche) Programmatik hinter derlei Einverleibung herauszuarbeiten wird im Folgenden noch einmal zusammengefasst, welche Dynamiken sich gezeigt haben.

In der Einverleibung als systeminhärenter Teil deutet dies die Funktionalität durch den zunächst unauffälligen Einschub, Diversity muss integriert werden, *wenn und sodass es sich bezahlt macht*, um. Diversity Management wird so zu einem Gegenstand, der Organisationsinteressen schützt und die neoliberale kapitalistische Logik verstärkt. Dies statuiert sich a) ganz konkret beispielsweise durch eine Fassade zur Befriedigung von Stakeholder-Erwartungen und Rechtsschutz sowie als Werbung und b) durch die grundsätzlichen Dynamiken der Individualisierung und Liberalisierung der Subjekte und c) über die übergeordneten Funktionen der Gruppendynamiken, die den Problemgegenstand sozialer Ungleichheit und Systemkritik verschleiern., sowie d) die Reproduktion altbekannter hierarchischer Ordnungen (z. B. global).

Diversity Management ist aus Subjektperspektive eine von den Subjekten, Bedarfen und der Praxis *losgelöste Ideologie*, die durch eine gesellschaftlich omnipräsente diskursive Macht in Organisationen und Lebensbedingungen aller Subjekte restriktiv hineinwirkt. Die Ideologie des Diversity Managements hat sich dabei nicht nur von der originären Gegenstand gelöst, sondern auch von ihrem historischen Ursprung und Gegenstandsbereich (soziale Ungleichheit abbauen) und ist übergegangen in eine verselbstständigte Richtung, die eine universelle Moral entwickelt, die in der Umsetzung die Bedarfe der Subjekte verfehlt und das Subjekt und Subjektivität (auf beiden Seiten) obsolet macht.

In dieser Position findet eine signifikante *Umdeutung* statt. Diversity Management konstituiert den einstigen Anspruch von sozial benachteiligten Gruppen als die Legitimation der eigenen Wirkung und Rolle um, übernimmt deren legitimen Anspruch und *Empörung als Mechanismus* und wird damit als Konzept und in ihrer AkteurInnenposition unhinterfragbar. In dieser Nichthinterfragbarkeit dominiert Diversity Management Sagbarkeitsspielräume, Formalien und Regularien und damit explizites Verhalten aller Subjekte durch subtile Machtausübung und bemisst sich nicht am Beitrag, sondern am Tun.

Subjekte reagieren darauf mit augenscheinlicher Anpassung und multiplen Ausformungen *widerständiger Strategien*, die aber *auf das System bezogen keine wirklichen erweiterten Handlungsmöglichkeiten (also systemreproduzierend und nicht widerständig wirken)* darstellen. Kritik wird dabei nicht explizit, aber doch in geschützten Räumen intersubjektiv generalisiert geäußert, und konstituiert eine verallgemeinerte Abwertungshaltung gegenüber dem Konzept und AkteurInnen sowie allen Maßnahmen. Maßnahmen und AkteurInnen werden dann gegenseitig, zwischen den Gruppen, subtil mit widerständigen Strategien unterlaufen, manipuliert, geschwächt und vermieden. Innerhalb dieser Prozesse statuieren sich Gruppeninteressen, und die entstehenden Dynamiken gehen mit unterschiedlicher Bedeutung für die Gruppen einher. Dabei zeigt sich, dass auf globaler Ebene alt bekannte Hierarchien reproduziert werden, auf organisationaler Ebene, dass Privilegierte geschützt werden und auf subjektiver Ebene, dass alle Subjekte aus Not handeln. Bevor die Forschungsfrage beantwortet wird – was und wie Diversity Management aus Subjektperspektive ist –

muss dabei der sich dabei andeutende größere Kontext einbezogen werden. Denn nur vordergründig geht es um den skizzierten Kampf um Eigeninteressen, Erfolg und Autonomie; eine Zuschreibung von Schuld im klassischen Sinne der sich reproduzierenden Normgruppe wäre dabei zu kurz gegriffen.

Auf Subjektebene spielen sich dahingehend zwei bedeutsame Dynamiken ab: Zum einen die Entwicklung einer verinnerlichten, aber komprimierten Moral als Strategie des humanen Seins (und humanistischer Überzeugung) und gleichzeitig dem Sein als aktiver Teil in einem ausbeuterischen System, zum anderen die resultierende Unbarmherzigkeit zwischen den Gruppen, die dann auf die Subjekte wirkt. Die verinnerlichte Moral als handlungsleitende Norm wird entlang der als dominant erlebten praktischen Erfahrungen entwickelt. Dabei erleben Subjekte die Gesellschaft als stark kompetitiv und die innere Werthaltung überlagernd leistungsorientiert. Im selbstwertschützenden und Dissonanzen reduzierenden Handeln attribuieren Subjekte ihren Erfolg oder eben Misserfolg entlang einer protestantischen Arbeitsethik (in hypermeritokrater Logik) auf Hingabe und Leistung und entwickeln verallgemeinerte handlungsleitende Normen entgegen ihrer inneren (humanistischen) Werthaltung. Dieses Erleben projizieren sie in der Generalisierung auf alle anderen Subjekte und konstruieren ein Verständnis von der Welt, bei dem soziale Ungleichheit ein mehr oder weniger starker Teil ist, was aber nachrangig bleibt, da etwaige Nachteile immer im Subjekt kompensiert werden (müssen). Die Subjekte liberalisieren und individualisieren sich so selbst und gegenseitig, wobei Diversity Management eine entscheidende Rolle beim Rückwurf auf das Selbst der benachteiligten Subjekte spielt und über Mechanismen wie Stigmatisierung Macht auf die Subjekte ausübt.

Wie angemerkt ist dabei die Wahrnehmung von sozialer Ungleichheit unterschiedlich stark ausgeprägt. Jedoch zeigen alle Subjekte eine innere Positionierung zu ethischen Fragen in Form einer moral- beziehungsweise handlungsleitenden Norm. Sie ist ein *Aushandlungsprozess aus dem skizzierten neoliberalen kapitalistischen Kontext sowie der inkorporierten Werthaltung in Bezug auf Humanität und Gerechtigkeit.* Dabei zeigen sich bei allen Dissonanzen in Bezug auf soziale Ungleichheit, die aber zum Zwecke der eigenen Funktionalität und auch zum Schutz von Eigeninteressen rationalisiert werden. So konstituiert sich eine hypermeritokrate Logik und Moral der Chancen als Gerechtigkeitslogik der Gleichbehandlung unterschiedlicher Subjekte. In dieser Moral sind aber kapitalistische und machttheoretische Prinzipien inhärent.

Die handlungsleitenden Normen betten sich ein in einen Kontext von Abwehrmechanismen und Projektionen als gruppenspezifische Dynamik, mit einem als unlösbar erlebten Problem: In einem auf Ausbeutung basierenden System werden prinzipiell Gruppen ausgebeutet. Die Frage ist dann nur: *Welche?* In diesem Dilemma wird darauf zurückgegriffen, die Eigengruppe zu übervorteilen und erstens zu legitimieren, sie zweitens vor dem Abstieg zu sichern sowie drittens andere Gruppen abzuwerten. Die konstituierten Gruppendynamiken verschleiern dann den Zugriff und die Erkenntnis des eigentlichen Problemgegenstandes.

Einmal begriffen, kann dieses *programmatische Prinzip als subjektiven Widerstand einverleibender Mechanismus im Kapitalismus* rekonstruiert werden und auf vielerlei weitere thematische Beispiele bezogen werden, in denen sich Wirtschaft, Interessen aneignet, (Interessen- und Vertretungs-) Gruppen bildet und die Subjekte daraufhin in Gruppendifferenzen verharren, das Problem im Hintergrund verschleiert bleibt und quasi unentdeckt fortführend bestehen bleiben und wirken kann.

Um Adornos schwermütige Hoffnung aus dem Jahr 1961 aufzugreifen, kann abschließend konkludiert werden, dass die epochale Hoffnung einer kritischen Bewegung bis heute enttäuscht bleibt. Stattdessen lassen sich *demonstrative Umdeutungen* von Subjekt, Widerstand und Ethik als Einverleibung in den Kapitalismus aufzeigen.

Die fröhlich anmutenden Bilder können dann nur noch als obskur, wenn nicht absurd und provokant auffallen; Wenn nämlich die Einverleibung des subjektiven Widerstands den Subjekten intuitiv bewusst ist, wirken die fröhlichen Plakate ein demonstratives Zur-Schau-Stellen der Kapitulation der einstigen widerständigen Bewegung für soziale Gleichheit.

Derartige omnipräsente Präsenz des Obskuren lässt sich mit Foucaults und Bourdieus Theorien erklären, in denen auch das Absurde in der Naturalisierung von Habitus und Bedeutung der enthistorizierten Dinge enthalten sein kann sowie von den am stärksten benachteiligten Subjekten mitgetragen und produziert wird.

Es zeigt sich also in Bezug auf Diversity Management, dass im Rahmen eines neoliberalen Diskurses und kapitalistischen Kontexts gelingt, die originären Ziele von Diversity Management so zu unterlaufen, dass Akteure und Praktiken im besten Fall belächelt und ignoriert, im schlimmeren Fall gefürchtet und aktiv vermieden werden und das eigentliche Ziel, soziale Benachteiligung zu korrigieren, völlig aus dem Blick gerät.

7.2 *»Was nun?«* – Die Frage nach Veränderung und Hoffnung

Subjekte verharren in diesen Dynamiken in den Modi der Dysfunktion *›es funktioniert nicht‹* und abwertenden Gruppendynamik *›Wer macht es schlechter und reproduziert das Problem‹*. Dies passiert nicht aus Bequemlichkeit oder vordergründigen Vorteilen, sondern als selbstwertschützende Strategie und als Bewältigungsstrategie in einem restriktiven Kontext, wobei die jeweilige Anpassung mit zu subjektivem Leiden einhergeht. Dieses subjektive Leiden ist jedoch von unterschiedlicher Tragweite und Bedeutung einher.

Nun folgt aus Perspektive der kritischen Psychologie, um nicht rein scholastisch zu bleiben, die Frage nach (positiver) Veränderung und Handlungsmöglichkeiten. Veränderung wird in der kritischen Perspektive unterschiedlich gedacht, meist im Zusammenhang mit dem Erkennen der Bedeutung der Dinge durch ihre Historizität als Aufklärung. Die Perspektiven unterscheiden sich dahingehend, inwiefern Veränderung über das einzelne Subjekt, Gruppen oder radikaler dem Systemsturz gesehen wird. Was dazu beitragen kann, wurde in Kapitel 6.8 *»Was fehlt«* herausgearbeitet. In den empirischen Daten zeigt sich, dass den Subjekten keine Handlungserweiterung möglich scheint, sie auf der Ebene der Projektionen und Abwehr verharren und im Sinne Mannheims bessere Bedingungen nur als Utopie adressieren. Holzkamp sieht eine erweiterte Handlungsfähigkeit durch das Begreifen alternativer Bedeutungen der Dinge im Subjekt. Dazu dient die Analyse zum Beispiel der Wissenschaft, wodurch die Erkenntnis alternativer Bedeutungen aus dem handlungsfähigen Subjekt erarbeitet und angestoßen werden können.

Wird Bourdieu hinzugezogen, passiert Veränderung nur über das Kollektiv, also den Zusammenschluss vieler Subjekte, wozu die Überwindung der restriktiven Diskursräume und Kommunikation notwendig wäre. Bei Foucault verbleibt die Frage nach Veränderung unklar, sie kann durch Gegendiskurse passieren oder liegt im Subjekt, durch den Entzug des Seins aus der Gesellschaft. Veränderung über einen Gegendiskurs schließt sich Holzkamps Perspektive insofern an, als dass dazu der Erkenntnisgewinn grundlegend wäre und Bourdieus Perspektive, dass ein Zusammenschluss der Subjekte und dazu die Überwindung der verengten Diskursräume zuträglich wäre.

Veränderung kann beispielsweise – abgesehen von Marx' (1872) Ansätzen zum Systemsturz als Revolution – ausgehen vom verallgemeinerten *(»hoffnungslosen«)* Subjekt: »[D]ie Tatsache, daß sie anfangen, sich zu weigern, das Spiel mitzuspielen, kann die Tatsache sein, die den Beginn des Endes einer Periode markiert« (Marcuse, 1994, S. 165).

Veränderung, aus gänzlich praktischer Perspektive diskutiert, würde über die Hinwendung zu dem *»Was fehlt?«* und zu den Fragen *»Was tun wir?«* und *»Was möchten wir tun?«* und der Überwindung der ablenkenden Gruppendynamiken erlangt. Unter der Perspektive *»Was fehlt?«* finden sich Ideen für Veränderung, zum Beispiel die Re-etablierung eines kritischen Diskurses, in dem das Infragestellen und damit die Weiterentwicklung und die Evaluation der Praktiken und damit praktisch verankerte Legitimität von AkteurInnen des Diversity Managements (wieder) möglich wird. Dadurch wird dann auch die Re-etablierung situativer Aushandlungsprozesse statt universeller Moralvorstellungen ermöglicht. Durch den Perspektivwechsel zur Subjektebene und Praxis, weg von der Ideologie, werden dann, Verschiebungen und Verdrängung überwindend, Fragen wie *Was tun wir?* und *Was wollen wir tun?* möglich. Auf diese Weise kann ein Perspektivwechsel vom identitätsstiftenden Fokus für oder gegen Diversity Management als Ersatzkonflikt hin zum prinzipiellen Problem der Ausbeutungslogik stattfinden.

Inwiefern dies durch einzelne Subjekte konstituiert werden kann, bleibt zu überlegen. Es zeigen sich widerständige Strategien in einzelnen Subjekten, die sozialer Gleichheit zuarbeiten wie in den persönlichen Strategien und persönlichen Gegenstandsbereichen, zum Beispiel als Frau Frauen zu fördern (Fall 5 und 6). Zumindest wirken diese Geschichten in der ansonsten omnipräsenten Desillusionierung hoffnungsvoll.

7.3 Die Not des Subjekts

Der Manager geht in seiner Pause in die Schule und versucht, Mädchen für Technikberufe zu erwärmen, die Managerin bemüht sich jahrelang vergeblich um weibliche Kandidatinnen für Führungspositionen als verzweifelte individuelle Versuche, soziale Teilhabe zu produzieren. Menschen mit Behinderung und Frauen mit Kinderwunsch als benachteiligte Subjekte, die in ihrer Not dazu genutzt werden, um an ihnen Exempel zu statuieren – tragisch anmutende Bilder einer alltäglichen Realität im Ringen um soziale Gleichstellung.

Die Ergebnisse der Analyse basieren zwar auf der Subjektperspektive, fokussieren aber die verallgemeinerte Subjektperspektive und vor allem die Wirkmechanismen, und so bleibt die individuelle Bedeutung, die in den Daten oft rührend und erschütternd dargestellt wird, im Hintergrund. In diesem Kapitel wird hier die individuelle Bedeutung der Ergebnisse, die Not des Subjektes, reflektiert, und zwar:

a) Das subjektive Leid als Programmatik: Die Perspektive des individuellen Schicksals
b) Subjektwissenschaft im Kontext von polarisierten Diskursen
c) Das (soziale?) Subjekt im neoliberalen Kapitalismus

Zu a) Das subjektive Leid als Programmatik: Die Perspektive des individuellen Schicksals

Die oben gezeigten Einblicke in die Wirkmechanismen scheinen den individuellen, schicksalsschwangeren Geschichten kaum Rechnung zu tragen. In individuellen Geschichten von Menschen, die (oftmals in Notlagen) zurückgewiesen werden, die den Glauben an Veränderung verloren haben und resigniert versuchen, ihre (mitunter privilegierte) Existenz zu sichern, die Zeit, Kraft und Zutrauen verlieren, oft noch Jahre später gezeichnet sind, entfaltet sich die Bedeutung der Wirkmechanismen. Alle ProbandInnen brachten mindestens eine rührende Anekdote mit, und dies setzt sich im Projekt, in den zugesendeten E-Mails und insgesamt 50 weiteren Interviews fort. Subtiles Unwohlsein, Dissonanzen und ein individueller Fokus auf Funktionalität, gepaart mit der Sorge um die eigene Existenz, Unverständnis über das Handeln der anderen Gruppe(n), Ärger, Misstrauen und empfundene Alternativlosigkeit scheinen die Normalität. Aber wo ist der Diskurs über dieses Leid?

ManagerInnen, die sich in der von ihnen geführten Organisation nicht trauen, einen kritischen Diskurs zu führen, Fragen zu stellen und Maßnahmen zu evaluieren. Einflussreiche Personen, denen angst und bange dabei wird, das Thema in einem anonymisierten Rahmen wie diesem Interview zu besprechen. Angestellte, die sich von Maßnahmen nicht ernst genommen fühlen und deren Existenz davon abhängt, einerseits exotisch zu wirken, aber nicht zu exotisch[50], und lernen müssen, auf keinen Fall zu versuchen, Ansprüche durchzusetzen.

50 Und berichten, dass sie vortäuschen schwul oder alleinerziehend zu sein, weil dies karrierefördernde Wirkung hat, wobei ein arabischer Nachname diskreditiert (Degen, 2019a).

Die im kollektiven Schweigen individualisierten Subjekte verharren dann in einem steten inneren Aushandlungsprozess, den sie in sich selbst bewältigen müssen, und zwar im Spannungsfeld zwischen professionellem Handeln und Existenzsicherung auf der einen Seite und moralischem Anspruch an sich als Mensch auf der anderen. Diversity ManagerInnen bedürfen Selbsthilfegruppen. ManagerInnen fahnden nach benachteiligten Gruppen, die für sie persönlich hilfsbedürftig (und würdig), aber auch erreichbar scheinen, und scheitern an strukturellen Begebenheiten. Der Nachwuchs der Wirtschaft geht in eine kompetitive Haltung noch vor Eintritt in die Konzerne und wird schon im Studium darauf sozialisiert, nur auf sich gestellt zu sein und fühlt sich durch Diversity Management provoziert und gefährdet. Ein bedenkenwertes Konglomerat an Bedingungen, die intra- und intersubjektiv Lebensbedingungen schafft, die Dissonanzen im Subjekt und kontraintuitives, kompetitives und unbarmherziges Verhalten zwischen den Subjekten produziert; eine (unbesprechbare) Programmatik des subjektiven Leidens als Alltag inmitten eines mithin selbstgefällig wirkenden normativen Diskurses, der von alle dem nichts mitzubekommen scheint.

Zu b) Subjektwissenschaft im Kontext von polarisierten Diskursen

Die kritische Psychologie unterstellt dabei in jedem Kontext einen subjektiven Handlungsspielraum und Möglichkeiten der subjektiven Souveränität. Was sich aber gezeigt hat, ist, dass Subjekte keinen Spielraum für Veränderung sehen, im Gegenteil, und sie fürchten und erleben existenziell bedrohliche Sanktionen bei Verletzungen der Norm in einem sozialen Kontext von einengendem sowie dichotomisierenden Populismus. Oftmals sind ihre Geschichten begleitet von gescheiterten Versuchen zur Veränderung und einer resultierenden resignierten Haltung.

Nun hätte im Nachgang eine subjektwissenschaftliche Methode mit Entwicklung praktischer Implikationen und Begleitung der Umsetzung das Bild der Unvorstellbarkeit von Veränderung vielleicht verändern können. Dahingehend ist eine Weiterführung der Forschung, zum Beispiel als Actionresearch/Subjektwissenschaft sinnvoll. Zwei Aspekte wirken dabei allerdings bedenkenswert, und zwar die Angst der Subjekte vor Diskreditierung und die angedeutete Diskursmacht. Darin scheint begründet, dass es sich bei der Angst vor Diskreditierung um eine Macht handelt, die intransparent und diffus scheint und von einer gesamtgesellschaftlichen Größe ist, die Veränderung selbst von einflussreichen Subjekten verunmöglicht, weil sie Existenzen bedroht. Die Frage bleibt: *Wie kann die Subjektwissenschaft in einem polarisierten Diskurs verantwortlich handeln, ohne die Subjekte zu riskieren?*

Zu c) Das (soziale?) Subjekt im neoliberalen Kapitalismus

In den beschriebenen Bedingungen zeigen sich komprimierte Moral und Handlungsmaximen, die einen unbarmherzigen Kontext reproduzieren und über Wirkmechanismen von Angst funktionieren. Innerhalb dieses Kontextes wenden sich Subjekt nicht nur gegeneinander, sondern auch gegen (ihre eigenen) humanistischen Werte und deuten die Kompromisse als handlungsleitende Maximen um, was die schlussendliche Frage aufwirft: *Was für ein (soziales) Subjekt kann aus diesen Bedingungen hervorgehen?*

8. Literatur

Abelson, R.P. (1995). Attitude extremity. In R.E. Petty & J.A. Krosnick (Hrsg.), *Attitude strength: Antecedents and consequences* (S. 25–42). Lawrence Erlbaum.

Abrams, D. & Hogg, M.A. (Hrsg.). (1990). *Social identity theory: Constructive and critical advances.* Springer VS.

Adorno, T.W. (Hrsg.). (1961/1972). *Gesammelte Schriften: Bd. 8 Über Statik und Dynamik als soziologische Kategorien.* Suhrkamp.

Agerström, J. & Rooth, D.-O. (2011). The role of automatic obesity stereotypes in real hiring discrimination. *Journal of Applied Psychology, 96*(4), 790–805. https://doi.org/10.1037/a0021594

Ahmed, S. (2007). The language of diversity. *Ethnic and Racial Studies, 30*(2), 235–256. https://doi.org/10.1080/01419870601143927

Ajzen, I. & Fishbein, M. (1977). Attitude-behavior relations: A theoretical analysis and review of empirical research. *Psychological Bulletin, 84*(5), 888–918. https://doi.org/10.1037/0033-2909.84.5.888

Ajzen, I. & Fishbein, M. (2005). The Influence of Attitudes on Behavior. In D. Albarracín, B.T. Johnson & M.P. Zanna (Hrsg.), *The handbook of attitudes* (S. 173–221). Lawrence Erlbaum.

Albrecht, G.A. (2019). *Earth Emotions*. Combined Academic Publishing.

Albrecht, C. (2020). *Sozioprudenz. Sozial klug handeln*. Campus.

Alewell, D. & Rastetter, D. (2020). On the (ir)relevance of religion for human resource management and diversity management: A German perspective. *German Journal of Human Resource Management: Zeitschrift für Personalforschung, 34*(1), 9–31. https://doi.org/10.1177/2397002219882399

Alexander, J.-C. (1995). *Fin de Siecle Social Theory. Relativism, Reduction, and the Problem Reason*. Verso.

Ali, M., Kulik, C.T. & Metz, I. (2011). The gender diversity – performance relationship in services and manufacturing organizations. *The International Journal of Human Resource Management, 22*(7), 1464–1485. https://doi.org/10.1080/09585192.2011.561961

Allport, G.W. (1935). Attitudes. In C. Murchison (Hrsg.), *Handbook of social psychology* (S. 798–844). Clark University Press.

American Psychological Association – APA (2017). *Ethical Principles of Psychologists and Code of Conduct*. http://www.apa.org/ethics/code/

Antidiskriminierungsstelle des Bundes (AGG) (Hrsg.). (2020). *Allgemeines Gleichbe-*

handlungsgesetz (13. Aufl.). https://www.antidiskriminierungsstelle.de/SharedDocs/Downloads/DE/publikationen/AGG/agg_gleichbehandlungsgesetz.pdf?__blob=publicationFile

Antidiskriminierungsstelle des Bundes (Hrsg.). (2020a). *19. Migration Pay Gap*. https://www.antidiskriminierungsstelle.de/SharedDocs/Glossar_Entgeltgleichheit/DE/19_Migration_Pay_Gap.html?nn=14063214

Antidiskriminierungsstelle des Bundes (GG) (Hrsg.). (2020b). *Die Gleichbehandlungsrichtlinien der Europäischen Union*. https://www.antidiskriminierungsstelle.de/DE/ThemenUndForschung/Recht_und_gesetz/EU-Richtlinien/eu-Richtlinien_node.html

Applied Psychology (2019). Applied Psychology: *An International Review, Special Issue: Critical Perspectives in Work and Organizational Psychology*. https://iaap-journals.onlinelibrary.wiley.com/pb-assets/assets/14640597/Critical%20Perspectives%20in%20Work%20and%20Organizational%20Psychology-1574762997787.pdf

Aretz, H.-J. & Hansen, K. (2003). Erfolgreiches Management von Diversity. Die multikulturelle Organisation als Strategie zur Verbesserung einer nachhaltigen Wettbewerbsfähigkeit. *German Journal of Human Resource Management, 17*(1), 9–36. https://doi.org/10.1177/239700220301700103.

Arnold, J., Silvester, J., Cooper, C.L., Robertson, I.T. & Patterson, F.M. (2005). *Work Psychology: Understanding Human Behaviour in the Workplace* (4. Aufl.). Pearson Education Limited.

Ashikali, T. & Groeneveld, S. (2015). Diversity management for all? An empirical analysis of diversity management outcomes across groups. *Personnel Review, 44*(5), 757–780. https://doi.org/10.1108/PR-10-2014-0216.

Axelrod, R. (1986). An evolutionary approach to norms., *American Political Science Review* 80 (4), 1095–1111.

Baehr, P. (2021). Are »They« Us? The Intellectuals' Role in Creating Division. *HA: The Journal of the Hannah Arendt Center, 8*, 66–72.

Bal, P.M. & Dóci, E. (2018). Neoliberal ideology in work and organizational psychology. *European Journal of Work and Organizational Psychology, 27*(5), 536–548. https://doi.org/10.1080/1359432X.2018.1449108

Bal, P.M., Dóci, E., Lub, X., Van Rossenberg, Y.G.T., Nijs, S., Achnak, S., Briner, R.B., Brookes, A., Chudzikowski, K., De Cooman, R., De Gieter, S., De Jong, J., De Jong, S.B., Dorenbosch, L., Galugahi, M.A.G., Hack-Polay, D., Hofmans, J., Hornung, S., Khuda, K., … Van Zelst, M. (2019). Manifesto for the future of work and organizational psychology. *European Journal of Work and Organizational Psychology*, 28(3), 289–299. https://doi.org/10.1080/1359432X.2019.160204

Bal, P.M. (2020). Why We Should Stop Measuring Performance and Well-Being. *Zeitschrift für Arbeits- und Organisationspsychologie A&O, 64*(3), 196–200. https://doi.org/10.1026/0932-4089/a000333

Balliet, D., Wu, J. & de Dreu, C.K.W. (2014). Ingroup favoritism in cooperation: A meta-analysis. *Psychological Bulletin, 140*(6), 1556–1581. https://doi.org/10.1037/a0037737

Barkema, H., Baum, J. & Mannix, E. (2002). Management Challenges in a New Time. *Academy of Management Journal, 45*(5), 916–930. https://doi.org/10.2307/3069322

Bath, J. (2019). Mythos 1: Frauen sind doch bereits gleichberechtigt. In J. Bath (Hrsg.), *Der Girlboss Mythos* (S. 9–26). Springer. https://doi.org/10.1007/978-3-662-58259-6_2

Batur, S., Kessi, S., Marvakis, A., Painter, D., Schraube, E., Strohm Bowler, E. & Triliva, S. (2019). Kritische Psychologie: Refining theory, methodology and empirical research. *Annual Review of Critical Psychology, 16*, 3–9.

Baumann, Z. (2005). *Moderne und Ambivalenz. Das Ende der Eindeutigkeit*. Hamburger Edition.

Beattie, P. (2019). The road to psychopathy: Neoliberalism and the human mind. *Journal of Social Issues, 75*, 89–112. http://dx.doi.org/10.1111/josi.12304

Belinszki, E., Hansen, K. & Müller, U. (Hrsg.). (2003). *Diversity Management – Best Practices im internationalen Feld*. Lit.

Bell et al. (2021). Presenter Symposium Diversity in and Beyond Capitalism: Exploring Alternative Economic Practice for Social Justice. Conference: 2021 Academy of Management Symposium. August 2021.

Bendl, R., Fleischmann, A. & Walenta, C. (2008). »Diversity Management Discourse Meets Queer Theory«. *Gender in Management, 23*(6), 382–94. https://doi.org/10.1108/17542410810897517

Benz, B., Boeckh, J. & Mogge-Grotjahn, H. (Hrsg.). (2011). *Soziale Politik – Soziale Lage – Soziale Arbeit*. Springer VS. https://doi.org/10.1007/978-3-531-92549-3

Bertelsmann Stiftung (Hrsg.). (2019, März). *Frauen auf dem deutschen Arbeitsmarkt: Aufholen, ohne einzuholen*. https://www.bertelsmann-stiftung.de/de/themen/aktuelle-meldungen/2019/maerz/frauen-auf-dem-deutschen-arbeitsmarkt-aufholen-ohne-einzuholen/

Betancourt, J. R., Green, A. R., Carrillo, J. E. & Ananeh-Firempong, O. (2003). Defining Cultural Competence: A Practical Framework for Addressing Racial/Ethnic Disparities in Health and Health Care. *Public Health Reports, 118*(4), 293–302. https://doi.org/10.1093/phr/118.4.293

Bettenhausen, K. & Murnighan, J. (1985). The Emergence of Norms in Competitive Decision-Making Groups. *Administrative Science Quarterly, 30*(3). https://doi.org/10.2307/2392667

Billmann, L. (2019). The constellation of meaning in the subject-scientific approach of Critical Psychology (Klaus Holzkamp) and »Discourse« in Michel Foucault's theory of governmentality: A synopsis. *Annual Review of Critical Psychology, 16*, 220–244.

Bleijenbergh, I., Peters, P. & Poutsma, E. (2010). Diversity management beyond the business case. *Equality, Diversity and Inclusion: An International Journal, 29*(5). http://dx.doi.org/10.1108/02610151011052744

Böhler, D. (1970). »Kritische Theorie« – Kritisch reflektiert. *ARSP: Archiv für Rechts- und Sozialphilosophie, 56*(4), 511–525.

Bohnsack, R. (2007). Dokumentarische Methode und praxeologische Wissenssoziologie. In R. Schützeichel (Hrsg.), *Erfahrung – Wissen – Imagination: Bd. 15. Handbuch Wissenssoziologie und Wissensforschung* (S. 180–190). Herbert von Halem.

Bohnsack, R. (2009). *Qualitative Bild- und Videointerpretation*. Barbara Budrich.

Bohnsack, R. (2013). *Die Dokumentarische Methode und ihre Forschungspraxis. Grundlagen qualitativer Sozialforschung*. Springer VS.

Bohnsack, R. (2014): *Rekonstruktive Sozialforschung. Einführung in qualitative Methoden* (9. Aufl.). UTB.

Bohnsack, R. (2017). *Praxeologische Wissenssoziologie*. Barbara Budrich.

Bohnsack, R. (2018). Soziogenetische Interpretation und soziogenetische Typenbildung. In R. Bohnsack, I. Nentwig-Gesemann & N. F. Hoffmann (Hrsg.), *Typenbildung und*

Dokumentarische Methode. Forschungspraxis und methodische Grundlagen (S. 312–317). Barbara Budrich.

Bohnsack, R. (2020). Die Mehrdimensionalität der Typenbildung und ihre Aspekthaftigkeit. In J. Ecarius & B. Schäffer (Hrsg.), *Typenbildung und Theoriegenerierung: Methoden und Methodologien qualitativer Bildungs- und Biographieforschung* (2. Aufl., S. 21–48). Barbara Budrich. https://doi.org/10.2307/j.ctvtxw2zx.4

Bohnsack, R., Nentwig-Gesemann, I. & Nohl, A.-M. (Hrsg.). (2013). *Die Dokumentarische Methode und ihre Forschungspraxis*. Springer VS.

Bohnsack, R., Nentwig-Gesemann, I. & Hoffmann, N.F. (Hrsg.). (2018). *Typenbildung und Dokumentarische Methode. Forschungspraxis und methodologische Grundlagen*. Barbara Budrich.

Bohnsack, R. & Schäffer, B. (2002). Generation als konjunktiver Erfahrungsraum. In G. Burkart & J. Wolf (Hrsg.), *Lebenszeiten. Erkundungen zur Soziologie der Generationen* (S. 249–273). Springer VS.

Bongaerts, G. (2008). *Verdrängungen des Ökonomischen Bourdieus Theorie der Moderne*. Transcript.

Boos-Nünning, U. (2020). *Handbuch Migration und Erfolg*. Springer.

Bourdieu, P. (1979). *La Distinction: Critique sociale du jugement*. Minuit.

Bourdieu, P. (1987). *Die feinen Unterschiede – Kritik der gesellschaftlichen Urteilskraft* (übers. v.B. Schwibs & A. Russer). Suhrkamp.

Bourdieu, P. (1991). The peculiar history of scientific reason. Sociological Forum, 5, 3–26.

Bourdieu, P. (1993). *Sozialer Sinn: Kritik der theoretischen Vernunft* (übers. v.G. Selb). Suhrkamp.

Bourdieu, P. (1998). *Praktische Vernunft – Zur Theorie des Handelns* (übers. v.H. Beister). Suhrkamp.

Bourdieu, P. (1997/2001). *Mediationen. Zur Kritik der scholastischen Vernunft* (übers. v.A. Russer). Suhrkamp.

Bourdieu, P. & Wacquant, L.J.D. (1996). *Reflexive Anthropologie* (übers. v.H. Beister). Suhrkamp.

Boyd, D.R. (1996). Dominance concealed through Diversity: Implications of Inadequate Perspectives on Cultural Pluralism. *Harvard Educational Review: September 1996, (66)*3, 609–631. https://doi.org/10.17763/haer.66.3.312nvrk4682w5145

Boyd, D.R. (2016). Dominance Concealed Through Diversity: Implications of Inadequate Perspectives on Cultural Pluralism. In D.R. Boyd (Hrsg.), *Becoming of Two Minds about Liberalism. Moral Development and Citizenship Education* (S. 121–146). Sense-Publishers. https://doi.org/10.1007/978-94-6300-319-3_9

Brewer, M.B. (2003). Optimal distinctiveness, social identity, and the self. In M.R. Leary & J.P. Tangney (Hrsg.), *Handbook of self and identity* (S. 480–491). The Guilford Press.

Brinkmann, S. (2017). *Stand Firm: Resisting the Self-Improvement Craze*. Polity Press.

Breckler, S.J. (1984). Empirical Validation of Affect, Behavior and Cognition as Distinct Components of Attitude. *Journal of Personality and Social Psychology, 47*(6), 1191–1205.

Bröckling, U. (2007). *Das unternehmerische Selbst – Soziologie einer Subjektivierungsform*. Suhrkamp.

Bromley, D.B. (2001). »Relationships between personal and corporate reputation«. *European Journal of Marketing, 35*(3/4), 316–334. https://doi.org/10.1108/03090560110382048

Bührmann, A. D. (2012). Das unternehmerische Selbst: Subjektivierungsform oder Subjektivierungsweise? In R. Keller, W. Schneider & W. Viehöver (Hrsg.), *Diskurs – Macht – Subjekt* (S. 145–164). Springer VS. https://doi.org/10.1007/978-3-531-93108-1_8

Bührmann, A. D. (2014). Die Dispositivanalyse als Forschungsperspektive in der (kritischen) Organisationsforschung. Einige grundlegende Überlegungen am Beispiel des Diversity Managements. In R. Hartz & M. Rätzler (Hrsg.), *Organisationsforschung nach Foucault. Macht – Diskurs – Widerstand* (S. 39–60). Transcript.

Bundesministerium der Justiz und für Verbraucherschutz (Hrsg.). (2020, Juni). *Frauen in Führungspositionen: Freiwillig tut sich wenig – nur feste Vorgaben wirken*. https://www.bmjv.de/SharedDocs/Pressemitteilungen/DE/2020/061020_

Bundesagentur für Arbeit (Hrsg.). (2017, Juni). Arbeitsmarkt für Menschen mit Behinderung. *Berichte: Analyse Arbeitsmarkt*. https://statistik.arbeitsagentur.de/Statistikdaten/Detail/201612/analyse/analyse-arbeitsmarkt-schwerbehinderte/analyse-arbeitsmarkt-schwerbehinderte-d-0-201612-pdf.pdf?__blob=publicationFile

Bundesministerium für Arbeit und Soziales (Hrsg.). (2017, September). *Chancengleichheit von Frauen und Männern am Arbeitsplatz*. https://www.bmas.de/SharedDocs/Downloads/DE/Publikationen/a881-monitor-chancengleichheit-von-frauen-und-maennern-am-arbeitsplatz.pdf;jsessionid=5CC7A052FDB8C4B8315BA339229DC043.delivery1-replication?__blob=publicationFile&v=1

Bundesministerium für Arbeit und Soziales (Hrsg.). (2020, Juni). *Arbeitsmarktintegration ist Kernaufgabe*. https://www.bmas.de/DE/Themen/Arbeitsmarkt/Arbeitsfoerderung/foerderung-migranten.html

Bundesministerium für Familie, Senioren, Frauen und Jugend (Hrsg.). (2020a). *Ministerin Giffey legt erste nationale Gleichstellungsstrategie vor*. https://www.bmfsfj.de/bmfsfj/aktuelles/presse/pressemitteilungen/ministerin-giffey-legt-erste-nationale-gleichstellungsstrategie-vor/158370

Bundesministerium für Familie, Senioren, Frauen und Jugend (Hrsg.). (2020b). *Lohngerechtigkeit*. https://www.bmfsfj.de/bmfsfj/themen/gleichstellung/frauen-und-arbeitswelt/lohngerechtigkeit

Burtonwood, N. (1998). Liberalism and Communitarianism: a response to two recent attempts to reconcile individual autonomy with group identity. *Educational Studies, 24*(3), 295–304. https://doi.org/10.1080/0305569980240303

Busch-Jensen, P. & Schraube, E. (2019). Zooming in zooming out: Analytical strategies of situated generalization in psychological research. In C. Højholt & E. Schraube (Hrsg.), *Subjectivity and knowledge: Generalization in the psychological study of everyday life* (S. 221–241). Cham: Springer.

Cachat-Rosset, G., Carillo, K. & Klarsfeld, A. (2017). Reconstructing the Concept of Diversity Climate – A Critical Review of Its Definition, Dimensions, and Operationalization. *European Management Review, 16*(4), 863–885. https://doi.org/10.1111/emre.12133.

Callahan, J., Smotherman, J., Dziurzynski, K., Love, P., Kilmer, E., Niemann, Y. & Ruggero, C. (2018). Diversity in the professional psychology training-to-workforce pipeline: Results from doctoral psychology student population data. *Training and Education in Professional Psychology, 12*(4), 273–285.

Casad, B. J. & Bryant, W. J. (2016). Addressing Stereotype Threat is Critical to Diversity and Inclusion in Organizational Psychology. *Frontiers in Psychology, 7*(8). https://doi.org/10.3389/fpsyg.2016.00008

Case, K.A. & Stewart, B. (2010). Changes in Diversity Course Student Prejudice and Attitudes toward Heterosexual Privilege and Gay Marriage. *Teaching of Psychology, 37*(3), 172–177. https://doi.org/10.1080/00986283.2010.488555.

Corporate Finance Institute (Hrsg.). (2019). *What is Diversity Management?* https://corporatefinanceinstitute.com/resources/knowledge/other/diversity-management/

Chang, S. & Tharenou, P. (2004). Competencies Needed for Managing a Multicultural Workgroup. *Asia Pacific Journal of Human Resources, 42*(1), 57–74. https://doi.org/10.1177%2F1038411104041534

Charles-Toussaint, G.C. & Crowson, H.M. (2010). Prejudice against International Students: The Role of Threat Perceptions and Authoritarian Dispositions in U.S. Students. *The Journal of Psychology, 144*(5), 413–428. https://doi.org/10.1080/00223980.2010.496643

Charta der Vielfalt (Hrsg.). (2019/2021). *Charta der Vielfalt.* https://www.charta-der-vielfalt.de

Chimirri, N.A. & Pedersen, S. (2019). Toward a transformative-activist co- exploration of the world? Emancipatory co-research in Psychology from the standpoint of the subject. *Annual Review of Critical Psychology, 16*, 605–633.

Chin, J.L. (2013). Diversity Leadership: Influence of Ethnicity, Gender, and Minority Status. *Open Journal of Leadership, 2*(1). http://dx.doi.org/10.4236/ojl.2013.21001

Chrobot-Mason, D. & Aramovich, N.P. (2013). The Psychological Benefits of Creating an Affirming Climate for Workplace Diversity. *Group & Organization Management, 38*(6), 659–689. https://doi.org/10.1177/1059601113509835

Chryssochoou, X. (2004). *Cultural diversity: Its social psychology.* Blackwell Publishing.

Cohen, A. (1992). Antecedents of organizational commitment across occupational groups: A meta-analysis. *Journal of Organizational Behavior, 13*(6), 539–558. https://doi.org/10.1002/job.4030130602

Combs, A. (2011). *Die Psychologie des menschlichen Bewusstseins*. Phänomen.

Condor, S. (1990). Social Stereotypes and Social Identities. In D. Abrams & M. Hogg (Hrsg.), *Social Identity Theory: Constructive and Critical Advances* (S. 230–249). Springer VS.

Condor, S. (1996). Social Identity and Time. In W.P. Robinson & H. Tajfel (Hrsg.), *Social Groups and Identities: Developing the Legacy of Henri Tajfel* (S. 285–316). Psychology Press.

Cornelissen, J.P., Haslam, S.A. & Balmer, J.M.T. (2007). Social Identity, Organizational Identity and Corporate Identity: Towards an Integrated Understanding of Processes, Patternings and Products. *British Journal of Management, 18*(s1), 1–16. https://doi.org/10.1111/j.1467-8551.2007.00522.x

Cox, T. (2001). *Creating the multicultural organization: A strategy for capturing the power of diversity*. Jossey-Bass.

Cox, T.H. & Blake, S. (1991). Managing Cultural Diversity: Implications for Organizational Competitiveness. *The Executive, 5*, 45–56. https://doi.org/10.5465/AME.1991.4274465.

Crane, A., Matten, D., McWilliams, A., Moon, J. & Siegel, D.S. (2008). *The Business Case for Corporate Social Responsibility*. Oxford University Press. https://doi.org/10.1093/oxfordhb/9780199211593.001.0001

Dahmer, H. (2016). Kritische Theorie und Psychoanalyse. In U. Bittlingmayer, A. Demirovic & T. Freytag (Hrsg.), *Handbuch Kritische Theorie* (S. 235–275). Springer VS.

Dalton, M. & Chrobot-Mason, D. (2007). A Theoretical Exploration of Manager and Employee Social Identity, Cultural Values and Identity Conflict Management. *International Journal of Cross Cultural Management, 7*(2), 169–183. https://doi.org/10.1177/1470595807079382.

Danziger, K. (1997a). *Naming the Mind. How Psychology Found its Language*. Sage.

Danziger, K. (1997b). The Varieties of Social Constructions. *Theory & Psychology, 7*(3), 399–416. https://doi.org/10.1177%2F0959354397073006

Davies, G., Rojas-Méndez, J.I., Whelan, S., Mete, M. & Loo, T. (2018). »Brand personality: theory and dimensionality«. *Journal of Product & Brand Management, 27*(2), 115–127. https://doi.org/10.1108/JPBM-06-2017-1499.

Davies, K., Tropp, L.R., Aron, A., Pettigrew, T.F. & Wright, S.C. (2011). Cross-Group Friendships and Intergroup Attitudes: A Meta-Analytic Review. *Personality and Social Psychology Review, 15*(4), 332–351. https://doi.org/10.1177/1088868311411103.

de los Reyes, P. (2016). When feminism became gender equality and anti-racism turned into diversity management. In L. Martinsson, G. Griffin & K.G. Nygren (Hrsg.), *Challenging the myth of gender equality in Sweden* (S. 23–48). Policy Press.

De Luca, P., Schoier, G. & Vessio, A. (2017). Cause-Related Marketing and Trust: Empirical Evidence on Pinkwashing. *Mercati & Competitività, 23*, 51–73. https://doi.org/10.3280/MC2017-002004

Dege, M. (2019). Natorp, Holzkamp and the role of subjectivity in psychology. *Annual Review of Critical Psychology, 16*, 117–133.

Degen, J. (2019a). »Besides being one of the best, you'd better be gay or at least a single mom« The subjective perspective on the collective concept of diversity and consequences for psychological research [Konferenzbeitrag]. International Society of Theoretical Psychology (ISTP), Kopenhagen, Dänemark.

Degen, J. (2019b) Ordnung durch Diversity. In J. Henkes, M. Hugendubel, C. Meyn & C. Schmidt (Hrsg.), *Ordnung(en) der Arbeit* (S. 76–92). Westfälisches Dampfboot.

Degen, J.L., Rhodes, P., Simpson, S. & Quinnell, R. (2020). Humboldt, Romantic Science and Ecocide: a Walk in the Woods. *Hu Arenas 3*, 516–533 (2020). https://doi.org/10.1007/s42087-020-00105-x

Degen, J.L., Smart, G.L., Quinnell, R., Rhodes, P. & O'Dogerty, K. (2021). Remaining Human in COVID-19: Dialogues on Psychogeography. Hu Arenas (2021). https://doi.org/10.1007/s42087-021-00233-y

Degen, J.L., Kleeberg-Niepage, A. & Bal, M.P. (2022). Lost in Context? Critical Perspectives on Individualization. *Human Arenas*. https://doi.org/10.1007/s42087-022-00295-6

Degen, J.L. & Simpson, S. (2022). Me, My Product and I: Selling Out on #Sustainability. In: *Bush, A., Birke, J. (eds) Nachhaltigkeit und Social Media*. Springer VS, Wiesbaden. https://doi.org/10.1007/978-3-658-35660-6_7

Degen, J.L. & Zekavat, M. (2022). Holding Up a Democratic Facade: How New work Organisations Avoid Restistance and Litigation When Dismissing Their Managers. *Frontiers in Psychology, Organizational Psychology.06/May 2022*: https://doi.org/10.3389/fpsyg.2022.789404

Dewanger, C. (2019). Innenleben der Herrschaft. Strukturelle und psychologische Variablen der Veränderungsabwehr im politischen System. In K.-J. Bruder, C. Bialluch & J. Günther (Hrsg.), *Krieg nach Innen, Krieg nach Außen – und die Intellektuellen als »Stützen der Gesellschaft«* (S. 294–305). Westend.

Dirksmeier, P. (2007). Mit Bourdieu gegen Bourdieu empirisch denken: Habitusanalyse mittels reflexiver Fotografie. *ACME: An International E-Journal for Critical Geographies, 6*(1), 73–97.

Dobusch, L., Kreissl, K. & Wacker, E. (Hrsg.). (2020). Diversitätsforschung: Von der Rekonstruktion zur Disruption? *Zeitschrift für Diversitätsforschung und -management, 1*, 4–7. https://doi.org/10.3224/zdfm.v5i1.01

Dóci, E. & Bal, P. M. (2018). Ideology in work and organizational psychology: the responsibility of the researcher. *European Journal of Work and Organizational Psychology, 27*(5), 558–560. https://doi.org/10.1080/1359432X.2018.1515201

Doob, L. W. (1947). The behavior of attitudes. *Psychological Review, 54*(3), 135–156. https://doi.org/10.1037/h0058371.

Dörre, K. (2019). Risiko Kapitalismus. Landnahme, Zangenkrise, Nachhaltigkeitsrevolution. In K. Dörre, H. Rosa, K. Becker, S. Bose & B. Seyd (Hrsg.), *Große Transformation? Zur Zukunft moderner Gesellschaften* (S. 3–33). Springer VS. https://doi.org/10.1007/978-3-658-25947-1_1

Downey, S., van der Werff, L., Thomas, K. & Plaut, V. (2015). The role of diversity practices and inclusion in promoting trust and employee engagement. *Journal of Applied Social Psychology, 45*(1), 35- 44. https://doi.org/10.1111/jasp.12273

Dunavant, B. M. & Heiss, B. (2005) *Global Diversity 2005*. Washington, DC: Diversity Best Practices

Duttweiler, S. (2016). Nicht neu, aber bestmöglich. Alltägliche (Selbst)Optimierung in neoliberalen Gesellschafte. *Aus Politik und Zeitgeschichte, 37–38*.

Eagly, A. H. & Chaiken, S. (1998). Erkenntnisse der neueren Einstellungstheorie als Grundlage zur Erklärung des Kaufverhaltens. In F. Huber, S. Regier & M. Rinino (Hrsg.), *Cause-Related-Marketing-Kampagnen erfolgreich konzipieren* (S. 19–23). Gabler. https://doi.org/10.1007/978-3-8349-8165-3_3

Ellemers, N., van Knippenberg, A., De Vries, N. & Wilke, H. (1988). Social identification and permeability of group boundaries. *European Journal of Social Psychology, 18*(6), 497–513. https://doi.org/10.1002/ejsp.2420180604

Ely, R. J., Padavic, I. & Thomas, D. A. (2012). Racial Diversity, Racial Asymmetries, and Team Learning Environment: Effects on Performance. *Organization Studies, 33*(3), 341–362. https://doi.org/10.1177/0170840611435597

El-Mafaalani, A. & Wirtz, S. (2011). Wie viel Psychologie steckt im Habitusbegriff? Pierre Bourdieu und die »verstehende Psychologie«. *Journal für Psychologie. Theorie – Forschung – Praxis, 19*(1).

Engel, J. (2019). An addiction to capitalism: a criticism of mainstream environmentalist rhetoric. ideaFest Journal: *Interdisciplinary Journal of Creative Works & Research from Humboldt State University, 3*, 77–85.

Exner, A. (2013). De-growth solidarity: the great socio-ecological transformation of the twenty-first century. In A. Exner, W. Zittel, P. Fleissner & L. Kranzl (Hrsg.), *Land and resource scarcity* (S. 185–244). Routledge.

Farache, F. & Perks, K. J. (2010). »CSR advertisements: a legitimacy tool?«. *Corporate Communications: An International Journal, 15*(3), 235–248. https://doi.org/10.1108/13563281011068104

Festinger, L. (2012/Original aus 1978). *Theorie der Kognitiven Dissonanz*. Huber Verlag.

Fine, C., Sojo, V. & Lawford-Smith, H. (2019). Why Does Workplace Gender Diversity

Matter? Justice, Organizational Benefits, and Policy. *Social Issues and Policy Review, 14*(1), 36–72. https://doi.org/10.1111/sipr.12064

Fingarette, H. (1963). *The Self in Transformation*. Basic Books.

Fink, M. (2019). Gleichstellung erwerbstätiger Frauen als Teil der Sozialpolitik in Europa und in den Nationalstaaten. In *Erwerbstätige Frauen in Frankreich und der Bundesrepublik Deutschland*. Springer VS.

Finske, S. & Macrae, C.N. (2012). *The SAGE Handbook of Social Cognition*. Sage.

Fischer, M.J. & Massey, D.S. (2007). The effects of affirmative action in higher education. *Social Science Research, 36*(2), 531–549. https://doi.org/10.1016/j.ssresearch.2006.04.004

Fletcher, G. (1995). *The Scientific Credibility of Folk Psychology*. Lawrence Erlbaum.

Florida, R. & Gates, G. (2003). 7. Technology and tolerance: The importance of diversity to high-technology growth. In T. Nichols Clark (Hrsg.), *The City as an Entertainment Machine* (Bd. 9, S. 199–219). Emerald Group Publishing Limited. https://doi.org/10.1016/S1479-3520(03)09007-X

Forschelen, B. (2017). Management. In *Kompendium der Zitate für Unternehmer und Führungskräfte*. Springer Gabler. https://doi.org/10.1007/978-3-658-16249-8_2

Foucault, M. (1966). *Les mots et les choses. Une archéologie des sciences humaines*. Gallimard.

Foucault, M. (1976). *Überwachen und Strafen. Die Geburt des Gefängnisses* (übers. v.W. Seitter). Suhrkamp.

Foucault, M. (1977). *Das Spiel der Macht*. Gespräch, in ders.: Schriften in vier Bänden, hrsg. v. Daniel Defert/François Ewald, Suhrkamp. Bd 3, 2003, 391–429

Foucault, M. (1983). *Der Wille zum Wissen. Sexualität und Wahrheit I*. Suhrkamp.

Foucault, M. (1994). Das Subjekt und die Macht. In H.L. Dreyfus & P. Rabinow (Hrsg.), *Michel Foucault. Jenseits von Strukturalismus und Hermeneutik* (2. Aufl., übers. v.C. Rath & U. Raulff, S. 243–261). Beltz.

Foucault, M. (2005). *Analytik der Macht*. Suhrkamp.

Foucault, M. (2008). *Die Hauptwerke* (4. Aufl., übers. v.U. Köppen, U. Raulff & W. Seitter, m.Nachw. v.A. Honneth & M. Saar). Suhrkamp.

Foucault, M. (2011). *Der Mut zur Wahrheit: Die Regierung des Selbst und der anderen II. Vorlesungen am Collège de France 1983/84* (2. Aufl., übers. v.J. Schröder). Suhrkamp.

Freud, A. (1936/1964). *Das Ich und seine Abwehrmechanismen*. Fischer.

Freud, S. (1894). Die Abwehr-Neuropsychosen. Versuch einer psychologischen Theorie. In ders., *Gesammelte Werke* (Bd. 1, S. 59–74). Fischer.

Freud, S. (1915/1946). Die Verdrängung. In ders., *Gesammelte Werke* (Bd. 10, S. 248–261). Fischer.

Fromm, E. (1932). *Über Methode und Aufgabe einer Analytischen Sozialpsychologie. Bemerkungen über Psychoanalyse und historischen Materialismus*. Zeitschrift für Sozialforschung, 1, 28–54.

Furunes, T. & Mykletun, R.J. (2007). Why diversity management fails: Metaphor analyses unveil manager attitudes. *International Journal of Hospitality Management, 26*(4), 974–990. https://doi.org/10.1016/j.ijhm.2006.12.003

Gandesha, S. 2018. Understanding Right and Left Populism. In J. Morelock (Hrsg.), *Critical Theory and Authoritarian Populism* (S. 49–70). London: University of Westminster Press. DOI: https://doi.org/10.16997/book30.d. License: CC-BY-NC-NDGarcia, Y. & Levitt, J. (2011). Diversity – what is it and what does it mean? *Division Dialogue*.

American Psychological Association. https://www.apa.org/about/division/officers/dialogue/2011/03/diversity.aspx.

Gardenswartz, L. & Rowe, A. (2002a). *Diverse Teams at Work. Capitalizing on the Power of Diversity*. Society for human resource MGMT.

Gardenswartz, L. & Rowe, A. (2002b). Modell der »4 Layers of Diversity« nach Gardenswartz und Rowe. In L. Gardenswartz & A. Rowe (Hrsg.), *Diverse Teams at Work*. Society for human resource MGMT.

George, J.M. (1990). Personality, affect, and behavior in groups. *Journal of Applied Psychology, 75*(2), 107–116. https://doi.org/10.1037/0021-9010.75.2.107.

Gergen, K.J. (1991). *The Saturated Self: Dilemmas of Identity in Contemporary Life*. Basic Books.

Gergen, K.J. (2011). *Relational Being: Beyond Self and Community*. Oxford University Press.

Gertenbach, L., Kahlert, H., Kaufmann S., Rosa, H. & Weinbach, C. (Hrsg.). (2009). *Soziologische Theorien*. UTB.

Gilbert, D.T., Fiske, S.T. & Lindzey, G. (1998). *Handbook of Social Psychology, Volume One* (4. Aus.). John Wiley & Sons.

Gilbert, J.A. & Ivancevich, J.M. (2006). Effects of Diversity Management on Attachment. *Journal of Applied Social Psychology, 31*(7), 1331–1349. https://doi.org/10.1111/j.1559-1816.2001.tb02676.x.

Gilbert J.A. & Stead B.A. (1999). Stigmatization Revisited: Does Diversity Management Make a Difference in Applicant Success? *Group & Organization Management, 24*(2), 239–256. https://doi.org/10.1177%2F1059601199242006

Gilbert, J.A., Stead, B.A. & Ivancevich, J.M. (1999). A New Organizational Paradigm. *Journal of Business Ethics, 21*, 61–76. https://doi.org/10.1023/A:1005907602028

Girndt, T. (1997). An Intervention Strategy to Managing Diversity: Discerning Conventions. *European Journal of Work and Organizational Psychology, 6*(2), 227–240. https://doi.org/10.1080/135943297399213

Gläser, J. & Laudel, G. (2010). *Experteninterviews und qualitative Inhaltsanalyse als Instrumente rekonstruierender Untersuchungen*. Springer VS.

Goffman, E. (1963/2010). *Stigma: Über Techniken der Bewältigung beschädigter Identität*. Suhrkamp.

Gonzalez, J.A. (2010). Diversity Change in Organizations: A Systemic, Multilevel, and Nonlinear Process. *The Journal of Applied Behavioral Science, 46*(2), 197–219. https://doi.org/10.1177/0021886310367943.

Gordon, R. (1975). *Interviewing: strategy techniques and tactics*. Dorsey Press.

Gotsis, G. & Kortezi, Z. (2015). *Critical Studies in Diversity Management Literature: A Review and Synthesis. A Review and Synthesis*. Springer VS.

Gough, D., McFadden, M. & McDonald, M. (2013). *Critical Social Psychology: An Introduction*. Palgrave Macmillan.

Gruhlich, J. (2017). Wer steuert Diversity Management? Die Akteure im organisationalen Umsetzungsprozess von Gender Diversity am Beispiel eines transnationalen Unternehmens. *Industrielle Beziehungen/The German Journal of Industrial Relations, 24*(2), 156–173.

Haag, H. (2018). Methodologie: Die praxeologische Wissenssoziologie. In H. Haag (Hrsg.), *Im Dialog über die Vergangenheit, Soziales Gedächtnis, Erinnern und Ver-*

gessen – Memory Studies (S. 61–66). Springer VS. https://doi.org/10.1007/978-3-658-19263-1_4

Hammonds, K. (2005). Why we hate HR. *Fast Company, 97*. Aug 2005; 97; ABI/INFORM Global pg. 40

Haric, P. (2021). Was ist Management. In *Gabler Wirtschfatslexikon*: https://wirtschaftslexikon.gabler.de/definition/management-37609

Hartung, M. (2015). *Revolution? Revolte? Widerstand! Wandel und wie er gedacht werden kann im Werk von Gilles Deleuze und Michel Foucault* (Dissertation, Sozialwissenschaften). LMU München, Starnberg.

Hartz, R. & Rätze, M. (Hrsg.). (2014). *Organisationsforschung nach Foucault: Macht – Diskurs – Widerstand*. Transcript.

Haug, F. (1977). Arbeitspsychologie zwischen Kapital und Arbeit. In *Kritische Psychologie II* (S. 72–83). WordPress.

Haug, F. (2017). Zur kritischen Psychologie von Widerstand. Oder Zum Verhältnis von Theorie und Praxis. *Forum Kritische Psychologie, 59*, 7–23.

Haug, F., Maiers, W. & Osterkamp, U. (2015). *Klaus Holzkamp Schriften VI. Kritische Psychologie als Subjektwissenschaft*. Argument.

Heider, F. (1958). *The psychology of interpersonal relations*. John Wiley & Sons. https://doi.org/10.1037/10628-000

Heilman, M. E., Block, C. J. & Lucas, J. A. (1992). Presumed incompetent? Stigmatization and affirmative action efforts. *Journal of Applied Psychology, 77*(4), 536–544.

Hepburn, A. (2003). *An Introduction to Critical Social Psychology*. Sage.

Hoobler, J. M., Masterson, C. R., Nkomo, S. M. & Michel, E. J. (2018). The business case for women leaders: Meta-analysis, research critique, and path forward. *Journal of Management*, 44, 2473–2499.

Hogg, M. A. (2001). Social identity and the sovereignty of the group: A psychology of belonging. In C. Sedikides & M. B. Brewer (Hrsg.), *Individual self, relational self, collective self* (S. 123–143). Psychology Press.

Hogg, M. A. & Abrams, D. (1988). *Social identifications: A social psychology of intergroup relations and group processes*. Taylor & Frances/Routledge.

Hogg, M. A. & McGarty, C. (1990). Self categorization and social identity. In D. Abrams & M. A. Hogg (Hrsg.), *Social identity theory: Constructive and critical advances* (S. 10–27). Harvester Wheatsheaf.

Hogg, M. A. & Reid, S. A. (2006). Social Identity, Self-Categorization, and the Communication of Group Norms. *Communication Theory, 16*(1), 7–30.

Højholt, C. & Schraube, E. (2019). *Subjectivity and Knowledge: Generalization in the Psychological Study of Everyday Life*. Springer VS. https://doi.org/10.1007/978-3-030-29977-4

Holzkamp, K. (1973). *Sinnliche Erkenntnis. Historischer Ursprung und gesellschaftliche Funktion von Wahrnehmung*. Fischer.

Holzkamp, K. (1983/2003). *Grundlegung der Psychologie*. Campus.

Holzkamp, K. (1984). Kritische Psychologie und phänomenologische Psychologie. Der Weg der Kritischen Psychologie zur Subjektwissenschaft. *Forum kritische Psychologie, 14*.

Holzkamp, K. (1990). Worauf bezieht sich das Begriffspaar »restriktive/verallgemeinerte Handlungsfähigkeit«? Zu Maretzkys vorstehenden »Anmerkungen«. *Kritische Psychologie, 26*, 35–45.

Holzkamp, K. (1996, posthum). Psychologie: Selbstverständigung über Handlungsbegründungen alltäglicher Lebensführung. *Forum Kritische Psychologie, 36*, 7–112.

Hook, D.W. (2004). *Frantz Fanon, Steve Biko, »psychopolitics« and critical psychology.*

Hopf, C. (1978/2016). Die Pseudo-Exploration – Überlegungen zur Technik qualitativer Interviews in der Sozialforschung. In *Schriften zu Methodologie und Methoden qualitativer Sozialforschung*. Springer VS. https://doi.org/10.1007/978-3-658-11482-4_3

Horkheimer, M. (1992/2011). *Traditionelle und kritische Theorie: Fünf Aufsätze* (7. Aufl.). Fischer.

Horkheimer, M. & Adorno, T.W. (1939). *Gesammelte Schriften: Bd. 12. Diskussion über die Differenz zwischen Positivismus und materialistischer Dialektik.* Fischer.

Hörnqvist, M. (2010). *Risk, Power and the State. After Foucault.* Routledge.

Ibáñez, T. & Íñiguez, L. (1997). *Critical Social Psychology*. Sage.

Inzlicht, M. & Kang, S.K. (2010). Stereotype threat spillover: How coping with threats to social identity affects aggression, eating, decision making, and attention. *Journal of Personality and Social Psychology, 99*(3), 467–481. https://doi.org/10.1037/a0018951.

Islam, G. & Zyphur, M. (2009). Concepts and directions in critical industrial/organizational psychology. In D. Fox, I. Prilleltensky & S. Austin (Hrsg.), *Critical psychology: An introduction* (2. Aufl., S. 110–125). Sage.

Ivancevich, J.M. & Gilbert, J.A. (2000). Diversity Management: Time for a New Approach. *Public Personnel Management, 29*(1), 75–92. https://doi.org/10.1177/009102600002900106

Jonas, K., Stroebe, W. & Hewstone (Hrsg.). (2014). *Sozialpsychologie* (6. Aufl.). Springer VS.

Jones, J.M. & Dovidio, J.F. (2018). Change, Challenge, and Prospects for a Diversity Paradigm in Social Psychology. *Social Issues and Policy Review, 12*(1), 7–56. https://doi.org/10.1111/sipr.12039

Jonsen, K., Maznevski, M.L. & Schneider, S.C. (2011): Special Review Article: Diversity and it's not so diverse literature: An international perspective. *International Journal of Cross Cultural Management, 11*(1), 35–62. https://doi.org/10.1177%2F1470595811398798

Jost, J.T., Pelham, B.W. & Carvallo, M.R. (2002). Non-conscious forms of system justification: Implicit and behavioral preferences for higher status groups. *Journal of Experimental Social Psychology, 38*(6), 586–602. https://doi.org/10.1016/S0022-1031(02)00505-X

Jung, R., Schäfer, H. & Seibel, F. (1994). *Vielfalt gestalten – Managing Diversity.* IKO.

Jürgens, K., Hoffmann, R. & Schildmann, C. (2018). *Let's transform work!*. Hans-Böckler-Stiftung.

Kabobel, J. (2011). Ein Denken, das aus dem Rahmen fällt: Widerstand, Protest und Kritik bei Foucault und Luhmann. In M. Gubo, M. Krypta & F. Öchsner (Hrsg.), *Kritische Perspektiven: »Turns«, Trends und Theorien* (S. 44–64). Lit.

Kaiser, C.R., Major, B., Jurcevic, I., Dover, T.L., Brady, L.M. & Shapiro, J.R. (2013). Presumed fair: Ironic effects of organizational diversity structures. *Journal of Personality and Social Psychology, 104*(3), 504–519. https://doi.org/10.1037/a0030838

Kandola, R. & J. Fullerton (1994). *Managing the Mosaic – Diversity in Action.* IPD.

Katz, D. (1960). The functional approach to the study of attitudes. *Public Opinion Quarterly, 24*, 163–204. https://doi.org/10.1086/266945

Katz, D. & Kahn, R.L. (1978). *The social psychology of organizations*. HR Folks International.

Kiechl, R. (1993). Managing Diversity: Postmoderne Kulturarbeit in der Unternehmung. *Die Unternehmung, 47*(1), 67–72.

Kim, K.-M. (2004). Can Bourdieu's Critical Theory Liberate us from Symbolic Violence? *Cultural Studies ↔ Critical Methodologies, 4*(3), 362–376. https://doi.org/10.1177%2F1532708603254896

Kim, K.-M. (2010). How Objective Is Bourdieu's Participant Objectivation? *Qualitative Inquiry, 16*(9), 747–756. https://doi.org/10.1177%2F1077800410374442

Kleeberg-Niepage, A. & Marx, M.-T. (2021). »Vom Haben und Machen« Wie deutsche und ghanaische Kinder ihre Zukunftsvorstellungen zeichnen. *Sozialer Sinn, 22*(1), 1–42. http://dx.doi.org/10.1515/sosi-2016-0008

Kocka, J. (1973). Karl Marx und Max Weber im Vergleich: Sozialwissenschaften zwischen Dogmatismus und Dezisionismus. In H.-U. Wehler (Hrsg.), *Geschichte und Ökonomie* (S. 54–84). Kiepenheuer & Witsch.

Köllen, T. (2016). Acting Out of Compassion, Egoism, and Malice: A Schopenhauerian View on the Moral Worth of CSR and Diversity Management Practices. *Journal of Business Ethics, 138*, 215–229 https://doi.org/10.1007/s10551-015-2599-z

Köllen, T. (2019). Diversity Management: A Critical Review and Agenda for the Future. *Journal of Management Inquiry*. https://doi.org/10.1177/1056492619868025

Köllen, T. (2020). Worshipping equality as organizational idolatry? A Nietzschean view of the normative foundations of the diversity management paradigm. *Scandinavian Journal of Management, 36*(2).

Kossek, E.E., Su, R. & Wu, L. (2017). »Opting Out« or »Pushed Out«? Integrating Perspectives on Women's Career Equality for Gender Inclusion and Interventions. *Journal of Management, 43*(1), 228–254. https://doi.org/10.1177/0149206316671582

Kreikebaum, H., Gilbert, D.U. & Reinhardt, G. (2002). *Organisationsmanagement internationaler Unternehmen* (2. Aufl.). Gabler.

Krell, G. (1996). Mono- oder multikulturelle Organisation? »Managing Diversity« auf dem Prüfstand. *Industrielle Beziehung, 3*(4), 334–350.

Krell, G. & Sieben, B. (2011). Diversity Management: Chancengleichheit für alle und auch als Wettbewerbsvorteil. In G. Krell, R. Ortlieb & B. Sieben (Hrsg.), *Chancengleichheit durch Personalpolitik* (S. 155–174). https://doi.org/10.1007/978-3-8349-6838-8_15

Krell, G. & Wächter, H. (Hrsg.). (2006). *Diversity Management. Impulse aus der Personalforschung*. Rainer Hampp.

Kurucz, E., Colbert, B. & Wheeler, D. (2008). The Business Case for Corporate Social Responsibility. In Crane, A., Matten, D., McWilliams, A., Moon, J. & Siegel, D.S., *The Oxford Handbook of Corporate Social Responsibility*. Oxford University Press.

Langfred, C.W. (2000). The paradox of self-management: individual and group autonomy in work groups. *Journal of Organizational Behavior, 21*(5), 563–585.

Langdridge, D. & Taylor, S. (2007). *Critical Readings in Social Psychology*. Open University Press.

Ledele, S. (2008). *Die Ökonomisierung des Anderen*. Springer VS.

Lehn, T. (2012). *Asketische Praxis: die Bedeutung der Askese für das ethische Handeln und das menschliche Sein bei Aristoteles und Michel Foucault*. Ludwig-Maximilians-Universität München.

Lefkowitz, J. (2019). The conundrum of industrial-organizational psychology. *Indus-*

trial and Organizational Psychology, 12(4). 473–478. https://doi.org/10.1017/iop.2019.114

Leitner, S., Ostner, I. & Schratzenstaller, M. (2004). *Wohlfahrtsstaat und Geschlechterverhältnis im Umbruch: Was kommt nach dem Ernährermodell?*. https://doi.org/10.1007/978-3-663-11874-9

Lemke, T. (1997). *Eine Kritik der politischen Vernunft – Foucaults Analyse der modernen Gouvernementalität.* Argument.

Lemke, T. (2007). An indigestible meal? Foucault, governmentality and state theory. *Distinktion Journal of Social Theory, 8*(2), 43–64. https://doi.org/10.1080/1600910X.2007.9672946

Lemke, T. (2018). Eine Geschichte der Gegenwart. Michel Foucaults Analytik der Regierung. In U. Vormbusch (Hrsg.), *Soziologische Analysen der Gegenwartsgesellschaft* (S. 108–122). FernUniversität in Hagen.

Lemke, T. (2019). *Foucault's Analysis of Modern Governmentality: A Critique of Political Reason.* Verso.

Levine, J.M. & Higgins, E.T. (2001). Shared reality and social influence in groups and organizations. In F. Butera & G. Mugny (Hrsg.), *Social influence in social reality: Promoting individual and social change* (S. 33–52). Hogrefe & Huber.

Liebig, B. (2013). »Tacit Knowledge« und Management. In R. Bohnsack, I. Nentwig-Gesemann & A.-M. Nohl (Hrsg.), *Die dokumentarische Methode und ihre Forschungspraxis. Grundlagen qualitativer Sozialforschung* (S. 157–177). Springer VS. https://doi.org/10.1007/978-3-531-19895-8_7

Lies, J. (2020). *Diversity Management. Ausführliche Definition im Online-Lexikon.* in Gabler Wirtschaftslexikon: https://wirtschaftslexikon.gabler.de/definition/diversity-management-53993/version-277052

Loden, M. & Rosener, J.B. (1991). *Workforce America: Managing Employee Diversity as a Vital Resource.* McGrawn Hill.

Longhurst, B. (1989). *Karl Mannheim and the Contemporary Sociology of Knowledge.* Springer VS.

Lorbiecki, A. (2001). Changing Views on Diversity Management: The Rise of the Learning Perspective and the Need to Recognize Social and Political Contradictions. *Management Learning, 32*(3), 345–361. https://doi.org/10.1177/1350507601323004

Lorbiecki, A. & Jack, G. (2000). Critical Turns in the Evolution of Diversity Management. *British Journal of Management, 11*, Special Issue, 17–31. https://doi.org/10.1111/1467-8551.11.s1.3

Lubitow, A. & Davis, M. (2011). Pastel Injustice: The Corporate Use of Pinkwashing for Profit. *Environmental Justice, 4*(2). https://doi.org/10.1089/env.2010.0026

Maeße, J. (2015). *Eliteökonomen. Wissenschaft im Wandel der Gesellschaft.* Springer VS.

Maeße, J. (2019). Diskursanalyse als kritische Theorie nach Foucault und Bourdieu. In A. Langer, M. Nonhoff & M. Reisigl (Hrsg.), *Diskursanalyse und Kritik* (S. 289–316). Springer VS.

Maeße, J. & Hamann, J. (2016). Die Universität als Dispositiv. Die gesellschaftliche Einbettung von Bildung und Wissenschaft aus diskurstheoretischer Perspektive«. *Zeitschrift für Diskursforschung*, 29–50.

Magoshi, E. & Chang, E. (2009). Diversity management and the effects on employees' organizational commitment: Evidence from Japan and Korea. *Journal of World Business, 44*, 31–40. https://doi.org/10.1016/j.jwb.2008.03.018

Mannheim, K. (1929). *Ideologie und Utopie (Schriften zur Philosophie und Soziologie.* Cohen.

Mannheim, K. (1964a). *Wissenssoziologie. Auswahl aus dem Werk.* Luchterhand.

Mannheim, K. (1964b). Beiträge zur Theorie der Weltanschauungsinterpretation. In K. Mannheim (Hrsg.), *Ideologie und Utopie*, 1921–1922.

Mannheim, K. (1980). *Strukturen des Denkens.* Suhrkamp.

Mannix, E. & Neale, M. A. (2005). What Differences Make a Difference?: The Promise and Reality of Diverse Teams in Organizations. *Psychological Science in the Public Interest, 6*(2), 31–55. https://doi.org/10.1111%2Fj.1529-1006.2005.00022.x

Marcuse, H. (1994/1998/2004 Original aus 1964). *Der eindimensionale Mensch. Studien zur Ideologie der fortgeschrittenen Industriegesellschaft.* (3. Aufl.) DTV

Marin, L. & Ruiz, S. (2007). »I Need You Too!« Corporate Identity Attractiveness for Consumers and The Role of Social Responsibility. *Journal of Business Ethics, 71*, 245–260. https://doi.org/10.1007/s10551-006-9137-y

Markard, M. (1990). Wie subjektwissenschaftlich sind qualitative Methoden? *Forum kritische Psychologie, 25*, 97–105.

Markard, M. (1993). Kann es in einer Psychologie vom Standpunkt des Subjekts verallgemeinerbare Aussagen geben?. *Forum kritische Psychologie, 31*, 29–51.

Markard, M. (2000). Kritische Psychologie: Methodik vom Standpunkt des Subjekts. *Forum qualitative Sozialforschung, 1*(2), Art. 19.

Markard, M. (2009). *Einführung in die Kritische Psychologie.* Argument.

Markard, M. (2010) Kritische Psychologie: Forschung vom Standpunkt des Subjekts. In G. Mey & K. Mruck (Hrsg.), *Handbuch Qualitative Forschung in der Psychologie* (S. 166–181). Springer VS.

Markard, M. (2014). *Was bedeutet »Den Gegenstrom schwimmen« für die Kritische Psychologie?* [PDF]. Ferienuni Kritische Psychologie, Hamburg.

Markard, M. (2016). Kritische Psychologie und ihr Verhältnis zur kritischen Theorie. In U. Bittlingmayer, A. Demirovic, T. Freytag (Hrsg.) *Handbuch Kritische Theorie.* Springer Reference Sozialwissenschaften. Springer VS. https://doi.org/10.1007/978-3-658-12707-7_37-1

Marvakis, A. (2019). The neoliberal framing of (critical) psychology. *Annual Review of Critical Psychology, 16*, 22–52.

Marx, K. (1872). *Das Kapital: Kritik der politischen Ökonomie* (2. Aufl.). Anaconda.

Maurer, A. (2007). Der Geist des Kapitalismus – Eine institutionentheoretische Interpretation der Protestantischen Ethik. In M. Held, G. Kubon-Gilke & R. Sturn (Hrsg.), *Ökonomie und Religion* (S. 63–87). Metropolis.

Maurer A. (2008). Das moderne Unternehmen: Theoretische Herausforderungen und Perspektiven für die Soziologie. In A. Maurer & U. Schimank (Hrsg.), *Die Gesellschaft der Unternehmen – Die Unternehmen der Gesellschaft* (S. 17–39). Springer VS. https://doi.org/10.1007/978-3-531-91199-1_2.

McCauley, C. R., Jussim, L. J. & Lee, Y.-T. (1995). Stereotype accuracy: Toward appreciating group differences. In Y.-T. Lee, L. J. Jussim & C. R. McCauley (Hrsg.), *Stereotype accuracy: Toward appreciating group differences* (S. 293–312). American Psychological Association. https://doi.org/10.1037/10495-012

Messerschmidt, A. (2012). Michel Foucault (1926–1984). Den Befreiungen misstrauen – Foucaults Rekonstruktionen moderner Macht und der Aufstieg kontrollierter

Subjekte. In B. Dollinger (Hrsg.), *Klassiker der Pädagogik. Die Bildung der modernen Gesellschaft* (S. 289–310). Springer VS.

Metcalfe, B.D. & Woodhams, C. (2008). »Critical perspectives in diversity and equality management«. *Gender in Management, 23*(6), 377–381. https://doi.org/10.1108/17542410810897508

Meuser, M. (2007). Repräsentation sozialer Strukturen im Wissen. Dokumentarische Methode und Habitusrekonstruktion. In R. Bohnsack, I. Nentwig-Gesemann & A.-M. Nohl (Hrsg.), *Die dokumentarische Methode und ihre Forschungspraxis. Grundlagen qualitativer Sozialforschung* (S. 223–239). Springer VS.

Meuser, M. & Nagel, U. (1991). ExpertInneninterviews – vielfach erprobt, wenig bedacht: ein Beitrag zur qualitativen Methodendiskussion. In D. Garz & K. Kraimer (Hrsg.), *Qualitativ-empirische Sozialforschung: Konzepte, Methoden, Analysen* (S. 441–471). Springer VS.

Meuser, M. & Nagel, U. (2009). Das Experteninterview – konzeptionelle Grundlagen und methodische Anlage. In S. Pickel, G. Pickel, H.J. Lauth & D. Jahn D. (Hrsg.), *Methoden der vergleichenden Politik- und Sozialwissenschaft. Neue Entwicklungen und Anwendungen* (S. 465–479). Springer VS.

Miller, A., Gurin, P., Gurin, G. & Malanchuk, O. (1981). Group Consciousness and Political Participation. *American Journal of Political Science, 25*(3), 494–511. https://doi.org/10.2307/2110816

Minnotte, K.L. (2012). Perceived Discrimination and Work-to-Life Conflict Among Workers in the United States. *The Sociological Quarterly, 53*(2), 188–210. https://doi.org/10.1111/j.1533-8525.2012.01231.x

Morse, S. & Gergen, K.J. (1970). Social comparison, self-consistency, and the concept of self. *Journal of Personality and Social Psychology, 16*(1), 148–156. https://doi.org/10.1037/h0029862.

Motzkau, J. & Schraube, E. (2015). Kritische Psychologie. Psychology from the standpoint of the subject. In I. Parker (Hrsg.), *Handbook of critical Psychology* (S. 280–289). Routledge.

Mumby, D.K. (2019). Work: What is it good for? (Absolutely nothing) – a critical theorist's perspective. *Industrial and Organizational Psychology, 12*, 429–443. https://doi.org/10.1017/iop.2019.69

Mummendey, A. & Wenzel, M. (1999). Social Discrimination and Tolerance in Intergroup Relations: Reactions to Intergroup Difference. *Personality and social psychology review: an official journal of the Society for Personality and Social Psychology, 3*(2), 158–174. https://doi.org/10.1207/s15327957pspr0302_4

Nesse, R.M. (2019). *Good Reasons for Bad Feelings. Insights from the frontier of evolutionary psychiatry*. Penguin.

Nguyen, S. (2014), »The critical role of research in diversity training: how research contributes to an evidence-based approach to diversity training«. *Development and Learning in Organizations, 28*(4), 15–17. https://doi.org/10.1108/DLO-01-2014-0002

Nishii, L. & Özbilgin, M. (2007). Global diversity management: Towards a conceptual framework. *The International Journal of Human Resource Management, 18*(11), 1883–1894. https://doi.org/10.1080/09585190701638077

Nissen, M. (2004). The Subject of Critique. *Forum Kritische Psychologie, 47*, 73–98.

Nissen, M. (2006). Zum Standort von Kritik in der kritischen Psychologie heute. *Forum kritische Psychologie, 50*.

Noack, A.-S. (2016). *Hamburger Studien zur Kriminologie und Kriminalpolitik: Bd. 53. Knast – Macht – Widerstand. Eine machtanalytische Annäherung an die Geschehnisse vom 28. Mai bis 01. Juni 1990 in der JVA Fuhlsbüttel*. Lit.

Nohl, M.-A. (2005). Dokumentarische Interpretation narrativer Interviews. *Bildungsforschung* 2 (2005) 2, 19 S

Nohl, M.-A. (2008). *Interview und dokumentarische Methode*. Springer VS.

Nohl, M.-A. (2012). *Interview und dokumentarische Methode. Anleitung für die Forschungspraxis* (4. Aufl.). Springer VS.

Nohl, M.-A. (2017). *Interview und Dokumentarische Methode* (5. Aufl.). Springer VS.

Noon, M. (2007). The fatal flaws of diversity and the business case for ethnic minorities. *Work, Employment and Society, 21*(4), 773–784. https://doi.org/10.1177%2F0950017007082886

Oakes, P.J. & Turner, J.C. (1990). Is limited information processing capacity the cause of social stereotyping? In W. Stroebe & M. Hew-stone (Hrsg.), *European review of social psychology* (Vol. 1, S. 111–135). Chichester, UK: Wiley.

Ofori-dankwa, J. & Tierman, A. (2002). The Effect of Researchers' Focus on Interpretation of Diversity Data. *The Journal of Social Psychology, 142*(3), 277–293. https://doi.org/10.1080/00224540209603900

Opp, K.D. (2019). Definitionen und ihre Bedeutung für die Sozialwissenschaften. In Graef, P. & Rabl, T. (2019): *Was ist Korruption? Begriffe, Grundlagen und Perspektiven gesellschaftswissenschaftlicher Korruptionsforschung*. Nomos.

Orhan, M.A., Bal, P.M. & van Rossenberg, Y.G.T. (2022). Bringing I-O psychology to the public: What if we have nothing to say?. *PsyArXiv*. https://doi.org/10.31234/osf.io/rnq2e

Otaye-Ebede, L. (2018). Employees' perception of diversity management practices: scale development and validation. *European Journal of Work and Organizational Psychology, 27*(4), 462–476. https://doi.org/10.1080/1359432X.2018.1477130

Özbilgin, M.F., Jonsen, K., Tatli, A., Vassilopoulou, J. & Surgevil, O. (2013). Global diversity management. In Q.M. Roberson (Hrsg.), *Oxford library of psychology. The Oxford handbook of diversity and work* (S. 419–441). Oxford University Press.

Özbilgin, M.F. & Tatli, A. (2008). *Global Diversity Management. An Evidence-Based Approach*. Palgrave Macmillan.

O'Doherty, K.C., Osbeck, L.M., Schraube, E. & Yen, J. (Hrsg.). (2019). *Psychological Studies of Science and Technology* (Palgrave Studies in the Theory and History of Psychology). Palgrave Macmillan.

O'Leary, B.J. & Weathington, B.L. (2006). Beyond the Business Case for Diversity in Organizations. *Employee Responsibilities and Rights Journal, 18*, 283–292. https://doi.org/10.1007/s10672-006-9024-9

Page, S.E. (2017). *The Diversity Bonus: How Great Teams Pay Off in the Knowledge Economy*. Princeton University Press.

Pager, D. & Western, B. (2012). Identifying Discrimination at Work: The Use of Field Experiments. *Social Issue, 68*(2), 221–237. https://dx.doi.org/10.1111%2Fj.1540-4560.2012.01746.x

Parker, I. (1992). *Discourse Dynamics: Critical Analysis for Social and Individual Psychology*. Routledge.

Parker, I. (2015). *Handbook of Critical Psychology.* Routledge.

Pezzullo, P.C. (2003). Resisting »national breast cancer awareness month«: The rhetoric of counterpublics and their cultural performances. *Quarterly Journal of Speech, 89*(4), 345–365. doi: 10.1080/0033563032000160981

Pickens, J. (2005). Attitudes and Perceptions. In N. Borokowski, *Organizational Behavior in Health Care* (S. 43–75). Jones and Bartlett Publishers.

Pitts, D.W. (2006). Modeling the Impact of Diversity Management. *Review of Public Personnel Administration, 26*(3), 245–268. https://doi.org/10.1177/0734371X05278491

Platow, M.J. & Hunter, J.A. (2012). Intergroup relations and conflict: Revisiting Sherif's Boys' Camp studies. In J.R. Smith & S.A. Haslam (Hrsg.), *Psychology: Revisiting the classic studies. Social psychology: Revisiting the classic studies* (S. 142–159). Sage.

Podsiadlowski, A., Gröschke, D., Kogler, M., Springer, C. & van der Zee, K. (2013). Managing a culturally diverse workforce: Diversity perspectives in organizations. *International Journal of Intercultural Relations, 37*(2), 159–175. https://doi.org/10.1016/j.ijintrel.2012.09.001

Point, S. & Singh, V. (2003). Defining and Dimensionalising Diversity: Evidence from Corporate Websites across Europe. *European Management Journal, 21*(6), 750–761. http://dx.doi.org/10.1016/j.emj.2003.09.015

Prasad, P., Mills, A.J., Elmes, M.B. & Prasad, A. (1997). *Managing the organisation melting pot: Dilemmas of workplace diversity*. Thousand Oaks.

Prügl, E. (2011). Diversity Management and Gender Mainstreaming as Technologies of Government. *Politics & Gender, 7*(1), 71–89. https://doi.org/10.1017/S1743923X10000565

Redding, R.E. (2001). Sociopolitical diversity in psychology: The case for pluralism. *American Psychologist, 56*(3), 205–215. https://doi.org/10.1037/0003-066X.56.3.205

Reichertz, J. (2010). *Kommunikationsmacht. Was ist Kommunikation und was vermag* sie? Und weshalb vermag sie das? Springer VS.

Reichertz, J. (2004). Objective Hermeneutics and Hermeneutic Sociology of Knowledge. In: Flick, U. (Hrsg.). *Companion to Qualitative Research*. London: Sage.

Reichertz, J. (2016). *Qualitative und interpretative Sozialforschung. Eine Einladung*. Springer VS.

Rexilius, G. (2008). Wie Klaus Holzkamp posthum auf den Kopf gestellt wurde. *Journal für Psychologie, 16*(2).

Rijsman, J.B. (1985) Some equalitarian aspects of social competition. In F. Denmark (Hrsg.) *Social/Ecological Psychology and The Psychology of Women*. North Holland, Amsterdam. 167–176.

Rijsman, J.B. (1997). Social Diversity: A Social Psychological Analysis and Some Implications for Groups and Organizations. *European Journal of Work and Organizational Psychology, 6*(2), 139–152. https://doi.org/10.1080/135943297399132

Rhodes, C. (2022). *Woke Capitalism: How Corporate Morality is Sabotaging Democracy.* Bristol University Press.

Rhodes, P. (Hrsg.). (2020). *Beyond the Psychology Industry: How Else Might We Heal?* Springer VS.

Roberg, M.É. & van Dick, R. (2010). Recognizing the benefits of diversity: When and how does diversity increase group performance? *Human Resource Management Review, 20*(4), 295–308. https://doi.org/10.1016/j.hrmr.2009.09.002

Roberson, Q.M. (2019). Diversity in the Workplace: A Review, Synthesis, and Future Research Agenda. *Annual Review of Organizational Psychology and Organizational Behavior, 6*, 69–88. https://doi.org/10.1146/annurev-orgpsych-012218-015243.

Robinson, W.P. & Tajfel, H. (1997). *Social Groups and Identities: Developing the Legacy of Henri Tajfel*. Routledge Falmer.

Rosa, H. (1998). *Identität und kulturelle Praxis. Politische Philosophie nach Charles Taylor*. Campus.

Rosa, H. (2005). *Beschleunigung. Die Veränderung der Zeitstrukturen in der Moderne*. Suhrkamp.

Rosa, H. (2015). *Social Acceleration: A New Theory of Modernity*. Columbia University Press.

Rosa, H. (2019). »Spirituelle Abhängigkeitserklärung«. Die Idee des Mediopassiv als Ausgangspunkt einer radikalen Transformation. In K. Dörre, H. Rosa, K. Becker, S. Bose & B. Seyd (Hrsg.), *Große Transformation? Zur Zukunft moderner Gesellschaften* (S. 35–55). Springer VS. https://doi.org/10.1007/978-3-658-25947-1_2

Rosa, H. (2020). *Gesellschaftstheorie*. UVK Verlag.

Rosa, H. & Oberthür, J. (Hrsg.). (2020). *Gesellschaftstheorie*. Utb.

Rose, N. (1989/1990/2006). *Governing the soul. The shaping of the private self*. Free Association Books.

Rose, N. (1992). Governing the enterprising self. In P. Heelas & P. Morris (Hrsg.), *The values of the enterprise culture: the moral debate* (S. 141–164). Routledge.

Rose, N. (1996). Governing »advanced« liberal democracies. In A.Sharma & A. Gupta (Hrsg.), *The Anthropology of the state. A Reader* (S. 144–162). Blackwell.

Rose, N, (2000). Tod des Sozialen? Eine Neubestimmung der Grenzen des Regierens. In U. Bröckling, S. Krasmann & T. Lemke (Hrsg.), *Gouvernementalität der Gegenwart*. Studien zur Ökonomisierung des Sozialen. Suhrkamp, S. 72–109.

Rosenberg, M.J. & Hovland, C.I. (1966). Cognitive, Affective, and Behavioral Components of Attitudes. In M.J. Rosenberg, C.I. Hovland & W.J. McGuire (Hrsg.), *Attitude Organization and Change* (S. 1–14). Yale University Press.

Roszak, T., Gomes, M., Kanner, A., Brown, L. & Hillman, J. (1995). *Ecopsychology: Restoring the Earth/Healing the Mind*. Sierra Club.

Roth, W.-M. (2016). The primacy of the social and sociogenesis. *Integrative Psychological & Behavioral Science, 50*(1), 122–141. https://link.springer.com/article/10.1007/s12124-015-9331-5

Roth, W.-M. (2019). How to generate evidence for the emergence of new psychological forms: Grundlegung der Psychologie and its contribution to method. *Annual Review of Critical Psychology, 16*, 719–740.

Rutland, A., Killen, M. & Abrams, D. (2010). A New Social-Cognitive Developmental Perspective on Prejudice: The Interplay Between Morality and Group Identity. *Perspectives on Psychological Science, 5*(3), 279–291. https://doi.org/10.1177/1745691610369468

Schaper, N. (2019). Selbstverständnis, Gegenstände und Aufgaben der Arbeits- und Organisationspsychologie. In F.W. Nerdinger, G. Blickle & N. Schaper (2019), *Arbeits- und Organisationspsychologie* (S. 3–17). Springer. https://doi.org/10.1007/978-3-642-16972-4

Schermuly, C., Schölmerich, C.F. (2017). Analyse von Gruppen in Organisationen. In S. Liebig, W. Matiaske & S. Rosenbohm (Hrsg.), *Handbuch Empirische Organisationsforschung*. Springer Gabler. https://doi.org/10.1007/978-3-658-08493-6_18

Schildmann U. & Schramme S. (2019). Behinderung: Verortung einer sozialen Kategorie in der Geschlechterforschung und Intersektionalitätsforschung. In B. Kortendiek, B. Riegraf & K. Sabisch (Hrsg.), Geschlecht und Gesellschaft: Bd. 65. *Handbuch Interdisziplinäre Geschlechterforschung* (S. 881–889). Springer VS. https://doi.org/10.1007/978-3-658-12496-0_55

Schopler, J., Insko, C.A., Wieselquist, J., Pemberton, M., Witcher, B., Kozar, R., Roddenberry, C. & Wildschut, T. (2001). When groups are more competitive than individuals: The domain of the discontinuity effect. *Journal of Personality and Social Psychology, 80*(4), 632–644. http://dx.doi.org/10.1037//0022-3514.80.4.632

Schraube, E. (2009). Technology as Materialized Action and Its Ambivalences. *Theory & Psychology, 19*(2), 296–312. https://doi.org/10.1177%2F0959354309103543

Schraube, E. (2013). First-person perspective and sociomaterial decentering: Studying technology from the standpoint of the subject. *Subjectivity, 6*, 12–32. https://doi.org/10.1057/sub.2012.28

Schraube, E. (2015). Why theory matters: Analytical strategies of Critical Psychology. *Estud. psicol. (Campinas), 32*(2). http://dx.doi.org/10.1590/0103-166X2015 000300018

Schraube, E. & Højholt, C. (2016). *Psychology and the Conduct of Everyday Life* (7. Aufl.). Routledge.

Schraube, E. & Højholt, C. (2019). Introduction: Subjectivity and Knowledge – The Formation of Situated Generalization in Psychological Research. In C. Højholt & E. Schraube (Hrsg.), *Subjectivity and Knowledge. Theory and History in the Human and Social Sciences* (S. 1–19). Springer VS.

Schraube, E. & Osterkamp, U. (Hrsg.). (2013). *Psychology from the Standpoint of the Subject: Selected Writings of Klaus Holzkamp*. Palgrave Macmillan. https://doi.org/10.1057/9781137296436

Schütze, F. (2016). *Sozialwissenschaftliche Prozessanalyse: Grundlagen der qualitativen Sozialforschung*. Barbara Budrich.

Seidman, I.E. (1991). *Interviewing as qualitative research: A guide for researchers in education and the social sciences*. Teachers College Press.

Seierstad, C. (2016) Beyond the Business Case: The Need for Both Utility and Justice Rationales for Increasing the Share of Women on Boards. *Corporate Governance: An International Review, 24*, 390–405. doi: 10.1111/corg.12117.

Seyd, L. (2020). *Mittelbare Geschlechtsdiskriminierung im öffentlichen Dienst an Schule und Hochschule*. Nomos.

Shah, J.Y., Kruglanski, A.W. & Thompson, E.P. (1998). Membership has its (epistemic) rewards: Need for closure effects on in-group bias. *Journal of Personality and Social Psychology, 75*(2), 383–393. https://doi.org/10.1037//0022-3514.75.2.383

Shavitt, S. (1989). Products, personalities and situations in attitude functions: Implications for consumer behavior. *Advances in Consumer Research, 16*, 300–305.

Siebers, H. (2009). »Struggles for Recognition: The Politics of Racioethnic Identity Among Dutch National Tax Administrators«. *Scandinavian Journal of Management, 25*, 73–84. https://doi.org/10.1016/j.scaman.2008.11.009

Sonnemann, U. (1970). Hegel und Freud. Die Kritik der Phänomenologie am Begriff der psychologischen Notwendigkeit und ihre anthropologischen Konsequenzen. *Psyche, 24*(3), 208–218.

Spence, D. (1983). Narrative persuasion. In *Psychoanalysis and Contemporary Thought*, 6, 457–481.

Staehle, W. (1999). *Management: Eine verhaltenswissenschaftliche Perspektive*. 8. Aufl. Vahlen.

Statista (2020, Juni). *Anzahl der Zuzüge nach Deutschland nach Herkunftsländern im Jahr 2019*. https://de.statista.com/statistik/daten/studie/252043/umfrage/zuzuege-nach-deutschland-nach-herkunftslaendern/

Statistisches Bundesamt (Hrsg.). (2020, März). *Drei von vier Frauen in Deutschland sind erwerbstätig – dritthöchster Wert in der EU*. https://www.destatis.de/DE/Presse/Pressemitteilungen/2020/03/PD20_N010_132.html

Stephan, W. G. & Rosenfield, D. (1982). Racial and ethnic stereotypes. In A. Miller (Hrsg.), *In the eye of the beholder: Contemporary issues in stereotyping* (S. 92–136). New York: Praeger.

Stewart, R., Volpone, S. D., Avery, D. R. & McKay, P. (2010). You Support Diversity, But Are You Ethical? Examining the Interactive Effects of Diversity and Ethical Climate Perceptions on Turnover Intentions. *Journal of Business Ethics (2011), 100*, 581–593. https://doi.org/10.1007/s10551-010-0697-5

Stone, P. (2007). *Opting Out?: Why Women Really Quit Careers and Head Home*. University of California Press.

Stone, P. & Hernandez, L. A. (2013). The All-or-Nothing Workplace: Flexibility Stigma and »Opting Out« Among Professional-Managerial Women. *Social Issues, 69*(2), 235–256. https://doi.org/10.1111/josi.12013

Strydom, P. (2011). *Contemporary Critical Theory and Methodology*. Routledge.

Stuber, M. (2006). *Das allgemeine Gleichbehandlungsgesetz in der betrieblichen Praxis*. Haufe-Mediengruppe.

Süß, S. & Kleiner, M. (2007). Diversity management in Germany: dissemination and design of the concept. *The International Journal of Human Resource Management, 18*(11), 1934–1953 https://doi.org/10.1080/09585190701638150

Süß, S. & Kleiner, M. (2008). Dissemination of diversity management in Germany:: A new institutionalist approach. *European Management Journal, 26*(1), 35–47. https://doi.org/10.1016/j.emj.2007.10.003

Sutherland, A. (2016). Time to celebrate neurodiversity in the workplace. *Occupational Health & Wellbeing, 68*(11), 11.

Tajfel, H. (1972). Social Categorization. English Manuscript of »La catégorisation sociale«. In S. Moscovici (Hrsg.), *Introduction a la Psychologie Sociale* (Vol 1, S. 272–302). Scientific Research Publishing.

Tajfel, H. (2001). Social stereotypes and social groups. In M. A. Hogg & D. Abrams (Hrsg.), *Key readings in social psychology. Intergroup relations: Essential readings* (S. 132–145). Psychology Press.

Tataw, D. (2012). Toward human resource management in inter-professional health practice: linking organizational culture, group identity and individual autonomy. *The International Journal of Health Planning And Management, 27*(2), 130–149. https://doi.org/10.1002/hpm.2098

Tateo, L., Marsico, G. Commitment for Change. *Hu Arenas 5*, 1–4 (2022). https://doi.org/10.1007/s42087-022-00275-w

Teo, T. (2015). Critical psychology: A geography of intellectual engagement and resistance. *American Psychologist, 70*(3), 243–254. https://doi.org/10.1037/a0038727

Teo, T. (2020a). The Primacy of Critical Theory and the Relevance of the Psychological Humanities. In M. Fleer, F. G. Rey & P. E. Jones (Hrsg.), *Cultural-Historical and Critical Psychology. Common Ground, Divergences and Future Pathways* (S. 63–76). Springer VS.

Teo, T. (2020b). Theorizing in psychology: From the critique of a *hyper-science* to conceptualizing subjectivity. *Theory & Psychology, 30*(6), 759–767. https://doi.org/10.1177%2F0959354320930271

Thibaut, J. W. (1959). *The Social Psychology of Groups*. Routledge.

Thomas, R. Jr. (1996). *Redefining Diversity*. Amacom.

Timmerman, T. A. (2000). Racial Diversity, Age Diversity, Interdependence, and Team Performance. *Small Group Research, 31*(5), 592–606. https://doi.org/10.1177/104649640003100505

Tindale, S. & Winget, J. R. (2019, August 16). *Group Decision-Making*. https://doi.org/10.1093/acrefore/9780190236557.013.262

Toffoletti, K. & Starr, K. (2016). Women Academics and Work – Life Balance: Gendered Discourses of Work and Care. *Gender, Work & Organization, 23*(5), 489–504. https://doi.org/10.1111/gwao.12133

Tolman, C. W. (1994), *Psychology, Society and Subjectivity: An Introduction to German Critical Psychology*. Routledge.

Tomlinson, F. & Schwabenland, C. (2010). Reconciling Competing Discourses of Diversity? The UK Non-Profit Sector Between Social Justice and the Business Case. *Organization, 17*(1), 101–121. https://doi.org/10.1177/1350508409350237

Tommasi, F., Degen, J. L. Keeping a Foot in the Door: Neoliberal Ideology in Subjects Who Opt Out of a Corporate Career. *Hu Arenas* (2022). https://doi.org/10.1007/s42087-022-00279-6

Trittin, H. & Schoeneborn, D. (2017). Diversity as Polyphony: Reconceptualizing Diversity Management from a Communication-Centered Perspective. *Journal of Business Ethics. Bus Ethics, 144*, 305–322. https://doi.org/10.1007/s10551-015-2825-8

Tuffin, K. (2005). *Understanding critical social psychology*. Sage.

Turban, D. & Greening, D. (1997). Corporate Social Performance and Organizational Attractiveness to Prospective Employees. *The Academy of Management Journal, 40*(3), 658–672. doi:10.2307/257057

Turner, J. C. (2010). Social categorization and the self-concept: A social cognitive theory of group behavior. In T. Postmes & N. R. Branscombe (Hrsg.), *Key readings in social psychology. Rediscovering social identity* (S. 243–272). Psychology Press.

Turner, J. C. & Oakes, P. J. (1989). Self-categorization theory and social influence. In P. B. Paulus (Hrsg.), *Psychology of group influence* (S. 233–275). Lawrence Erlbaum.

Twardella, J. (2010). Review: Arnd-Michael Nohl (2009). Interview und dokumentarische Methode. Anleitungen für die Forschungspraxis [Interview and Documentary Methods: Guidelines for Practical Research]. *FQS, 11*(2): Visualising Migration and Social Division: Insights From Social Sciences and the Visual Arts.

Vahsen, F. & Mane, G. (2010). *Gesellschaftliche Umbrüche und Soziale Arbeit*. Springer VS.

Valsiner, J. (2014). *An invitation to cultural psychology*. London: Sage.

Van Dijk, H., van Engen, M. & Paauwe, J. (2012). Reframing the Business Case for Diversity: A Values and Virtues Perspective. *Journal of Business Ethics, 111*, 73–84. https://doi.org/10.1007/s10551-012-1434-z

Van Knippenberg, D., De Dreu, C. & Hohmann, A. (2005). Work Group Diversity and

Group Performance: An Integrative Model and Research Agenda. *The Journal of applied psychology, 89*, 1008–1022. https://doi.org/10.1037/0021-9010.89.6.1008

Van Veelen, R. & Ufkes, E.G. (2019). Teaming Up or Down? A Multisource Study on the Role of Team Identification and Learning in the Team Diversity – Performance Link. *Group & Organization Management, 44*(1), 38–71. https://doi.org/10.1177/1059601117750532

Vassilopoulou, V. (2017). Diversity Management as Window Dressing? A Company Case Study of a Diversity Charta Member in Germany. *Management and Diversity, 3*, 281–306. https://doi.org/10.1108/S2051-233320160000003012

Vedder, G. (2005). Denkanstöße zum Diversity Management. *Arbeit, 14*(1), 34–43. https://doi.org/10.1515/arbeit-2005-0104

Vedder, G. (2006). Die historische Entwicklung von Diversity Management in den USA und in Deutschland. In G. Krell (Hrsg.), *Diversity Management: Impulse aus der Personalforschung* (S. 1–23). Hampp.

Vedder, G. (2009). Diversity Management: Grundlagen und Entwicklung im internationalen Vergleich. In S. Andresen, M. Koreuber & D. Lüdke (Hrsg.), *Gender und Diversity: Albtraum oder Traumpaar?* (S. 111–131). Springer VS. https://doi.org/10.1007/978-3-531-91387-2_9

Vogelsang, J. (2009). Neue Subjektivierung der Arbeit? Neue Formen der Arbeitsorganisation in subjektwissenschaftlicher Perspektive. *Forum kritische Psychologie, 53*, 101–118.

von Bergen, C.W., Soper, B. & Foster, T. (2002). Unintended Negative Effects of Diversity Management. *Public Personnel Management, 31*(2), 239–251. https://doi.org/10.1177/009102600203100209

Wainwright, S.P., Williams, C. & Turner, B.S. (2006). Varieties of habitus and the embodiment of ballet. *Qualitative Research, 6*(4), 535–558. https://doi.org/10.1177/1468794106068023

Walsh, R.T.G., Teo, T. & Baydala, A. (2014). *A Critical History and Philosophy of Psychology: Diversity of Context, Thought, and Practice*. Cambridge University Press.

Watson-Jones, R.E. & Legare, C.H. (2016). The Social Functions of Group Rituals. *Current Directions in Psychological Science, 25*(1), 42–46. https://doi.org/10.1177/0963721415618486

Watzlawick, P. (1976/2018). *Wie wirklich ist die Wirklichkeit? Wahn, Täuschung, Verstehen*. Piper.

Weber, M. (2013). *Die protestantische Ethik und der Geist des Kapitalismus: Vollständige Ausgabe* (4. Aufl.). C.H. Beck.

Weber, W.G., Höge, T. & Hornung, S. (2020). Past, Present, and Future of Critical Perspectives in Work and Organizational Psychology – A Commentary on Bal. *Zeitschrift für Arbeits- und Organisationspsychologie A&O, 64*, 207–215. https://doi.org/10.1026/0932-4089/a000341

Weber, W.G., Unterrainer, C. & Schmid, B.E. (2009). The influence of organizational democracy on employees' socio-moral climate and prosocial behavioral orientations. *Journal of Organizational Behavior, 30*, 1127–1149. http://dx.doi.org/10.1002/job.615

Weisshaar, K. (2018). From Opt Out to Blocked Out: The Challenges for Labor Market Re-entry after Family-Related Employment Lapses. *American Sociological Review, 83*(1), 34–60. https://doi.org/10.1177/0003122417752355

Weng, F. (2014). Comparing the Philosophy of Jürgen Habermas and Michel Foucault. *Inquiries. Social Science, Arts & Humanities, 6*(9), http://www.inquiriesjournal.com/a?id=912

Wetterer, A. (2003). Gender Mainstreaming & Managing Diversity. Rhetorische Modernisierung oder Paradigmenwechsel in der Gleichstellungspolitik? *Die Hochschule: Journal für Wissenschaft und Bildung, 12*(2), 6–27.

Wetterer, A. (2008). Konstruktion von Geschlecht: Reproduktionsweisen der Zweigeschlechtlichkeit. In R. Becker & B. Kortendiek (Hrsg.), *Handbuch Frauen- und Geschlechterforschung. Theorie, Methoden, Empirie* (S. 126–136). Springer VS.

Wetterer, A. (2017). *Arbeitsteilung und Geschlechterkonstruktion. »Gender at Work« in theoretischer und historischer Perspektive.* Herbert von Halem.

Widner, D. & Chicoine, S. (2011). It's All in the Name: Employment Discrimination Against Arab Americans1. *Sociological Forum, 26*(4), 806–823. https://doi.org/10.1111/j.1573-7861.2011.01285.x

Wrench, J. (2005). Diversity management can be bad for you. *Race & Class, 46*(3), 73–84. https://doi.org/10.1177/0306396805050019

Wright, E. O. (2012). Transforming capitalism through real utopias. *American Sociological Review, 78*(1), 1–25. https://doi.org/10.1177/0003122412468882

Yeniyayla, M. (2016). *Das Subjekt im Denken Michel Foucaults. Analyse und Kritik Bedeutung des Widerstandes für die Konstitution des Subjekts* (Dissertation Politikwissenschaft). HeiDok, Heidelberg. https://doi.org/10.11588/heidok.00021422

Young, B. L., Madsen, J. & Young, M. A. (2010). Implementing Diversity Plans: Principals' Perception of Their Ability to Address Diversity in Their Schools. *NASSP Bulletin, 94*(2), 135–157. https://doi.org/10.1177/0192636510379901

Zander, M. (2003). »Kulturelles Kapital« und Klassengesellschaft. Zu den Arbeiten Pierre Bourdieus und ihrem Nutzen für die Psychologie. *Forum kritische Psychologie, 46*, 101–124.

Zander, M. (2010). Im Schutze der Unbewusstheit. Ansätze zu einer psychologischen Fundierung des Habitusbegriffs im Werk Pierre Bourdieus. *Journal für Psychologie, 18*(1).

Zander, M. (2013). Unbewusste Schemata: Der Habitus in der Psychologie. In A. Lenger, C. Schneikert & F. Schumacher (Hrsg.), *Pierre Bourdieus Konzeption des Habitus. Grundlagen, Zugänge, Forschungsperspektiven* (S. 347–359). Springer VS.

Zanoni, P. & Janssens, M. (2004). »Deconstructing Difference: The Rhetoric of Human Resource Managers' Diversity Discourses«. *Organization Studies, 25*(1), 55–74. https://doi.org/10.1177%2F0170840604038180

Zanoni, P., Janssens, M., Benschop, Y. & Nkomo, S. (2009). Guest Editorial: Unpacking Diversity, Grasping Inequality: Rethinking Difference Through Critical Perspectives. *Organization, 17*(1), 9–29. https://doi.org/10.1177/1350508409350344

Zanoni, P. (2020). Prefiguring alternatives through the articulation of post- and anti-capitalistic politics: An introduction to three additional papers and a reflection. Organization, 27(1), 3–16. https://doi.org/10.1177/1350508419894699

Zick, A., Küpper, B. & Hövermann, A. (2011). *Die Abwertung der Anderen. Eine europäische Zustandsbeschreibung zu Intoleranz, Vorurteilen und Diskriminierung.* Friedrich-Ebert-Stiftung.

9. Anhang

9.1 Abbildungen

9.2 Tabellen

Jan Steffens

Intersubjektivität, soziale Exklusion und das Problem der Grenze

Zur Dialektik von Individuum und Gesellschaft

2019 · ca. 470 Seiten · Broschur
ISBN 978-3-8379-2947-8

»Eine Arbeit, deren sozial- und humanwissenschaftliche Bedeutung gar nicht hoch genug eingeschätzt werden kann.«
Wolfgang Jantzen

Intersubjektive Begegnung ist die Keimzelle für soziale Sinnbildung in Kultur und Gesellschaft. In der Moderne besteht jedoch ein Bruch dieser emotionalen Koppelung zwischen Menschen – durch soziale Exklusion, Diskriminierung und Verdinglichung.

Anhand eines inter- und transdisziplinären Vorgehens, in dessen Mittelpunkt eine Theorie der Emotionen steht, fragt Steffens danach, wie ein Wandel intersubjektiver Begegnungsformen möglich ist. Er fordert eine neue Kultur des »In-Beziehung-Tretens« mit dem Ziel einer gesellschaftlichen Transformation in Richtung mehr sozialer Gerechtigkeit. Dazu vereint er in dem Konzept der Grenze zahlreiche wissenschaftliche Diskurse, die sich mit dem Gelingen zwischenmenschlicher Interaktionen und ihren Auswirkungen auf Psyche und Kultur beschäftigen. Sein Buch ist trotz hoher inhaltlicher Dichte gut zugänglich, da alle verwendeten wissenschaftlichen Kategorien darin selbst erklärt sind.

Jürgen Straub, Viktoria Niebel

Kulturen verstehen, kompetent handeln

Eine Einführung in das interdisziplinäre Feld der Interkulturalität

2021 · 183 Seiten · Broschur
ISBN 978-3-8379-3065-8

Basiswissen – verständlich, anregend, kompakt!

Fremde Kulturen zu verstehen ist in postmigrantischen Gesellschaften unumgänglich. Jürgen Straub und Viktoria Niebel erörtern Grundfragen interkultureller Kommunikation, Kooperation und Koexistenz, klären wesentliche theoretische Begriffe und Modelle und geben dazu zahlreiche Praxisbeispiele. Anhand vieler Reflexionsaufgaben können Leser*innen das Gelernte auf sich selbst beziehen und auf eigene Berufs- und Handlungsfelder übertragen.

Diese elementare, gut verständliche Einführung in die multi- und interdisziplinäre Erforschung kultureller Lebensformen und interkultureller Begegnungen zielt darauf ab, oftmals unbewusste Aversionen und Abneigungen abzubauen und den emotionalen Abstand zwischen Menschen in kulturell differenzierten Gesellschaften und konkreten interkulturellen Überschneidungssituationen zu verringern.